# iPad+Procreate时装画表现技法零基础入门

彭燕华 编著



人民邮电出版社
北京

**图书在版编目（CIP）数据**

iPad+Procreate时装画表现技法零基础入门 / 彭燕华编著. -- 北京 : 人民邮电出版社, 2023.6
ISBN 978-7-115-60305-0

Ⅰ. ①i… Ⅱ. ①彭… Ⅲ. ①时装－计算机辅助设计－图像处理软件 Ⅳ. ①TS941.28-39

中国国家版本馆CIP数据核字(2023)第015388号

## 内 容 提 要

本书主要讲解 Procreate 的常用功能及运用 Procreate 画时装画的技巧，以帮助读者全面掌握 Procreate 的使用方法和时装画绘画技巧。

全书共 6 章，先介绍 Procreate 时装画绘画基础知识，然后讲解人物头部绘制和人体绘制技法，随后列举了 11 个时装画绘制案例，包括印花泳衣套装、针织卫衣搭配半裙、毛衣面料套装、薄纱半裙、印花衬衫搭配短裤、皮革连衣裙、牛仔休闲外套、千鸟格纹西装套装、丝绒连衣裙、羽绒外套和尼龙面料运动套装等多款服装的表现技法。此外，本书还讲解了配饰的绘制方法，以及时装画中的背景设计相关知识。

本书赠送书中部分案例图、拓展案例图、笔刷文件、拓展电子书等可下载资源，方便读者边学边练，同时提供 500 多分钟在线教学视频，为读者讲解绘制细节。

本书适合零基础服装设计爱好者以及希望提升服装设计绘画能力的人士学习和参考。

◆ 编　　著　彭燕华
　责任编辑　王　冉
　责任印制　马振武
◆ 人民邮电出版社出版发行　　北京市丰台区成寿寺路 11 号
　邮编　100164　　电子邮件　315@ptpress.com.cn
　网址　https://www.ptpress.com.cn
　北京宝隆世纪印刷有限公司印刷
◆ 开本：787×1092　1/16
　印张：15.75　　　　2023 年 6 月第 1 版
　字数：465 千字　　　2023 年 6 月北京第 1 次印刷

定价：109.80 元

读者服务热线：(010)81055410　印装质量热线：(010)81055316
反盗版热线：(010)81055315
广告经营许可证：京东市监广登字 20170147 号

# 前言

Procreate 是一款强大的绘画应用软件，设计师可以利用它专业的功能，通过简单的操作，随时进行灵感捕捉和艺术创作。

笔者在服装设计领域有多年从业经验，且有 3 年多的直播教学经验，掌握了一套适合零基础读者学习的 Procreate 绘画技巧。本书通过详细的步骤分解和简洁易懂的讲解，引导读者掌握 Procreate 的各项功能和多种绘画技巧，同时掌握一些时装设计知识。

本书共 6 章，系统介绍了 Procreate 时装画绘画的相关知识，旨在帮助读者实现以下 4 个目标。

第一，认识人体结构并能按照实际需求绘制人体。第 2 章和第 3 章详细讲解了人物头部和人体结构及其绘制方法，通过不同角度的案例展示，引导读者认识和搭建专业的服装设计人体。

第二，掌握 Procreate 的基本操作技巧，学会刻画人体及服装。本书通过详细的步骤分解、合适的案例、紧跟时尚的绘图素材，从“零”开始带领读者逐步掌握 Procreate 的基本操作技巧，并进一步掌握人体及服装刻画技巧。

第三，熟练掌握上色技巧，展现服装面料的色彩和材质。第 5 章展示了 11 个常用服装品类的线稿绘制、上色技巧及不同面料的服饰表现，旨在让读者加深对 Procreate 各项功能的了解并在此基础上掌握服装绘画技巧。书中还介绍了一些服装设计的基础知识，让读者在学习运用 Procreate 的同时加深对服装设计的认识。

第四，加深对服装设计周边的认知，巧妙运用背景进行设计。恰当的配饰既可点缀服装，也可突出服装的时尚感；而恰当的背景设计，则能突出服装的特色。

服装设计师必须能提供时装效果图和平面款式图，因此必须具备时装画绘制能力。对于零基础读者来说，用 Procreate 绘图比传统手绘更容易入门，能更高效地展现绘画效果。

系统地学习加上勤奋地练习，即便是零基础读者，也能轻松叩开服装设计领域之门。

绘画能力的提升和服装设计经验的累积均非一日之功，希望读者能持之以恒地学习，在服装设计领域展翅翱翔！

最后，感谢彭少华对本书内容的字字斟酌与精心梳理，用更通俗易懂的语言让读者轻松理解时装画绘画技巧。

彭燕华

2023 年 4 月

# 资源与支持

本书由“数艺设”出品，“数艺设”社区平台（www.shuyishe.com）为您提供后续服务。

**配套资源**

书中案例图。

拓展案例图。

笔刷文件。

拓展电子书。

在线教学视频。

**资源获取请**

**扫码** ☞

（提示：微信扫描二维码关注公众号后，输入 51 页左下角的 5 位数字，获得资源获取帮助。）

“数艺设”社区平台，为艺术设计从业者提供专业的教育产品。

**与我们联系**

我们的联系邮箱是 szys@ptpress.com.cn。如果您对本书有任何疑问或建议，请您发邮件给我们，并请在邮件标题中注明本书书名及 ISBN，以便我们更高效地做出反馈。

如果您有兴趣出版图书、录制教学课程，或者参与技术审校等工作，可以发邮件给我们。如果学校、培训机构或企业想批量购买本书或“数艺设”出版的其他图书，也可以发邮件联系我们。

**关于“数艺设”**

人民邮电出版社有限公司旗下品牌“数艺设”，专注于专业艺术设计类图书出版，为艺术设计从业者提供专业的图书、视频电子书、课程等教育产品。出版领域涉及平面、三维、影视、摄影与后期等数字艺术门类，字体设计、品牌设计、色彩设计等设计理论与应用门类，UI 设计、电商设计、新媒体设计、游戏设计、交互设计、原型设计等互联网设计门类，环艺设计手绘、插画设计手绘、工业设计手绘等设计手绘门类。更多服务请访问“数艺设”社区平台 www.shuyishe.com。我们将提供及时、准确、专业的学习服务。

CONTENTS

# 目 录

EVAEDA

第 1 章

# Procreate 时装画绘画基础知识

# 1.1 认识时装画

时装画的绘制，主要通过手绘和板绘这两种方式来进行。手绘工具多种多样，常见的有马克笔、彩铅、水彩等。相比传统的手绘而言，板绘入门耗时更短，可以更高效地展示出所需的绘画效果。Procreate 就是一个容易入门、能充分展示设计效果的板绘工具。它既能帮助服装设计师精准地呈现时装效果图和平面款式图，又能很好地体现面料的材质和质感，有利于达到服装设计的目的，提高生产效率。

## 1.1.1 什么是时装画

在开发和设计服装的过程中，绘图是一个必不可少的环节。开发前期，服装设计师会将收集到的大量信息进行筛选分析，充分发挥创造力，把具体的服装形象通过纸质或数字化的时装画表达出来。这也是把抽象思维转化成具象的至关重要的步骤。时装画是服装设计师与消费者、其他设计师、样板师及生产商之间沟通的桥梁，是服装的具象设计稿。

## 1.1.2 时装画的分类

根据不同的场景和用途，时装画可以分为设计草图、时装效果图、平面款式图和时尚插画。

**设计草图：**用于表现服装设计师的最初想法，一般画在纸上，适合日常开发设计或作为作品集要素使用。

**时装效果图：**目的是表达并具象化服装设计师的设计意图，体现出着装者的穿着状态，适用于企业开发设计、作品集绘制或参赛。

**平面款式图：**把服装设计师的设计意图进一步具象化，是对时装效果图的补充，需要加文字说明，以展示服装款式的相关信息。这些信息需传达给生产商、样板师、其他设计师和时尚买家等相关人员。平面款式图适用于企业开发设计、生产制作、作品集绘制或参赛。平面款式图商业性和应用性较强，因此需要考虑所设计的服装最终能否实际制作。

**时尚插画：**为时尚品牌或时尚客户创作的时装画，主要用于广告、宣传、推广、交流等活动，表现形式偏艺术化。

平面款式图

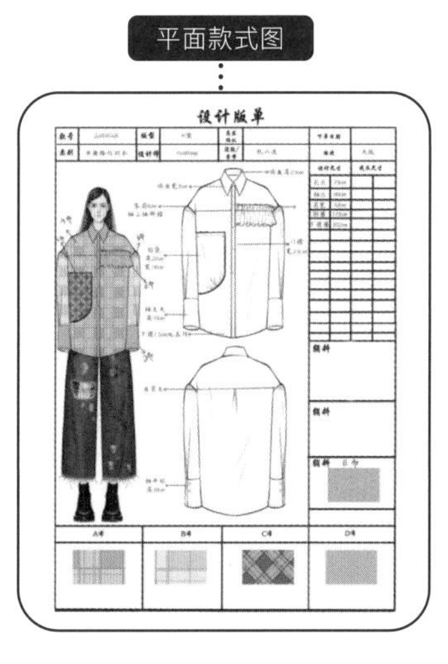


时尚插画

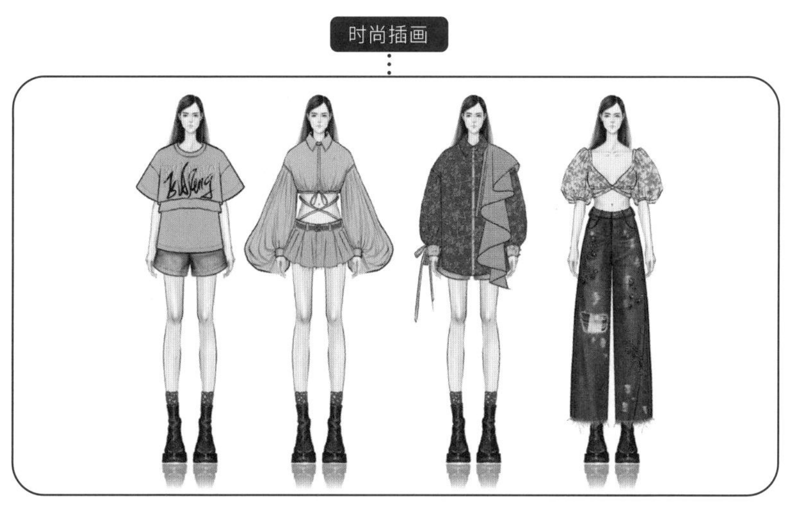

## 1.2 时装画绘制工具

随着科技的发展，绘画工具一直在更新。服装设计师常用的绘画工具有两大类：手绘工具（彩铅、马克笔、水彩等）和板绘工具（数位板、数位屏等）。

随着第一代 iPad Pro 和 Apple Pencil 的出现，Procreate 成为广受设计师喜爱的新绘画工具。iPad 具有便携性强的特点，无论是在办公场所、家里、咖啡厅还是在旅途中，你都可以随时随地用 iPad 把自己的灵感记录在 Procreate 中。另外，只需要通过互联网就可以对设计图进行分享，这大大提高了服装设计师的工作效率，让他们能够轻松满足客户临时需要修改面料或者细节等要求。与台式计算机和笔记本式计算机相比，iPad 使用起来更便捷。

现在已经备有 iPad 的读者，请对照官方给出的参考表格查找相应型号，确认其是否支持 Apple Pencil，在 App Store 中是否能下载 Procreate，以此判断该型号的 iPad 能否用来绘画。对于准备购买 iPad 的读者，建议买最新型号的。截至目前，iPad 分为四大类：iPad Pro、iPad air、iPad、iPad mini。

不同版本的 Apple Pencil 对应不同型号的 iPad。市面上也有其他品牌的替代性触控笔，读者可根据触控笔的兼容性进行选择。

## 1.3 认识Procreate

有了合适的硬件工具，我们还要认识和熟悉软件工具——Procreate。本节主要通过图片来对 Procreate 进行介绍，读者可以据此认识 Procreate 的界面并熟悉其操作流程。

Procreate 1.0.0 在 2011 年由 Savage Interactive Pty Ltd. 正式推出，并在 App Store 发布，成为许多专业和业余设计工作者的新绘画工具，且被广泛应用于时装设计、电影海报设计、插画绘制等各个领域。在 App Store 付费并下载后，可以永久使用。Procreate 不断迭代更新，其功能越来越多、越来越完善。

Procreate 不仅自带上百个笔刷，还支持导入和导出自定义笔刷，以创建属于用户自己的独特画笔库。Procreate 不仅有图层、色盘、滤镜等功能，还具备对称、透视等常用辅助工具，支持导出 JPEG、PNG、PSD 格式的文件，支持打印功能和多种画布格式，还能用于制作基础动画和 3D 渲染。

Savage Interactive Pty Ltd. 还推出了可以在 iPhone 上运行的 Procreate Pocket，但该版本目前不支持 Apple Pencil，用户只能用手指进行绘画。本书只讲解在 iPad 上运行的 Procreate。

Procreate 是一款简洁的绘图软件，可通过 Apple Pencil 操作，方便易学，因此备受服装设计师的青睐。本书将为大家展示 Procreate 的强大功能及其在服装设计工作中的应用。

## 1.3.1 界面基础操作技巧

### 1. 图库首页

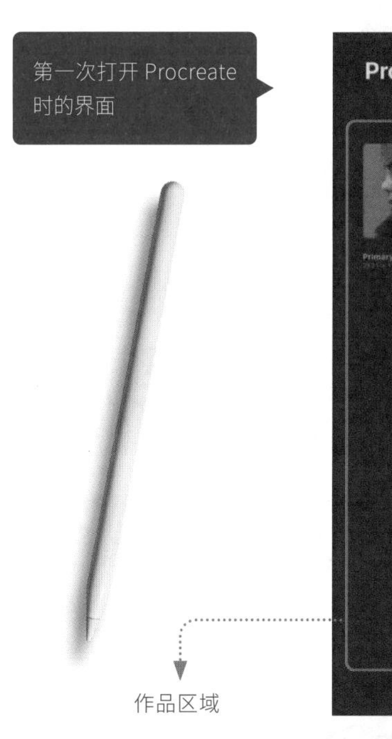


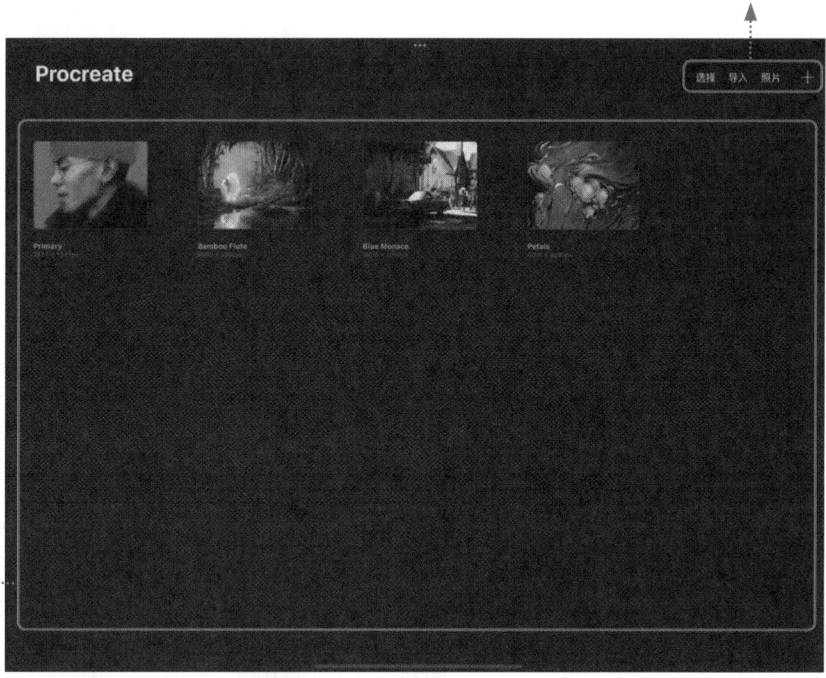


图库界面（本书案例均以笔者的软件界面为例进行讲解）

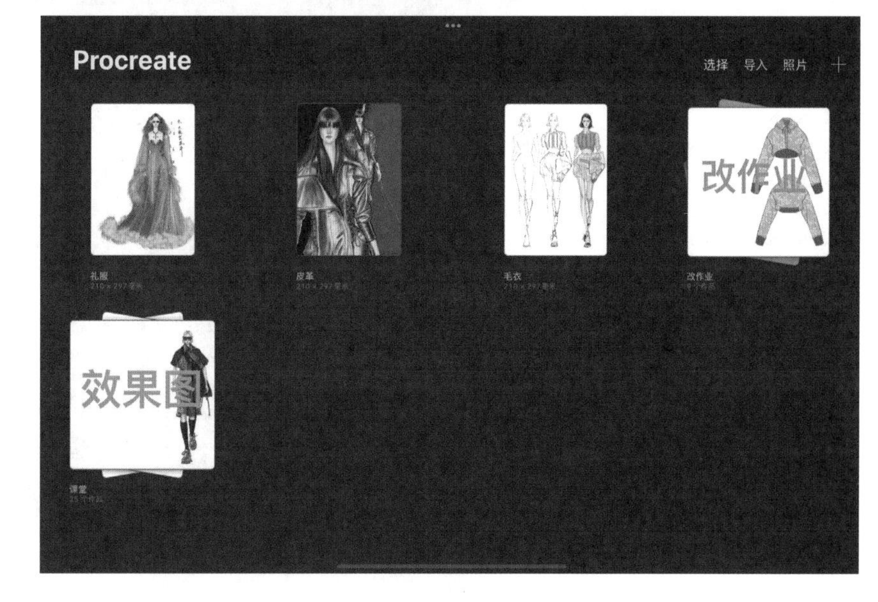


**学习要点**

1. 新建画布
2. 预览、分享、删除作品
3. 管理作品

## 1 新建画布

### 01 创建新画布

点击界面右上角的“+”，会出现右图所示的列表。根据个人需求，在系统自带的常用尺寸中选择合适的尺寸。

**TIPS**

服装设计常用的尺寸是A4，以方便打印作品。如为参赛设计作品，需按大赛举办方要求的尺寸创建新画布，同时注意像素和文件大小的要求。

### 02 修改画布

如有需要，可在其中一个尺寸处向左滑动，对其进行“编辑”或“删除”。

选择“编辑”，即可对画布的“尺寸”“颜色配置文件”“缩时视频设置”“画布属性”进行修改。

### 03 自定义画布

点击▬，打开右图所示的窗口，可根据需要自定义画布。

点击“创建”即可完成画布创建。

**TIPS**

- 尺寸：打开键盘，输入画布尺寸，需选择合适的单位。画布尺寸不同，最大图层数就不同。在一定范围内，画布尺寸越大，图层数越少。同一个画布尺寸的图层数与 iPad 的运行内存容量成正比。DPI：指分辨率，一般设为 300 即可，低于 300 会使画面的清晰度过低。单位：毫米、厘米、英寸（1 英寸≈25.4mm）是物理尺寸，表示的是作品打印出来的实际尺寸。
- 颜色配置文件：系统自带 RGB 和 CMYK 预设标准色彩配置，也支持导入已下载的自定义颜色配置文件。RGB 为数位屏的颜色管理模式，CMYK 则适合用于印刷作品的创作。读者可以根据需求选择合适的色彩配置。一旦为某个作品选定色彩配置，就无法再更改。在不确定的情况下，建议使用默认的色彩配置。
- 缩时视频设置：根据需要选择合适的视频质量，1080p 是通用的视频分辨率，2K、4K 的视频品质更好。
- 画布属性：选择“默认”即可，可以点击“未命名画布”对画布进行重命名。

## 2 预览、分享、删除作品

### 01 预览作品

点击“选择”，进入右图所示的界面。选中作品，再点击右上角的“预览”，即可打开全屏预览。

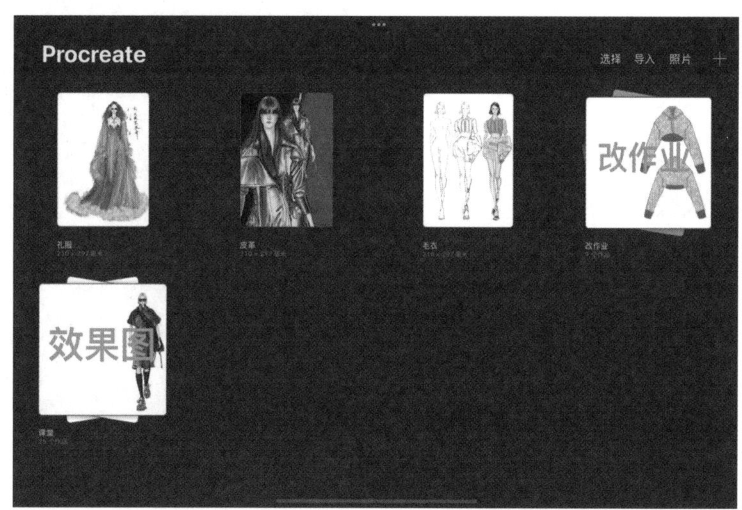


**TIPS**

- 点击“导入”，即可从 iPad 文件中导入文件创建新画布。
- 点击“照片”，即可从 iPad 相簿中导入照片创建新画布。

### 02 分享作品

在此界面选中作品，点击“分享”，选择合适的图像格式。

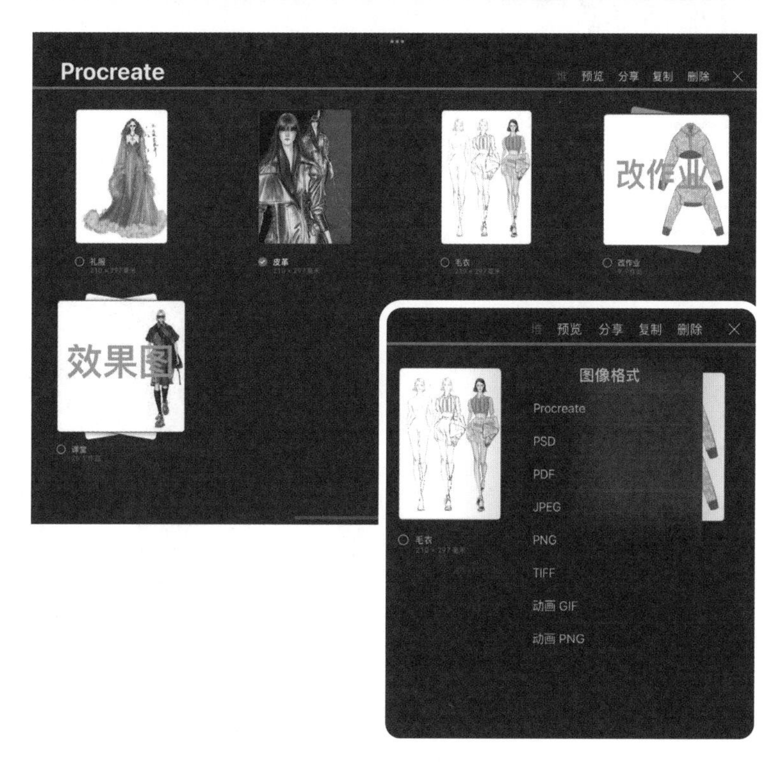


**TIPS**

- **源文件备份**：选择Procreate格式，保存作品进行备份。
- **普通图片浏览**：选择 JPEG 格式。
- **透明底图片浏览**：选择 PNG 格式，选择前先隐藏画布背景颜色。
- **使用 Photoshop 再次编辑**：选择 PSD 格式。

选择合适的图像格式后，点击“存储到‘文件’”，即可选择存储位置。

**TIPS**

- **苹果设备（手机、计算机、iPad）**：可以选择“隔空投送”。
- **其他设备**：通过社交软件或外插 U 盘进行存储。
- **打印**：若 iPad 连接了打印机，直接选择“打印”就可以把作品打印出来。

**03 删除作品**

在图库首页点击“选择”，选中需要删除的作品，再点击右上角的“删除”，即可删除相应的作品。删除是不可逆的，已删除的作品无法找回。点击“取消”可取消删除，并回到画布界面。

## 3 管理作品

在使用 Procreate 的过程中，我们会在图库中存放很多作品，而内容繁多且凌乱的界面不利于寻找作品。为了提高工作效率、保持图库界面整齐有序，我们可以创建不同的“堆”并对“堆”进行重命名，来对作品进行管理。

**01 新建“堆”并重命名**

用一根手指按住其中一幅作品，将其拖动到另一幅作品上，直到底图变为浅蓝色再松手，即可创建“堆”；点击“堆”可进行重命名，例如重命名为“服装设计”。

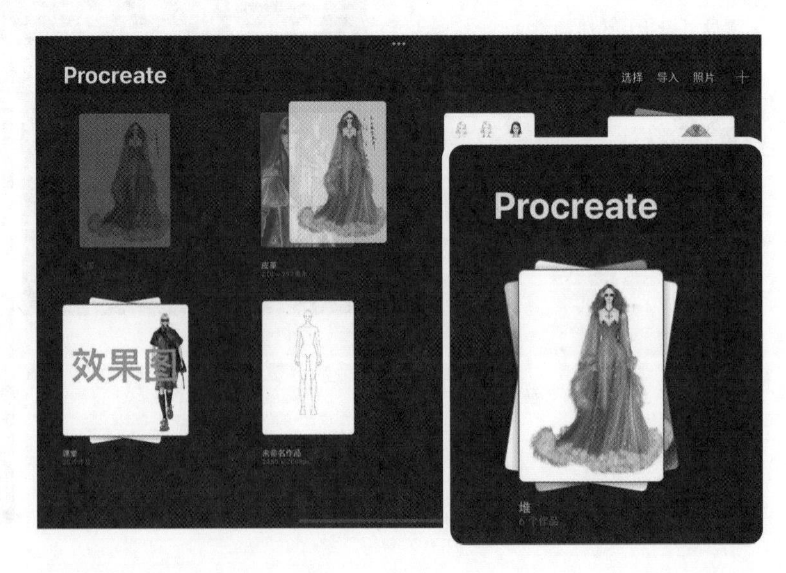

### 02 “堆”的使用

- 点击进入“服装设计”。
- 点击右上角的“+”可以新建画布。点击“导入”可以导入文件或照片，并自动新建与文件或照片尺寸一致的画布。

**TIPS**

按照不同用途或练习目的将作品按“堆”分类，可以有效进行作品的管理。

**封面设置**：把自己最喜爱的作品放在最前面，即可将其设置为“堆”的封面。

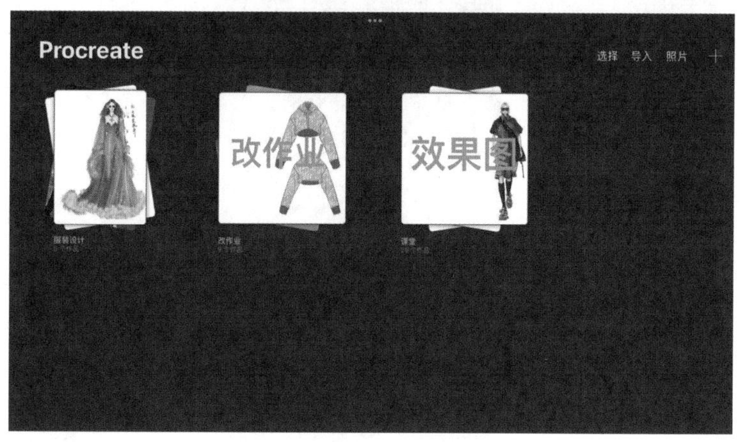


## 2. 画布界面

打开 Procreate 中的一幅作品，或点击右上角的“+”新建画布，进入画布。画布界面左上角是画布设置导航，右上角是工具栏，中间是画布。

下面讲解“操作”导航指令的运用。左上角的“调整”“套索”“变换变形”3 个工具的操作技巧会在本书第 2 章至第 6 章的绘画案例中讲解。右上角的“画笔”“涂抹”“橡皮擦”“图层”“色盘”工具的使用技巧会在本章进行讲解。

点击左上角的“操作”，打开控制界面，上排是 6 个不同的导航指令。每一个导航指令下面都有各自的子导航指令。下面逐一讲解前五个导航指令的操作，第六个是“帮助”，读者可自行了解。

**认识“操作”导航指令**

点击“操作”，即可运用“操作”导航指令。

1 添加
2 画布
3 分享
4 视频
5 偏好设置
6 帮助

## 1 添加：“操作”—“添加”

**插入文件：** 可插入 iPad/iCould/U 盘/网盘等里面的文件，文件格式包括 JPEG、PDF、PSD 等。

**插入照片：** 可插入 iPad 相簿里面的照片，照片格式包括 JPEG、PNG 等。

**拍照：** 可在打开画布的情况下，使用前置或后置摄像头拍下想要的照片，并插入当前画布。

**添加文本：**可插入文字。可使用键盘或 Apple Pencil 输入文字，并在键盘“Aa”处进入文本格式设置，进行改字体、改间距等操作。5.2 节中有相关案例。

**剪切：**可剪切当前图层的内容。被剪切的内容可以粘贴到 Procreate 内不同的画布中，或其他应用的任意位置。

**拷贝：**可复制当前图层的内容。所复制的内容可以粘贴到 Procreate 内不同的画布中，或其他应用的任意位置。

**拷贝画布：**可复制当前画布所有图层的内容。所复制的内容可以粘贴到 Procreate 内不同的画布中，或其他应用的任意位置。

**粘贴：**对画布的内容进行“剪切”“拷贝”“拷贝画布”后，在另一个地方执行“粘贴”指令，即可把原内容粘贴到此处。

## 示例：如何玩转“剪切”“拷贝”“粘贴”

**01**

打开画布，选中需要剪切或拷贝的图层，点击“剪切”或“拷贝”。

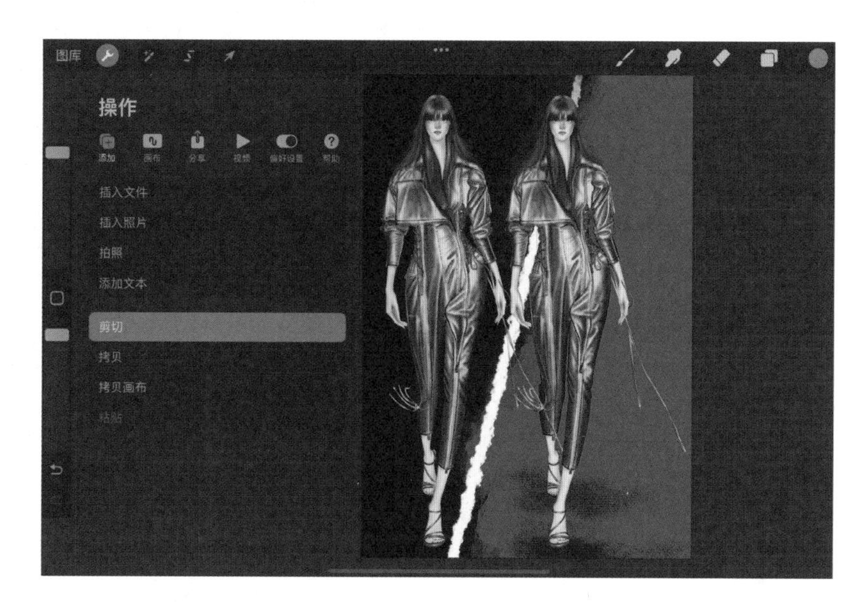


**02**

打开要粘贴图层的画布，用 3 根手指同时向下滑动，在出现“拷贝并粘贴”对话框后，点击“粘贴”，即可将所选图层粘贴到此处。这是手势控制，一般是默认设置的操作。

**TIPS**

三指滑动快速打开“拷贝并粘贴”对话框的快捷手势设置方法：操作—偏好设置—手势控制—拷贝并粘贴三指滑动。

**03**

将剪切或拷贝的图层粘贴到 Procreate 中其他的画布上后，可以根据需要，对粘贴的图层进行调整。

**04**

如还需要将图层粘贴到其他应用（如快速备忘录或其他社交软件）中，不需要重复剪切或拷贝，直接打开其他应用进行粘贴即可。

## 2 画布：“操作”—“画布”

**裁剪并调整大小：**进入调整画布参数界面，调整画布的大小及形状来进行构图。

**动画协助：**点击按钮，使按钮变为蓝色，即可进入动画编辑状态。

**页面辅助：**点击按钮，使按钮变为蓝色，即可进入页面辅助状态。

**绘图指引：**点击按钮，使按钮变为蓝色，即可进入绘图指引状态。再点击“编辑绘图指引”，进入“绘图指引”界面后可使用 2D 网格、等大、透视、对称等功能。

**参考：**点击按钮，使按钮变为蓝色，打开“参考”小窗口，即可辅助画图。

**水平翻转：**可水平（左右）翻转整个画布。

**垂直翻转：**可垂直（上下）翻转整个画布。

**画布信息：**可查看作品完整的技术信息。

**TIPS**

水平翻转画布是一种能帮助绘画者检查构图或比例的好方法，许多艺术家也会采用这种方法来辅助检视自己的作品。

## 裁剪并调整大小

**方法 1：数值裁剪方法**

点击右上角的“设置”，输入尺寸数值来精准裁切或放大画布。

**方法 2：自由变换裁剪方法**

拖动浮动网格的边框来裁切或放大画布。拖动浮动网格的一条边即可沿着单轴延展或挤压画布。

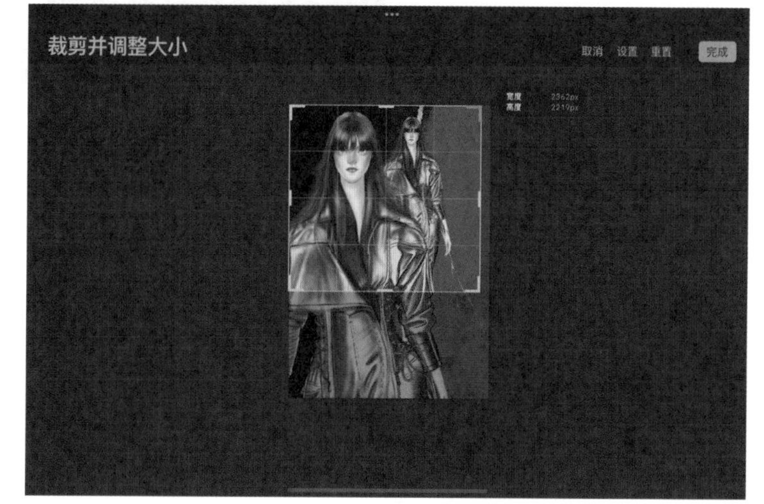

**方法 3：旋转裁剪方法**

利用“旋转”赋予作品新视角。点击右上角的“设置”，使用位于工具栏下方的“旋转”滑块，根据需求调整画布的角度，对作品进行调整。

## 动画协助

动画协助包括添加帧、动画设置视觉时间轴及洋葱皮功能等，也可调整动画的参数。通过“播放”和“暂停”可预览动画播放效果。

**TIPS**

**什么是洋葱皮？**

洋葱皮是指以半透明的画面显示当前帧之外的其他帧。

在传统手绘动画制作中，动画师会将一叠画作一同放置在灯箱上，灯光穿透这叠纸张，将所有纸张的画面反映在最上面的纸张中，这能帮助动画师为下一帧描绘更为流畅、写实的动态。由于动画纸张薄如洋葱皮，所以这种制作方式又称“洋葱皮”。

## 页面辅助

在 Procreate 中导入 PDF 文件时，会自动启用“页面辅助”功能。导入 PDF 文件至 Procreate 中的方法有以下 3 种。

**方法 1：从 Procreate 首页导入**

在“图库”界面右上角点击“导入”，进入文件存储位置。进入存放 PDF 文件的文件夹后，点击该 PDF 文件就能完成导入。

**方法 2：从存储位置拖放**

在文件夹中长按 PDF 文件，并将其拖放到 Procreate 中即可。

**方法 3：隔空投送（其他设备）**

“隔空投送”PDF文件到 iPad 上时，iPad会弹出“打开方式……”面板，在可用应用列表中选择 Procreate 就能将该文件发送到 iPad 的图库中。

## 绘图指引

打开“绘图指引”，点击“编辑绘图指引”，进入“绘图指引”界面，可看到 2D 网格、等大、透视、对称等功能。

**2D 网格**

2D 网格适用于平面制图。

**等大**

等大适用于建筑工程制图及其他技术制图。

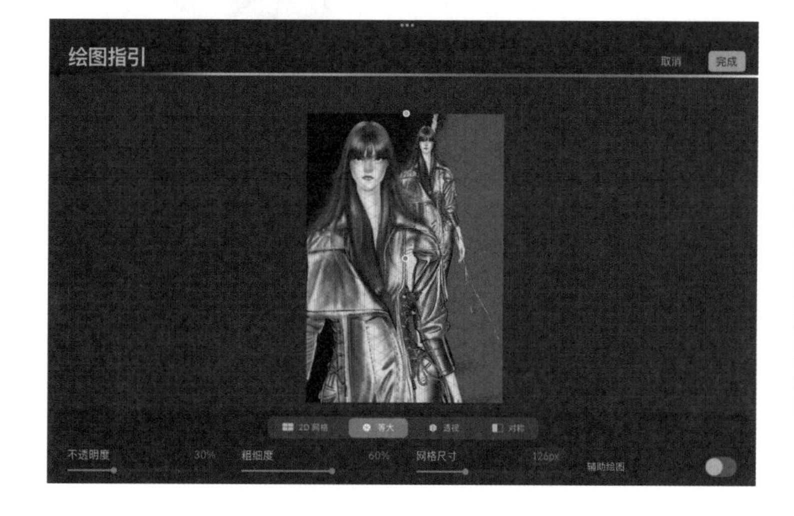

**透视**

一点透视又称平行透视，是最简单的透视模式。在一点透视中，图像的垂直线和水平线分别与画布的垂直边缘和水平边缘保持平行，其他线条会向单个点（所谓一点透视中的消失点）汇集。

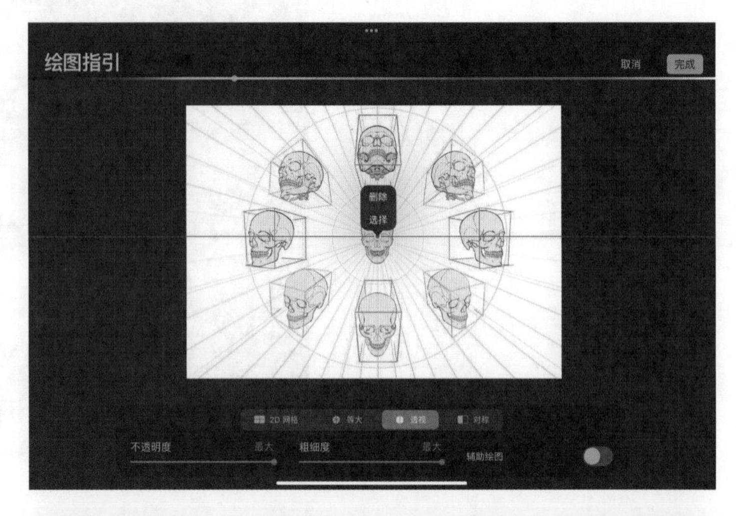


> 用手指或 Apple Pencil 点击画布内或画布外的区域，即可创建一个消失点，最多可创建 3 个。点击已创建的蓝色小圆点（消失点）即可“删除”或“选择”点

两点透视又称成角透视。在两点透视中，垂直线保持垂直且相互平行，其他线条会向两个消失点之一汇集。此种透视模式会比一点透视效果更真实，但缺少三点透视提供的景深。

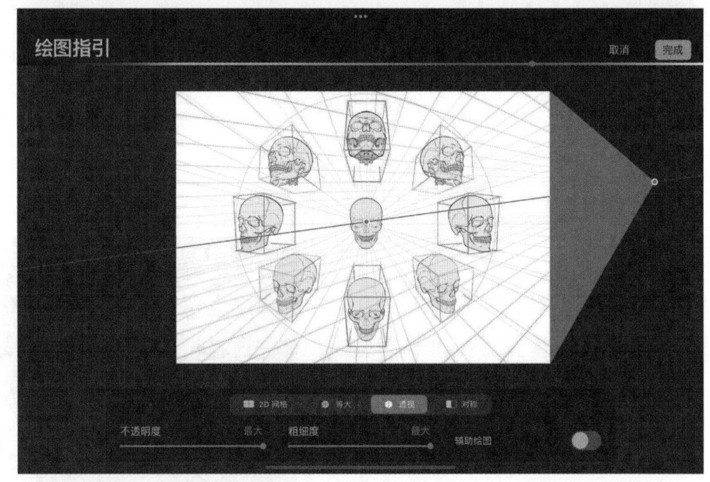


三点透视是最复杂但也最写实的透视模式。在三点透视中，所有的线条向 3 个消失点之一汇集。这种透视模式产生的效果最接近人眼的观察效果。三点透视能给予作品更令人信服的深度、宽度及高度。

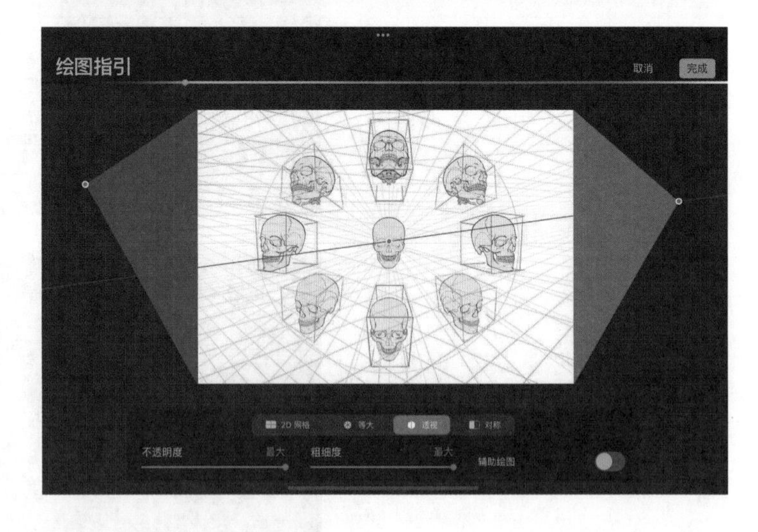


**功能相关设置**

- 颜色设置：可通过“绘图指引”界面上方的色相条改变指引线的颜色。
- 不透明度：拖动滑块可从“不可见”至“不透明”调整指引线的不透明度。
- 粗细度：拖动滑块可从“不可见”至“明显”调整指引线的粗细。

- 网格尺寸：可根据需求调整网格尺寸。
- 辅助绘图：让画布上的线条按照所设置的指引线贴合对齐。后续章节中会有更多关于辅助绘图的讲解。



**对称**

垂直对称：将一条垂直指引线置于画布中央，在指引线的任意一边绘制的内容皆会实时在另一边进行镜像复制。也可以通过旋转指引线创作出不同角度的镜像效果。

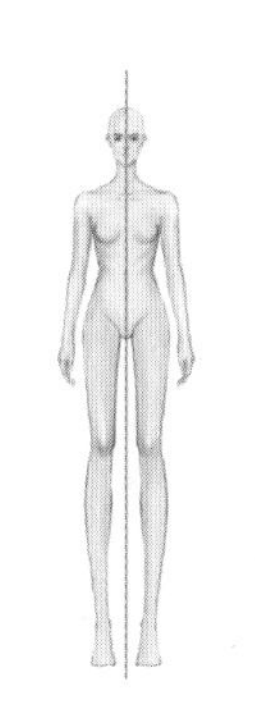

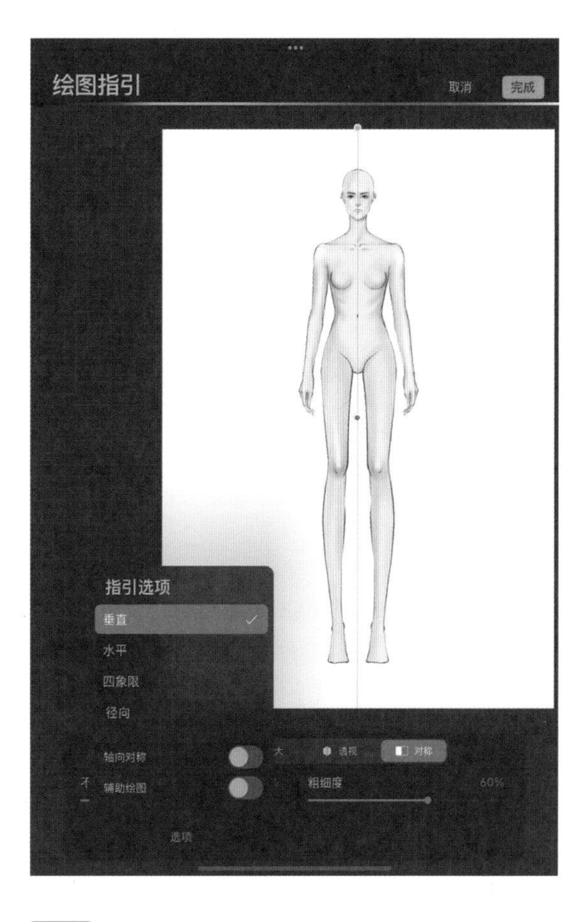


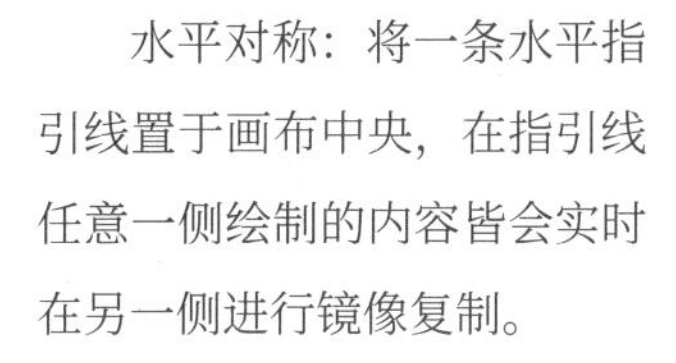

水平对称：将一条水平指引线置于画布中央，在指引线任意一侧绘制的内容皆会实时在另一侧进行镜像复制。

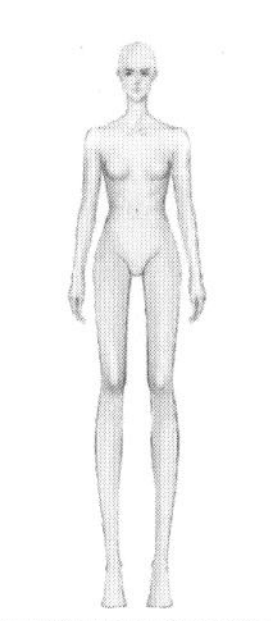

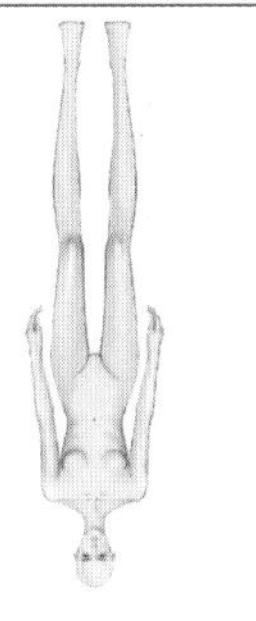

**TIPS**

- **蓝色位置节点**

用手指或 Apple Pencil 按住节点，可以在画布上移动整条指引线。

- **绿色旋转节点**

用手指或 Apple Pencil 按住节点，可以在画布上旋转整条指引线。

若想重置网格至原来的位置，点击其中一个节点并点击“重置”即可。

- **镜像对称和轴向对称**

启用一个新的对称指引时，默认设置为镜像对称模式，即指引将反射（反转）笔画；而在轴向对称中，笔画被旋转并反射。观察不同设置展现出的效果，点击“轴向对称”可以在两种模式间切换。

四象限对称：结合水平及垂直指引线将画布分成4等份，在任意 1/4 区域内绘制的内容皆会实时在另外 3 个区域内进行复制。

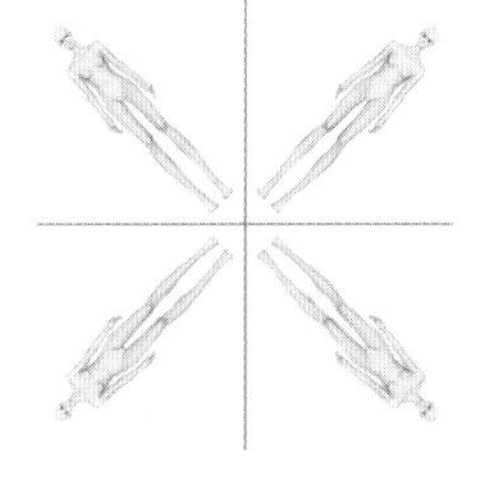

径向对称：结合水平、垂直及对角指引线将画布分成 8 等份，在任意 1/8 区域内绘制的内容皆会实时在其他区域内进行复制。

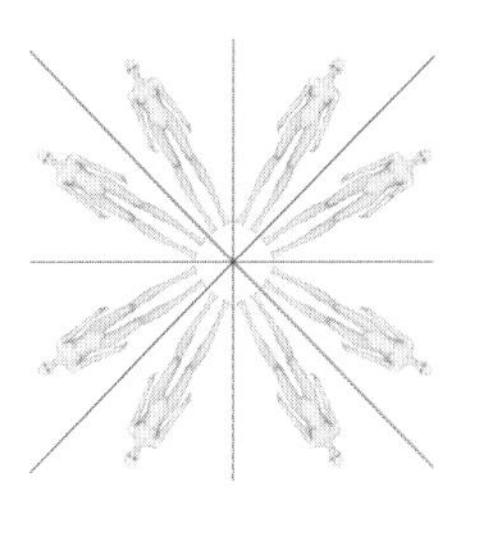

## 参考

执行“操作”—“画布”—“参考”命令，调出参考助手，“参考”窗口会在画布上浮动。

移动位置：按住并拖动“参考”窗口上方中央的灰色按钮，即可随意移动窗口。

调整窗口大小：按住并拖动“参考”窗口的左下角或右下角位置，即可调节窗口尺寸。在“参考”窗口中观看图像时，也可以如在画布上操作一样通过双指开合手势来缩放参考图像。

“参考”窗口下方有 3 个参考功能：画布、图像、面容。

**画布**

作用：可在放大画布进行细节修饰的同时纵观画布整体布局，或是在绘画的同时查看画布上的其他部分。绘画时，画布与参考画布是同步的。

绘画时可以缩小、放大或旋转图像。长按图像某处，可启用吸管进行选色。

**图像**

作用：和许多创作者使用图像作为参考的目的类似，点击“图像”可从“照片”或“相薄”中导入图片作为参考，无须分屏即可达到参考目的。

**TIPS**

**面容彩绘**

一些型号的 iPad 支持在参考助手中点击“面容”来启用“面容彩绘”（FacePaint）功能。支持“面容彩绘”功能的 iPad 型号如下：

2018、2020、2021 的 iPad Pro 12.9 英寸；

2018、2020、2021 的 iPad Pro 11 英寸；

搭载运行 iPad OS 14 的 iPad Air 第 3 代、第 4 代和 iPad Mini 第 5 代、第 6 代；

搭载运行 iPad OS 14 的 iPad 第 8 代、第 9 代。

## 3 分享：“操作”—“分享”

**Procreate 分享**

作用：可以通过各种常用的图像格式分享艺术创作，或将各个图层导出为PDF文件、批量图片或回放动画来展示绘画过程

操作：单幅作品可以导出为PDF或PNG文件，也可以通过动画 GIF、动画 PNG、动画 MP4 等分镜导出图层

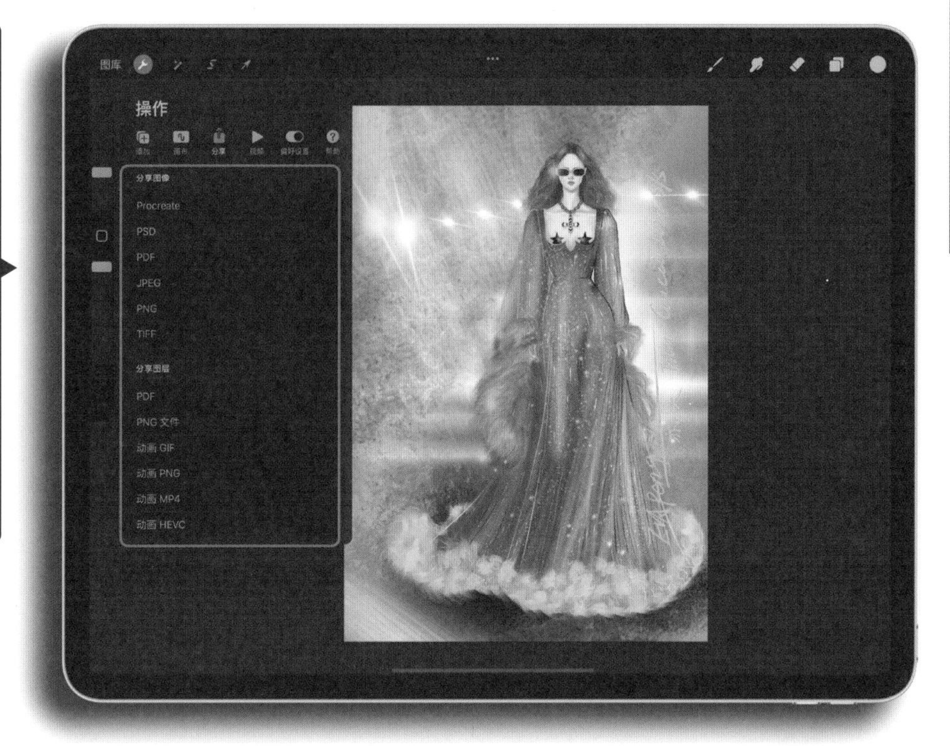


**分享图像**

- Procreate：能确保所有相关数据都保存完善，如所有图层、蒙版和效果等。画布信息也会嵌入此文件格式，让文件接收人能看到原创署名。
- PSD：将图像以Adobe Photoshop的标准格式保存，包含全部图层、图层名、不透明度及混合模式等，方便向未使用Procreate的文件接收人分享包含多图层的作品。
- PDF：为数字出版专门设计，适用于文件分发或印刷。
- JPEG：属“有损/失真”压缩格式，将作品保存到一个图层中，通过牺牲一部分视觉质量来获得更小的文件。JPEG是最常见的图像格式之一，受大多数终端支持，是多用途、易分享的格式。
- PNG：属“无损/不失真”压缩格式，将作品保存到一个图层中并保持原有的图像质量。同样的图像，PNG格式的比JPEG格式的稍大一些。PNG同样是多用途的格式，还能保存作品中的不透明度效果。
- TIFF：将作品保存到一个图层中并保持原有的图像质量，文件较大。TIFF受大多数软件支持，常用于印刷，对专业人士来说相当实用。

**分享图层**

- PDF：所有图层将同时导出为一个多页的PDF文件，一个图层一页。若画布有5个图层，导出的PDF文件就有5页。底部图层为第一页，顶部图层为最后一页。
- PNG文件：每个PNG文件均以作品名称加上递增序号命名。此操作将每个图层导出为一个PNG文件，并创建一个含有多个PNG文件的文件夹。若画布有5个图层，导出的文件夹中会有5个单独的PNG文件。
- 动画GIF：每个图层会转化为GIF文件的一帧，从底部图层开始播放。

- 动画PNG：提供比动画GIF格式更好的视觉质量，但动画PNG格式并不受所有平台支持。
- 动画MP4：与动画GIF和动画PNG的功能相似，各帧使用JPEG编码，且无法设置透明背景，导出的文件一般较小。
- 动画HEVC：有着类似动画MP4的功能，但能套用透明背景，而且导出的文件一般也较小。

**TIPS**

**如何选择合适的格式？**

- 源文件选择 Procreate 格式。
- 需要在 Photoshop 中再次绘制的选择 PSD 格式。
- 用于普通浏览或打印的图片选择 JPEG 格式。
- 需要透明背景的选择 PNG 格式。
- 需要高质量图片的选择 TIFF 格式。
- GIF 格式是网络动画最常用的格式。
- PNG 格式用来做带有透明元素的动画最为理想。
- 虽然 MP4 格式没有 GIF 格式常用，但有时以 MP4 格式导出的文件更小。

## 4 视频：“操作”—“视频”

Procreate 能将绘画过程录制成视频。

**缩时视频回放**

- 在Procreate内以每秒30帧的速率播放视频，屏幕右上方有计时器显示视频播放时间。
- 在画布上用手指左右拖动可以将视频的播放时间向前或向后调整。在播放视频时，可使用双指开合手势缩放画布，以便清晰地观察画面细节部分。
- 点击“完成”可退出回放界面并返回画布。

**录制缩时视频**

- 将绘画的每一步都录制下来，并将过程集合成可导出的视频。
- 启动录制时，默认分辨率为1080p，画面品质优秀。
- 如需改变录制分辨率和画面品质，可以在自定义创建画布的时候设置。
- 如不需要录制，可以点击“录制缩时视频”将其关闭。关闭时会提示“是否清理视频”，若想暂停录制，可以点击“不清理”；若选择“清理”，该画布在此刻之前录制的所有视频将永久删除，且此操作无法撤销。

**TIPS**

**导出缩时视频**

分享缩时视频是一个向大家展示创作技巧的好方式。

可以选择“全长”或“30 秒”的视频长度。“全长”是指将完整创作过程导出为一个高速视频，由于内容涵盖全过程，视频长度可长可短。“30 秒”将会剔除一些分镜，以实现视频加速并剪辑至 30 秒。此过程使用算法将最重要的帧保留，一般保留创作早期的重要帧，同时显示快速修正变动的细节。

## 5 偏好设置："操作"—"偏好设置"

**浅色界面**

Procreate 提供两种视觉模式：浅色界面和深色界面。开启"浅色界面"即显示浅色界面，反之则显示深色界面。

- 浅色界面适合在对比度高的明亮工作环境下使用。
- 深色界面以沉稳的炭灰色为底。

**右侧界面**

默认设置中，侧栏位于屏幕左侧，开启"右侧界面"可将它调至屏幕右侧。

**画笔光标**

开启"画笔光标"后，在触碰画布时，会显示画笔的边缘线条，可提前看到画笔范围。

**动态画笔缩放**

- 默认情况下，在Procreate中放大或缩小2D或3D画布时，画笔会同步智能缩放。这表示无论画布缩放至何种尺寸，画笔的像素数都保持不变。
- 如果不想让画笔随画布缩放比例变化而改变尺寸，可点击"动态画笔缩放"将它关闭，这表示画笔尺寸会保持不变。

**投射画布**

- 使用连接线或隔空播放连接第二个显示屏并启用“投射画布”。
- 连接的显示屏上将以全屏模式显示画布，无界面，无缩放。
- 可以在Procreate中针对细节继续创作，同时在显示屏上看到画布整体布局。

## 1.3.2 触控笔技巧及手势控制

### 1. 触控笔技巧

**TIPS**

将Apple Pencil等触控笔与Procreate配合使用，能够动态变换笔刷的不透明度和粗细，从而获得类似于使用实体笔刷的手感。

**连接传统触控笔**

- 确认开启触控笔后，点击触控笔品牌来搜索触控笔的型号。
- 当Procreate找到相应触控笔时，连接触控笔的界面会自动更新显示与该触控笔相关的选项和信息。
- 可以为触控笔与用户喜爱的功能设置快捷操作方式，并显示触控笔剩余电量。
- 选项依各款触控笔有所不同。

**压力与平滑度**

- 应用稳定修正、动作过滤并调节Procreate的整体应用压力敏感度，能更好地匹配触控笔的稳定性、压感和用户的创作习惯。
- 稳定性和动作过滤设置：可将稳定修正和动作过滤辅助功能全局应用于整个软件，这些设置能帮助用户更好地绘出平滑的线条。

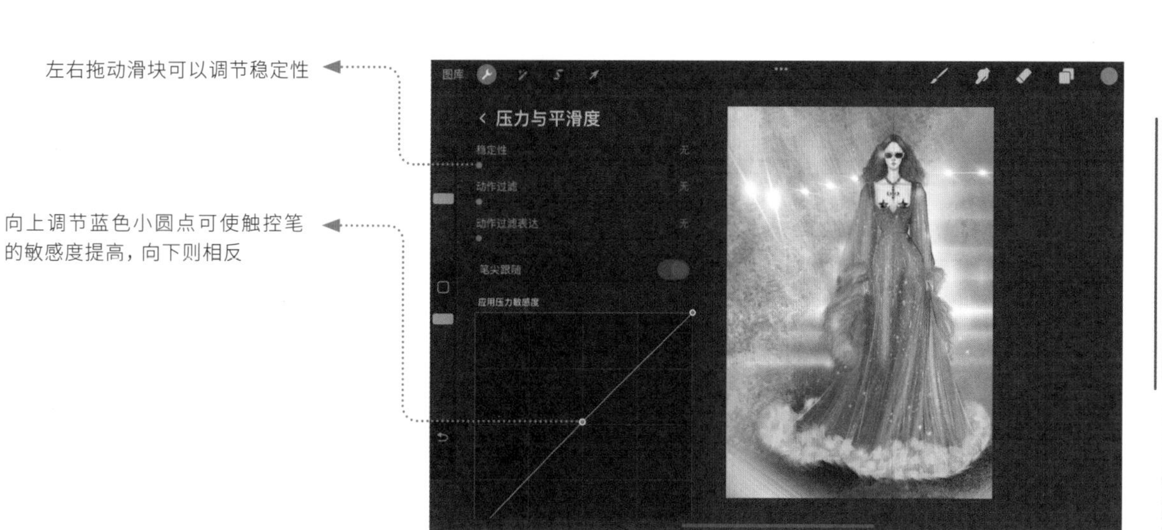


## 2. 手势控制

通过手势快速完成操作可以使绘画更简单便捷。不同的手势能够控制不同的指令。可以用默认的手势，也可以设置个性化的手势。但每个指令需要用不同的手势，不能共用同一个手势。

### 一指

**吸取颜色**

按压屏幕可吸取颜色（需在“手势控制”中设置该动作）。

**固定线条和形状**

画直线、圆形、三角形、正方形等线条或形状时，容易画不标准，这时只需让 Apple Pencil 固定不动，用一根手指按压屏幕，线条或形状就可以变标准。

一指按压屏幕

### 双指

**缩放**

通过缩小或放大画布来查看全图或找到细节。

将手指放在画布上，捏合手指放大视角，打开手指缩小视角。

**旋转**

通过旋转画布来找到最合适的角度。

双指按住画布后，转动手指即可旋转画布。

**点击以撤销**

快速撤销一个或多个最近的操作。

双指同时在画布上点击即可撤销前一个操作。界面上方会出现通知信息，以提示撤销了哪个操作。如果想要撤销一系列操作，可以双指长按画布，Procreate 会快速连续撤销最近的操作。如果想要停止撤销，将手指松开即可。Procreate 最多能连续撤销 250 个操作。

## 三指

**点击以还原**

撤销多个操作后，只要三指点击画布就能还原。

与撤销类似，可以用三指在画布上长按，以连续还原一系列操作。

**擦除图层**

快速清除图层内容。

在画布上同时用三指左右滑动，即可将图层内容擦除。

**下滑调出剪切 / 拷贝 / 粘贴功能**

轻轻用三指向屏幕下方滑动即可调出“拷贝并粘贴”菜单，其中提供“剪切”“拷贝”“全部拷贝”“复制”“剪切并粘贴”“粘贴”功能。

三指向下滑动

## 四指

**点击切换全屏模式**

用四指点击屏幕即可切换到全屏模式。操作界面将会滑动消失，让画布一览无余。再次用四指点击屏幕或点击左上角的图标即可切换回界面模式。

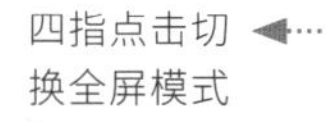

**TIPS**

如果返回图库或退出 Procreate，再次打开该画布时，已执行的操作会被清除，即不能再撤销上一步的操作，画面自动保存返回图库前的状态。

以上是系统默认的手势设置，如需改变手势，可进入“操作”—“偏好设置”—“手势控制”，在界面中更改设置。一个手势只能控制一个指令。

## 1.3.3 画笔库使用方法及笔刷导入

### 1. 系统自带笔刷

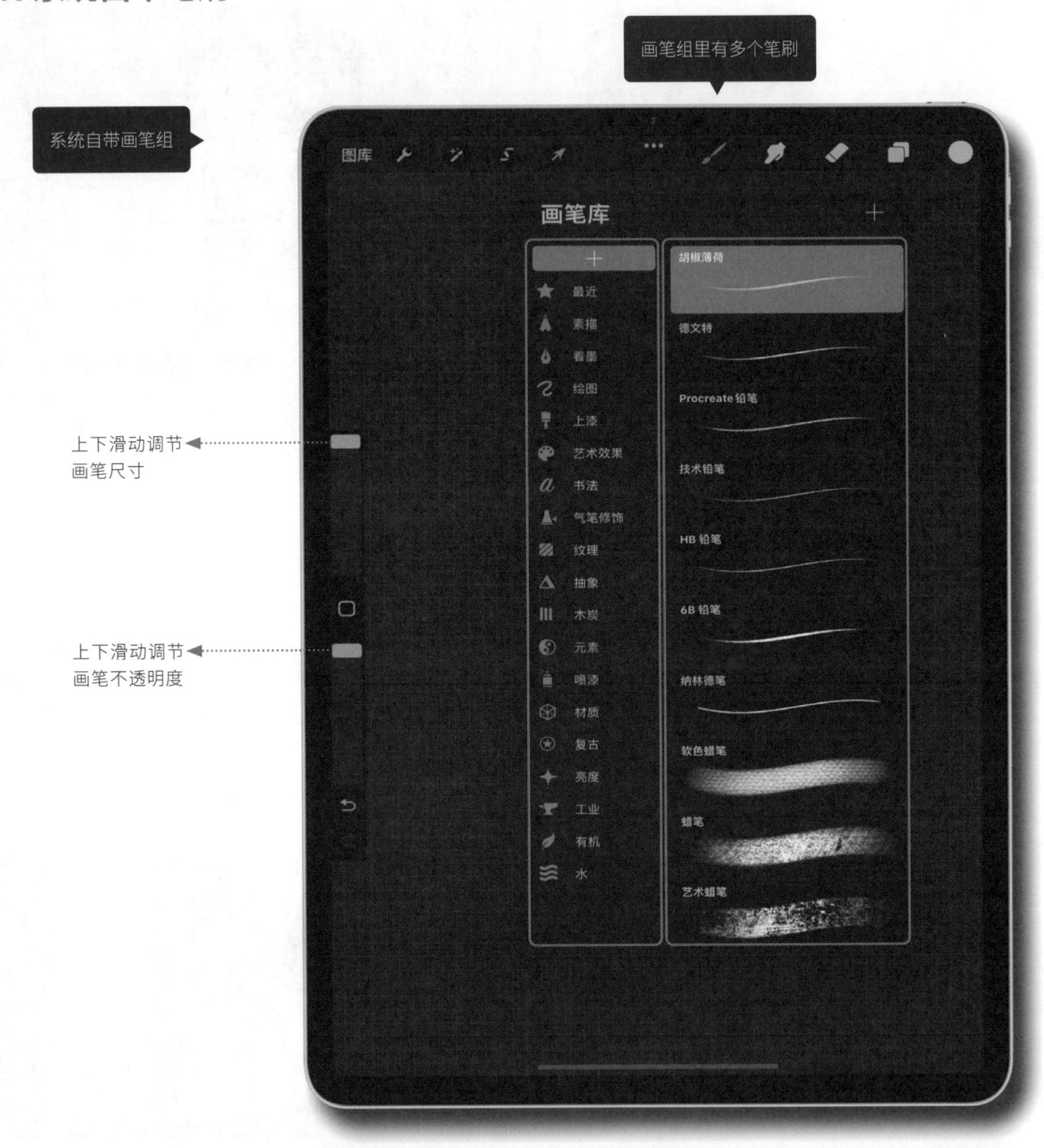


Procreate 画笔库自带的笔刷按类型分为 18 组，每一组里有多个笔刷，读者可根据自己的绘画习惯进行选择。

系统自带的笔刷中，有些适合画线稿，有些适合画图案纹理，有些适合做艺术渲染。不同笔刷的使用方法各有差异。读者可以在绘画中体会不同笔刷的绘画特征、Apple Pencil 的不同压感产生的效果差异、不同的笔刷尺寸和不透明度呈现的效果差异等，以加深自己对不同笔刷的理解。

读者在提升绘画技能的同时，还要结合笔刷的不同效果并灵活运用其他工具和功能，如涂抹、橡皮擦、图层、调整等，这样才可以发挥笔刷的更多功效，实现更多的绘画创意。

## 2. 如何创建画笔组和笔刷

点击画笔库下方蓝色框中的“+”，创建“无名组合”，点击“无名组合”可重命名，如重命名为“线稿常用笔刷”。

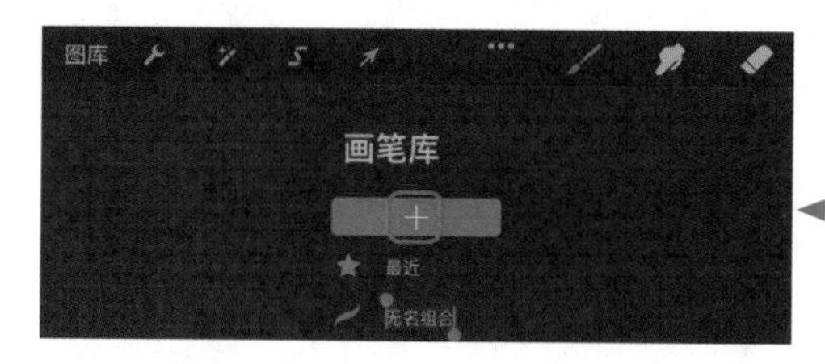


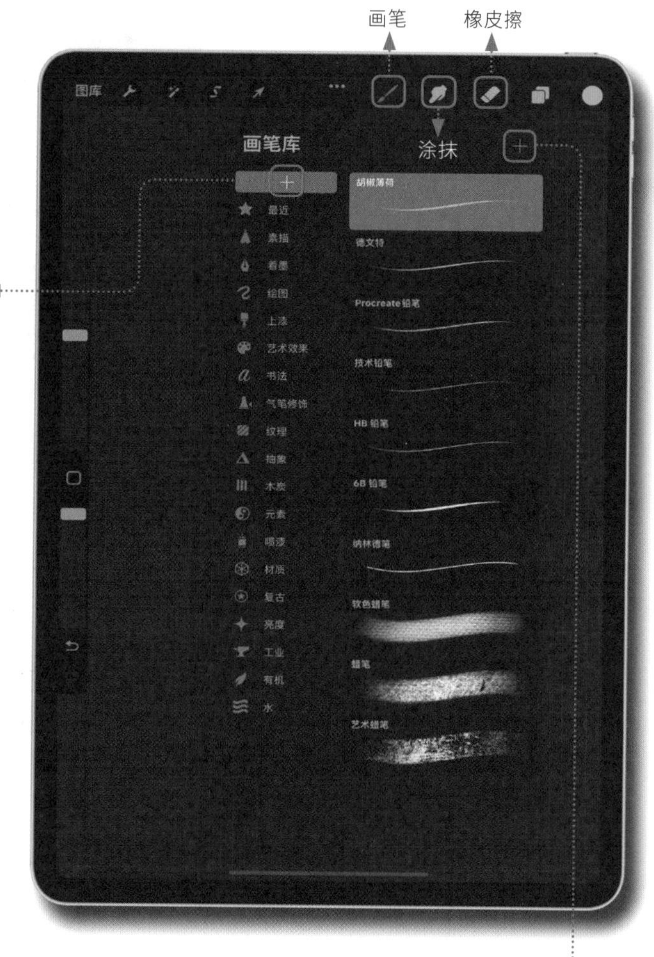


点击画笔组名称即可进行“重命名”“删除”“分享”“复制”等操作。

点击右上角的“+”，进入“画笔工作室”，这时只需调整里面的参数，即可创建所需要的新笔刷。最后务必点击右上角的“完成”。

## 3. 如何整理画笔组

画笔库里的笔刷有上百个，读者可以为常用的笔刷创建新的画笔组，并命名为“线稿常用笔刷”。例如在“着墨”画笔组中找到“技术笔”笔刷，用手指将笔刷拖出来（蓝色框右上角出现绿色“+”表示已经拖出）。手指不要松开，同时用另一根手指点击需要放置该笔刷的画笔组“线稿常用笔刷”，松开手指，即可完成调整。

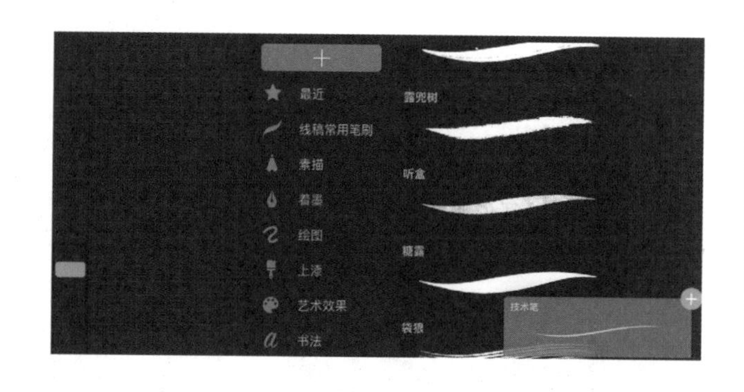

**TIPS**

拖动出来的笔刷并不会在原画笔组中消失，打开“着墨”画笔组依然可以看到“技术笔”笔刷。因此，这一步实际是复制了“技术笔”笔刷。同理，可以根据自己的需要，把其他常用的笔刷整理好。

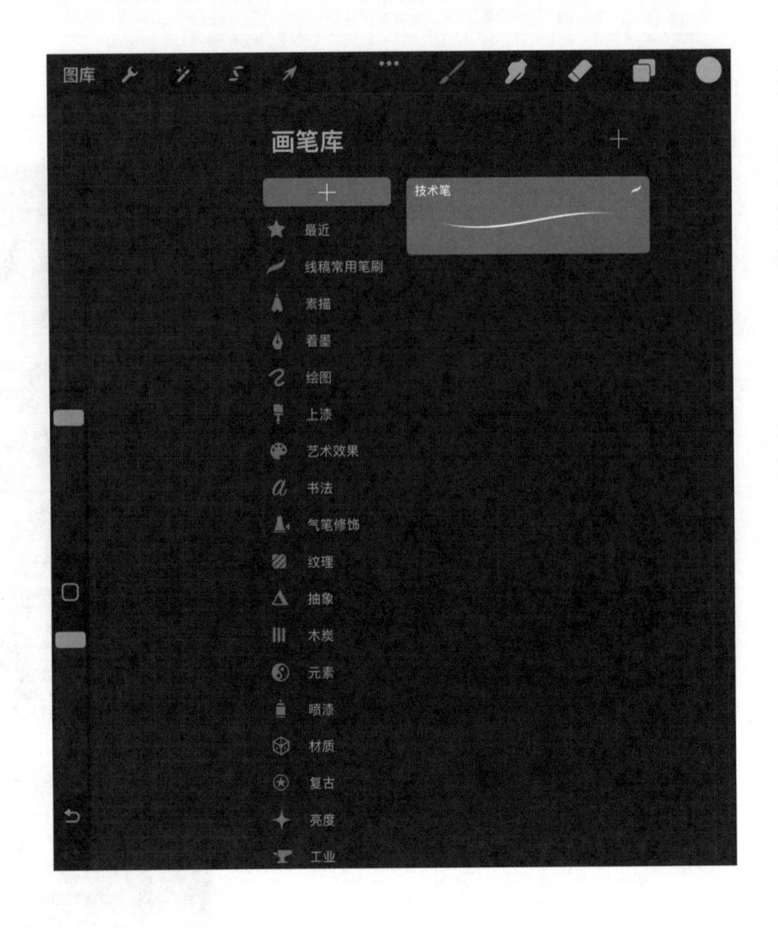


## 4. 如何导入本书赠送的笔刷

不同的艺术专业有不同的笔刷风格需求，除了使用系统自带的上百个笔刷外，读者可通过不同的方法获取更多的笔刷，如自建、购买、资源分享等。笔者自制了一套适合服装设计专业使用的笔刷，读者领取后可按以下方法导入。

### 导入笔刷方法 1

**01**

打开名为“procreate 全套电子笔刷”的文件夹，进入右图所示界面。点击顶部中间的 3 个点，这是分屏指令。可以看到 3 种模式，点击■进入分屏模式。

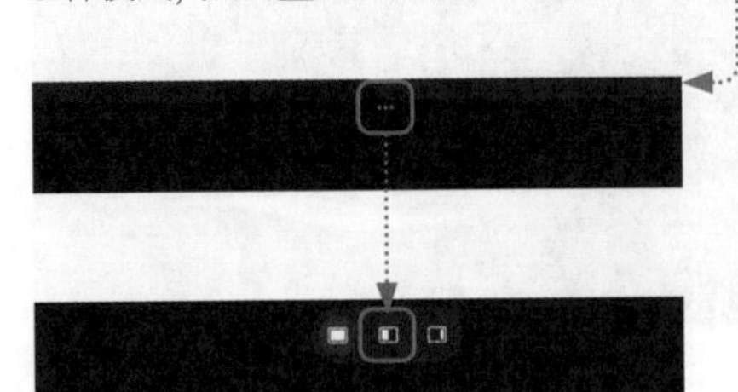

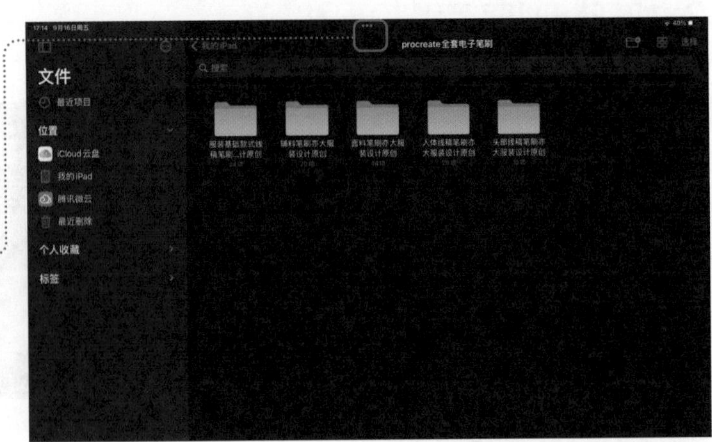

## 02

点击 Procreate 图标打开软件，就可以完成分屏操作。两个软件界面可以分别独立操作。打开 Procreate 里面的任意一个画布。

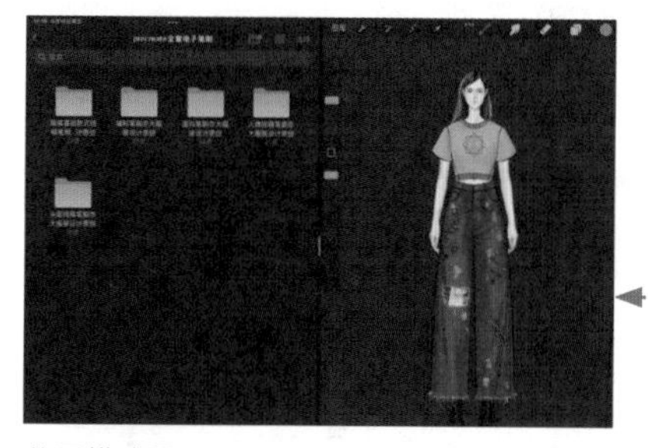

分屏模式界面

## 03

为了更方便地找到笔刷，可先新建一个画笔组，并命名为“面料笔刷”或其他名称。后面导入的笔刷便可以放入这个画笔组。

## 04

进入左侧界面的面料笔刷文件夹，通过以下两种导入方式，把笔刷导入 Procreate 中新建的“面料笔刷”画笔组。

单个笔刷导入：用手指拖动任一笔刷至界面右侧“面料笔刷”画笔组的空白处。

多个笔刷导入：如需一次性导入多个笔刷，可先拖动一个笔刷，待出现绿色的“+”时，手指不要松开，同时用另外一根手指点击界面左侧的其他多个笔刷；这时会出现数字，代表选中的笔刷的数量；松开手指即可同时导入选中的多个笔刷。一次导入的笔刷个数越多，导入速度越慢，因此建议每次导入 5~10 个。

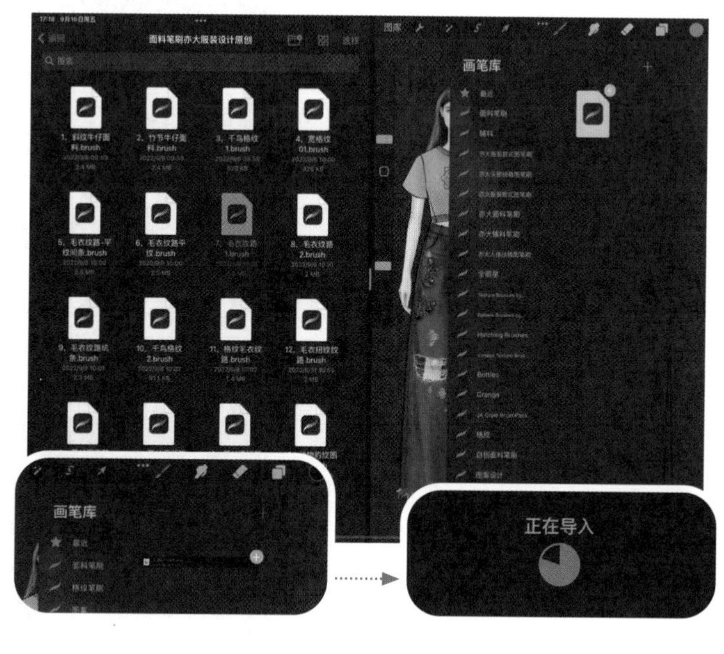

**05**

如导入时笔刷的顺序被打乱，可以用手指拖动笔刷调整顺序。
第 4 章的配饰绘制案例中会使用赠送的面料笔刷和辅料笔刷。

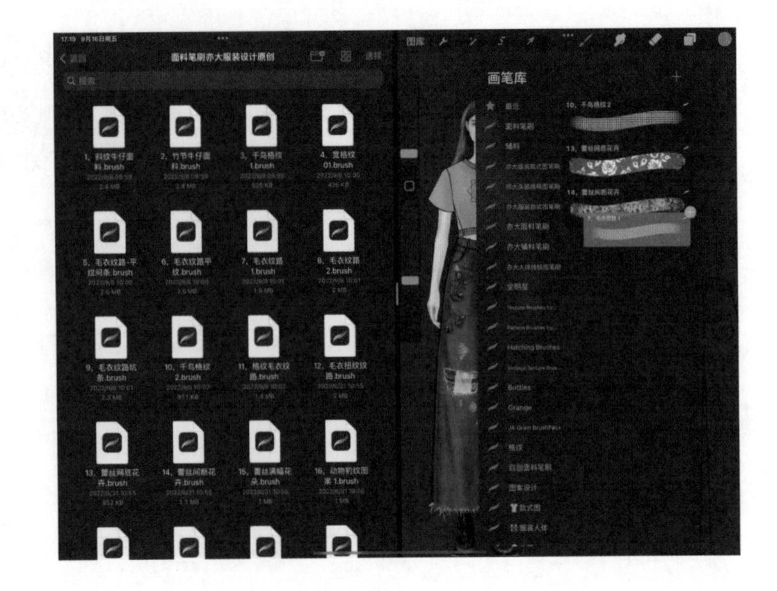

## 导入笔刷方法 2

**01**

除以上方法外，还有其他的导入方法可用于大批量导入笔刷。进入分屏模式界面后，点击左侧界面中的“选择”。

点击“选择”

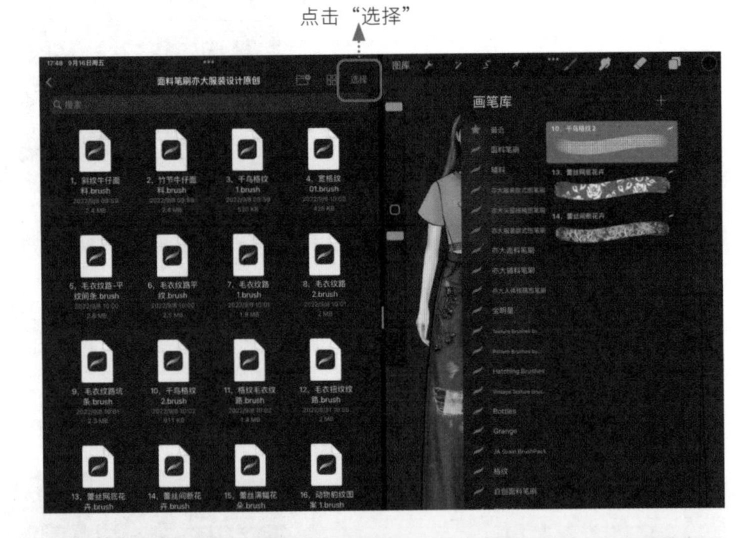

**02**

在界面左侧点击“全选”，即可勾选所有需要导入的笔刷。

点击“全选”

**03**

打开 Procreate 画笔库，选中新建的“面料笔刷”画笔组。拖动选中的笔刷至画笔库右侧空白处后松开手指，这时，界面会显示正在导入 34 项，等待导入完成即可。

一次性导入的笔刷个数越多，所需时间越长。如果导入期间出现卡顿，下次导入时就应适当减少一次性导入的笔刷个数。

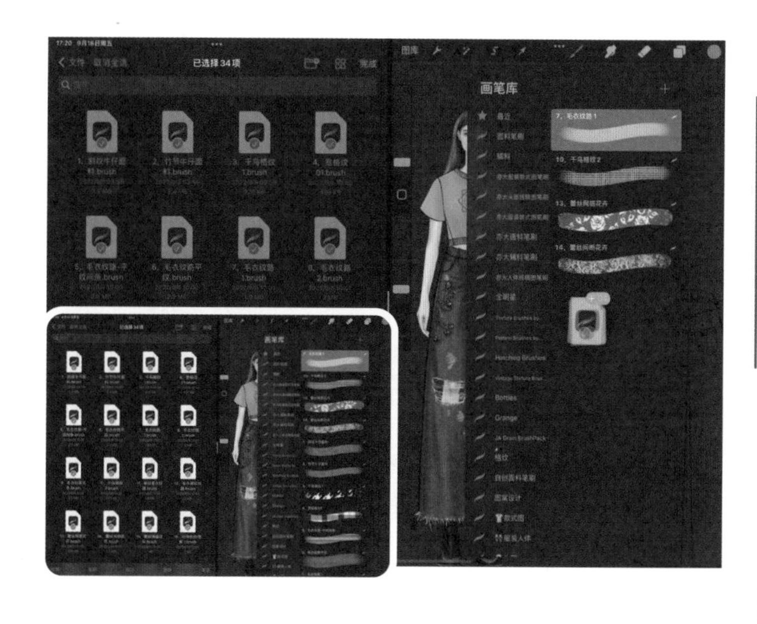


## 1.3.4 认识“画笔工作室”

除了系统自带和赠送的笔刷，“画笔工作室”还为现有笔刷提供各式设置。从变更基础设置到深入发掘多用途的一系列效果，读者可以根据画图的需求创建属于自己的个性化笔刷。

创建笔刷前，先认识“画笔工作室”界面及设置操作。

“画笔工作室”分为三大块：属性参数、设置、绘图板。

**属性参数：**“画笔工作室”最左侧有 13 个选项，每一个选项里面都有不同的设置。

**设置：**选择左侧 13 个选项中的任意一个，会显示不同的设置；有些可以通过滑块调节数值，有些可以通过滑块调节倾斜及压力等。

**绘图板：**不需要退出“画笔工作室”即可在绘图板上实时预览笔刷的变化。点击“绘图板”即可调出“设置”，在此可以清除绘图板、重置所有笔刷设置（此操作只应用于当前笔刷）、变更预览尺寸来看笔刷的尺寸

以“着墨”—“技术笔”作为示例

变化，还可以通过选择下方的 8 个不同颜色的圆圈来改变笔刷的颜色。

读者创建个性化笔刷的方法有以下 3 种。

（1）复制原有笔刷：复制系统自带的任意笔刷，并修改“画笔工作室”里相应的参数。

（2）创建新笔刷：点击画笔库右上角的“+”，进入“画笔工作室”，修改形状、颗粒及相应参数，新建笔刷。

（3）组合两个原有笔刷：同时选择两个笔刷，组合形成一个笔刷，并修改相应的参数。

## 1. 认识画笔工作室的设置

点击系统自带的任意笔刷，进入该笔刷的“画笔工作室”界面，通过以下设置即可创建个性化笔刷。下面以“着墨”—“技术笔”作为示例。

（1）描边路径。

（2）稳定性。

（3）锥度。

（4）形状。

（5）颗粒。

（6）渲染。

（7）湿混。

（8）颜色动态。

（9）动态。

（10）Apple Pencil。

（11）属性。

（12）材质。

（13）关于此画笔。

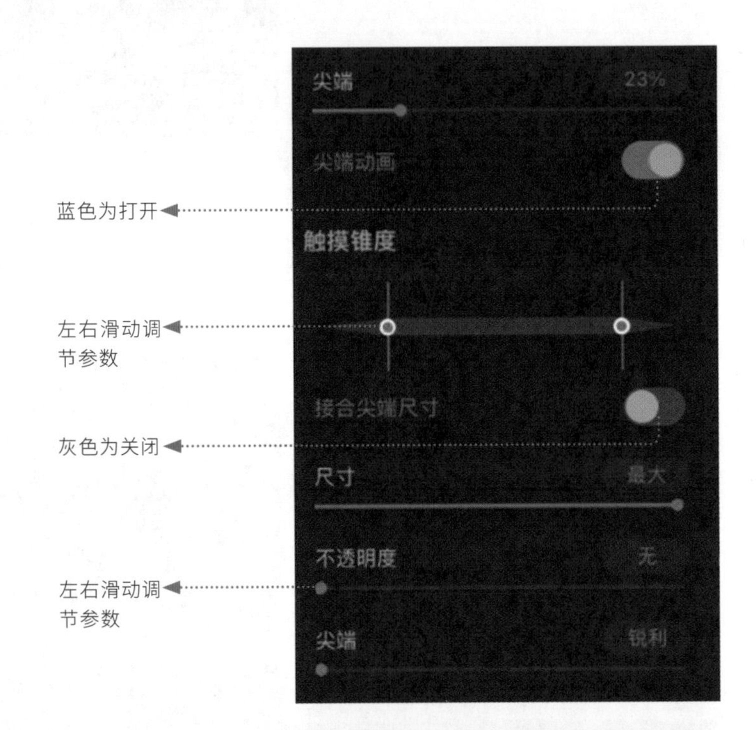


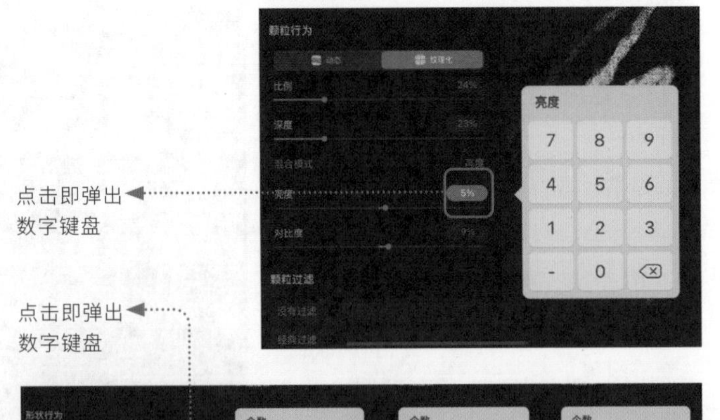


**TIPS**

- 设置里面蓝色的圆点都可以左右滑动以调节参数。
- 高级画笔设置。“画笔工作室”中的设置大多含有数值栏，它也是进入高级画笔设置的按钮。点击一个数值栏，即可打开高级画笔设置窗口对笔刷进行微调。高级画笔设置窗口最多含有 3 个不同设置——数字、压力和倾斜。当打开高级画笔设置窗口时，数字键盘会出现，而压力和倾斜设置只会在含有相关属性的设置中出现。

# 2. 基础操作工具

绘图、涂抹和橡皮擦是 Procreate 的基础操作工具。

绘图、涂抹与橡皮擦的图标位于界面右上方，共用“画笔库”及笔刷的各项功能。

## 1 涂抹

涂抹具有渲染作品、平滑线条和混合颜色的作用，主要用于涂抹、拖动画布上的颜料。

点击涂抹图标并从“画笔库”中选定一个笔刷，接着用手指或 Apple Pencil 在笔画或颜色上点击或拖动以渲染作品。

涂抹会根据不透明度的设置呈现不同的效果，可在界面左方侧栏提高不透明度来强化涂抹效果，或降低不透明度以表现较细微的变化。

**强力涂抹**

强力涂抹时，颜色将呈现湿混的效果。此功能在快速混合颜色的同时，可以保留画布上颜料的拖动痕迹，创造出一幅具有张力的图像。

**小力涂抹**

小力涂抹的效果较为柔和、柔顺，对于创造渐层、光影糅合或涂抹铅笔图画相当实用。

涂抹与绘图共用“画笔库”，读者可以通过试验不同的笔刷来发掘令人惊艳的混合效果。

## 2 橡皮擦

橡皮擦具有擦除错误、移除颜色、塑造透明区域并柔化作品的作用，主要用于擦除画布上的颜料。

点击橡皮擦并从“画笔库”中选定一个笔刷，接着用手指在笔画或颜色上点击或拖动来擦除。

可以将橡皮擦笔刷的设置调整为与绘图笔刷相同，以创造出一致的风格。

利用左方侧栏调节不透明度，以调整擦除的强度，可以创造淡出的效果或提亮作品的部分区域。

点击并长按尚未选定笔刷的绘图、涂抹或橡皮擦的图标，即可将当前的笔刷应用到该工具上。

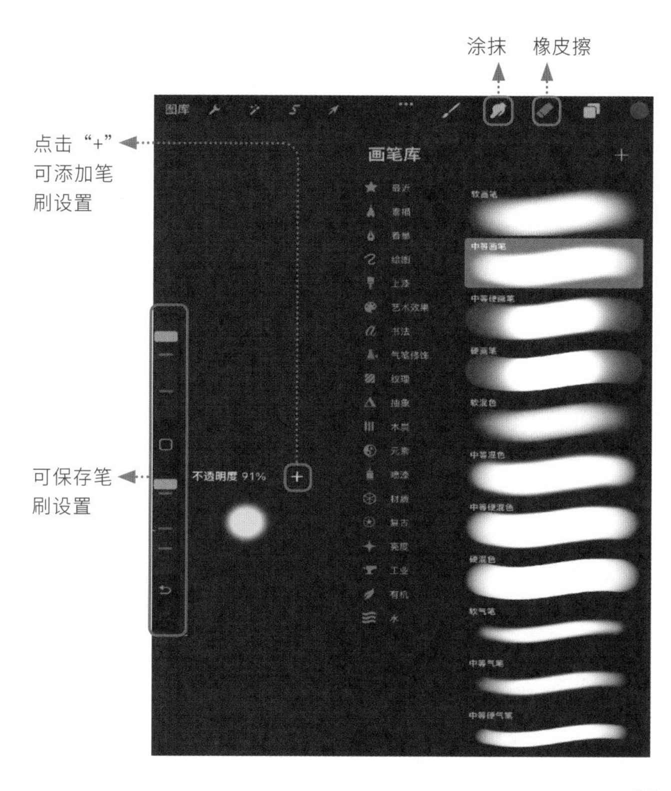

**TIPS**

保存笔刷设置：为绘图、涂抹和橡皮擦笔刷分别保存至多 4 种尺寸和不透明度设置。
长按并拖动侧栏中的两个滑块，即可在弹出的窗口中预览尺寸和不透明度。
在此预览窗口的右上角可以看到“+”，点击“+”即可保存当前的尺寸和不透明度设置。
此时在侧栏的相应滑块中可以设置槽点，它以一条细线显示。可以为尺寸和不透明度的滑块分别设置 4 个槽点。

## 1.3.5 图层使用原理

点击以打开图层面板

点击以新增图层

图层组

展开的图层组

单个图层

### 1. 图层的原理

**主要图层：**在图层面板中点击任一图层作为主要（当前）图层，该图层会在面板中以亮蓝色标记显示。一次只能选定一个主要图层，且任何绘画操作都会直接反映在主要图层上。

**次要图层：**在任一图层上用单指向右轻滑即可将该图层选取为次要图层，该图层会在面板中以暗蓝色标记显示。虽然一次只能有一个主要图层，但可以有多个次要图层。

**图层选择功能：**通过触碰的方式在画布特定区域内一次显示有关联的所有图层。这个功能方便实用，能够省去反复打开图层面板的步骤。

**新增图层：**点击图层面板右上角的“+”即可在画布上新增图层，新图层会被置于当前图层之上。新增图层时，系统会自动将新图层以递增数字作为默认图层名称，例如“图层1”“图层2”“图层3”等。也可以为新图层重新命名，以便记住每个图层的内容。

**新私人图层：**以私人图层插入的文件或照片不会出现在图库略图或缩时视频中。

**背景颜色：**自选背景颜色来发挥创意，或隐藏背景颜色来为作品制造透明效果。

**修改背景颜色：**新建画布时，默认的背景颜色为白色，点击“背景颜色”可更改。

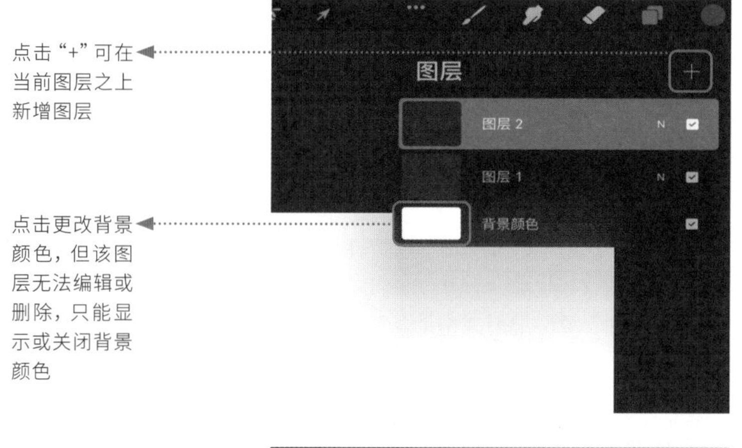


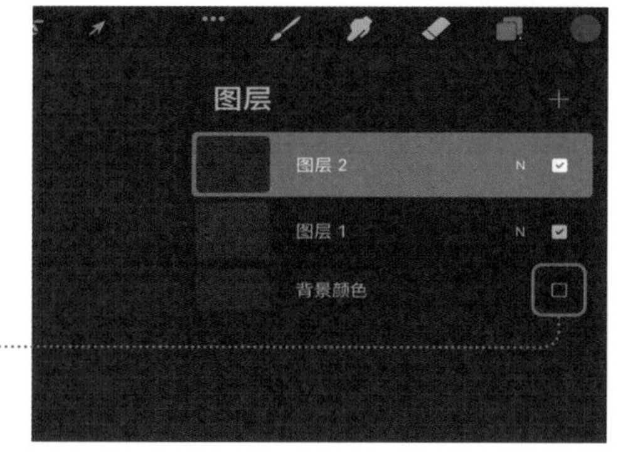


点击关闭画布背景颜色，导出的PNG格式图片将是透明的背景

**TIPS**

- 在图层面板中点击“背景颜色”调出色彩面板，可以从中选取新的背景颜色，点击“完成”退出色彩面板。
- 透明背景：若想创作一幅透明背景的作品，可点击取消勾选“背景颜色”右侧的可见图层勾选框来关闭背景颜色。
- 选取图层：可以一次控制和编辑多个图层，对图层进行批量移动、合并、删除或变换等操作。Procreate提供主要图层和次要图层两种图层选取模式，以方便用户进行图层操作。
- 在开始绘制作品前，需要确认是否选取了相应的正确图层。

**新建组：**当选取多个图层时，会看到图层列表的右上角出现“组”，点击“组”即可将当下选取的图层合并成图层组。

**查看组：**点击图层组右侧的下三角箭头即可随时展开或收起图层组。

**选取组：**与图层的操作类似，可以选取主要图层组及次要图层组。单指右滑即可选取次要图层组，这个操作会应用在该图层组中的每一个图层上。点击可选取主要图层组，此时可以进行“选取”“变换”操作（同样会应用在该图层组

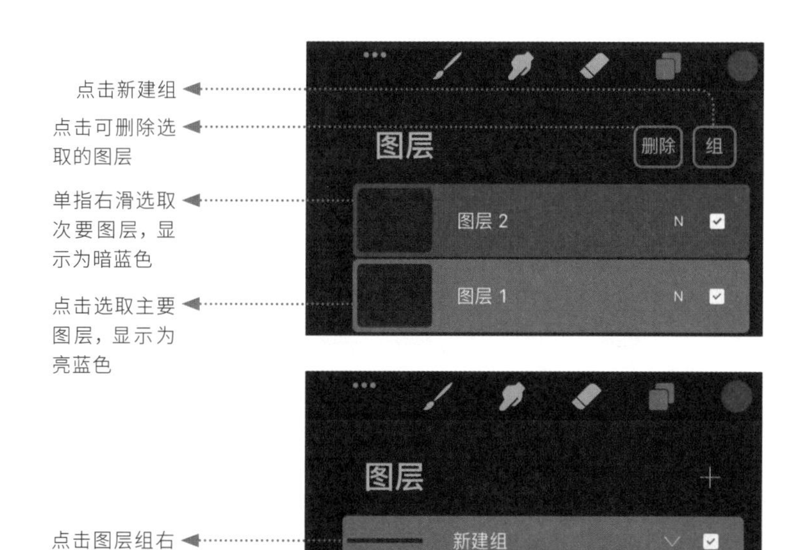

中的所有图层上），但无法使用绘图、涂抹、橡皮擦等工具。在图层面板中的选定图层组上进行绘图、涂抹或擦除操作时会出现图层选择界面，需要在窗口所包含的组中选择一个图层再继续创作。

**移动图层和图层组：**点击并长按一个图层或图层组形成拖动状态，移动排序后，松开手指就会形成新序列。如果已选取次要图层，移动主要图层时将连带次要图层一起移动。

**在画布间移动图层：**想要在不同画布之间移动图层，需要长按一个图层，并选取其他图层将它们一起拾起，再用另一指点击“图库”。

**丢放图层以创建新画布：**在“图库”中丢放图层将为拾起的每个图层分别创建一个画布，这些画布的尺寸会与图层的来源画布相同。

向左滑动可锁定、复制、删除图层

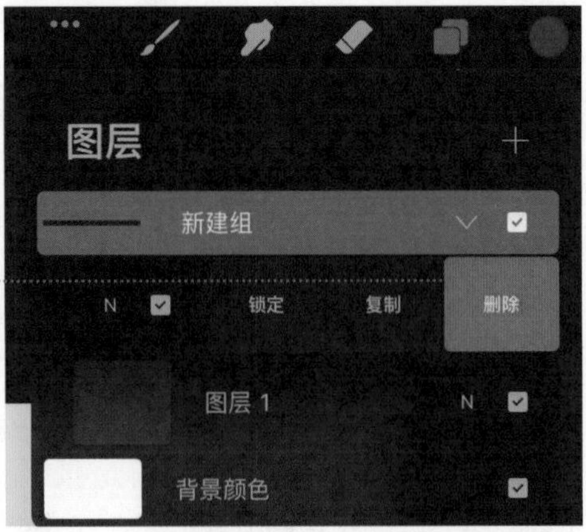

**TIPS**

- Procreate 依照作品尺寸有着不同的最大图层数限制，当达到限制时，可以通过合并图层获得可用的图层数量。
- 虽然可以使用“撤销”操作，但如果已逾撤销范围，或退出、背景化 Procreate，将无法再复原该图层或图层组。
- “删除”一般视为不可逆的永久操作，建议小心操作。

**丢放图层于现有画布中：**在“图库”中拖动图层时，用另一根手指点击想丢放图层的目标画布，进入该画布界面后打开图层面板，即可将图层放置于画布中。用此方法导入的图层会因为图档转移，而无法将混合模式、蒙版或其他图层特定信息一同移动。

在任一图层或图层组上用单指向左滑动，即可看到以下 3 个常用功能。

**锁定：**此功能可以防止不小心在不想进行变动的图层上编辑。锁定一个图层后，会在该图层名称旁看到一个锁头图标。想要解锁该图层以进行编辑，只要在图层上向左轻滑并点击“解锁”即可。

**复制：**当复制一个图层或图层组时，来源图层的所有蒙版、混合模式和内容皆会被复制。复制图层能够在不影响来源图层的情况下，尝试各种编辑操作。

**删除：**此功能能够将该图层从作品中移除。

## 2. 图层选项

点击图层，会弹出图层选项。

**重命名：**点击“重命名”可更改图层名。每次新建图层建议修改图层名，以方便辨认该图层所包含的内容。

**选择：**点击可选择该图层所包含的全部内容。

**拷贝：**点击可复制该图层所包含的全部内容。

**填充图层：**点击后色彩会覆盖所包含的内容。

**清除：**点击可删除该图层所包含的全部内容。

**阿尔法锁定：**点击可锁定该图层所包含的全部内容以外的区域，所包含内容可编辑，所包含内容以外的区域不可编辑。

**蒙版：**点击会在当前图层上方新建一个蒙版图层并与当前图层所包含的全部内容绑定。对蒙版图层可以用画笔或橡皮擦进行修改，但当前图层的内容不受蒙版图层影响。

**剪辑蒙版：**点击后，下方图层所包含内容在剪辑蒙版图层可编辑，所包含内容以外的区域不可编辑。

**绘图辅助：**点击可使用绘图指引的辅助功能，关闭则无法使用。

**反转：**点击会填充所包含内容每种颜色的互补色。

**参考：**点击可参考该图层所画的线稿，一般在线稿图层需填充颜色时使用，往下新建图层填充底色，即可把线稿和底色图层分成两个独立图层。

**向下合并：**点击可让当前图层与下方图层合并。

**向下组合：**点击可让当前图层与下方图层组成一个图层组。

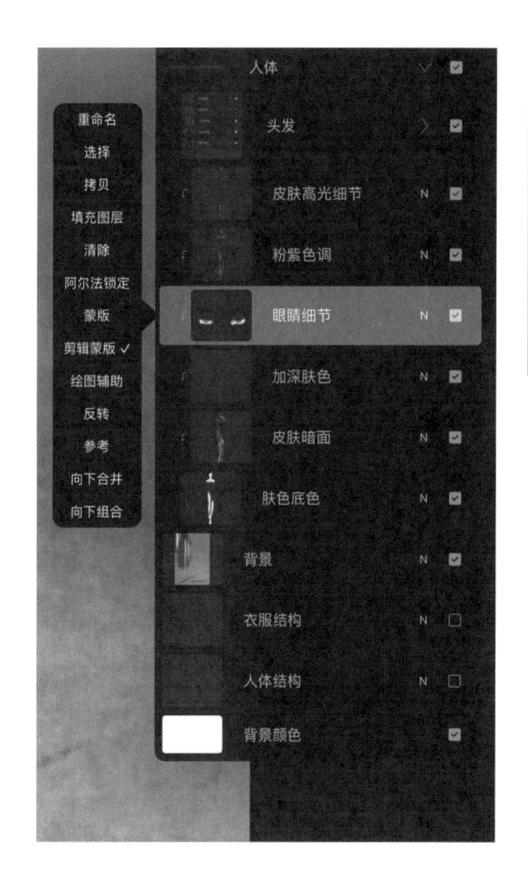


## 3. 混合模式

默认情况下，图层中的可见内容会覆盖其下方图层的内容，但两个图层的内容还可以通过多种方法进行互动、混合。

图层建立时的默认模式为“正常”，用字母N代表。点击“N”打开混合模式菜单。

混合模式菜单分为两个部分：当前混合模式名称和不透明度滑块。

点击“N”即可滑动选择混合模式。在滑动的同时，滑过的混合模式的效果会直接显示在画布上以供预览。找到想使用的混合模式后，点击菜单外的任意处即可关闭菜单。

不透明度滑块可控制图层的透明度。在“正常”模式中，最大不透明度

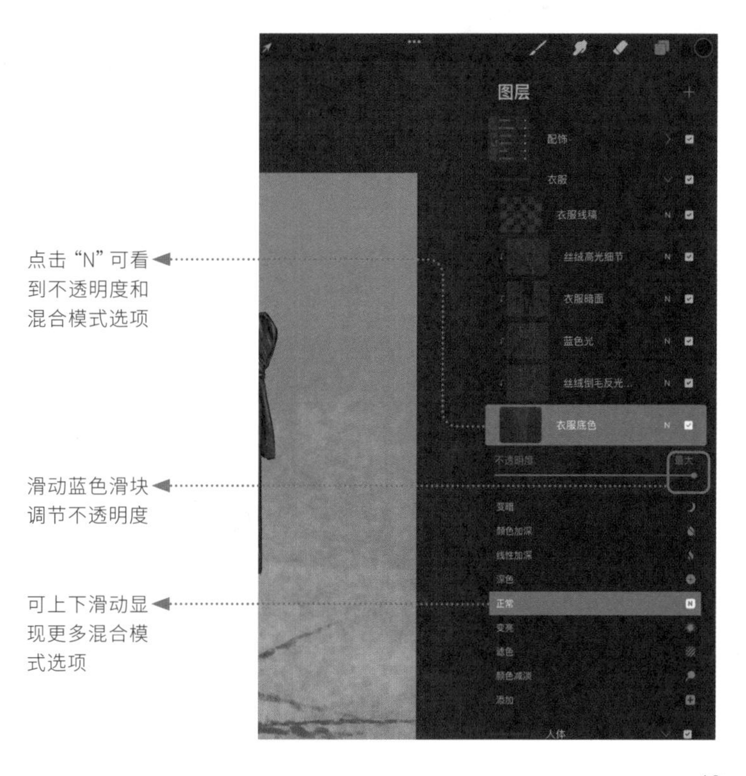

代表当前图层的内容会完全覆盖下方图层的内容；在其他混合模式中，不透明度可能会影响不同视觉元素的效果，例如色彩饱和度或阴影等。用一根手指将滑块向左滑动即可降低不透明度，向右滑动则会提高不透明度。这个设置会影响整个图层的透明度，并忽略其他当前选区。

## 1.3.6 色彩面板及取色技巧

**色彩面板有 5 种模式**

1 色盘
2 经典
3 色彩调和
4 值
5 调色板

### 1 色盘

## 2 经典

**挑选颜色：**在功能列表右上角可以看到当前颜色，点击它开启色彩面板，并在底部点击“经典”。Procreate 会自动保存用户的偏好设置。

**经典色彩选择器：**对数位绘图来说，经典色彩选择器是非常常用的。在长方形颜色选区中移动圆圈来选择颜色，并用下方的滑块调节色相、饱和度及亮度。

**色相 / 饱和度色盘：**“色彩调和”界面将色相和饱和度结合为一个色盘显示。色环边缘的颜色饱和度较高，越往中间颜色的饱和度越低。

**色相 / 饱和度 / 亮度滑块：**利用 HSB（色相 / 饱和度 / 亮度）功能滑块来调节选色。第一个滑块用来调整色相，第二个滑块用来调整饱和度，第三个滑块用来调整亮度。

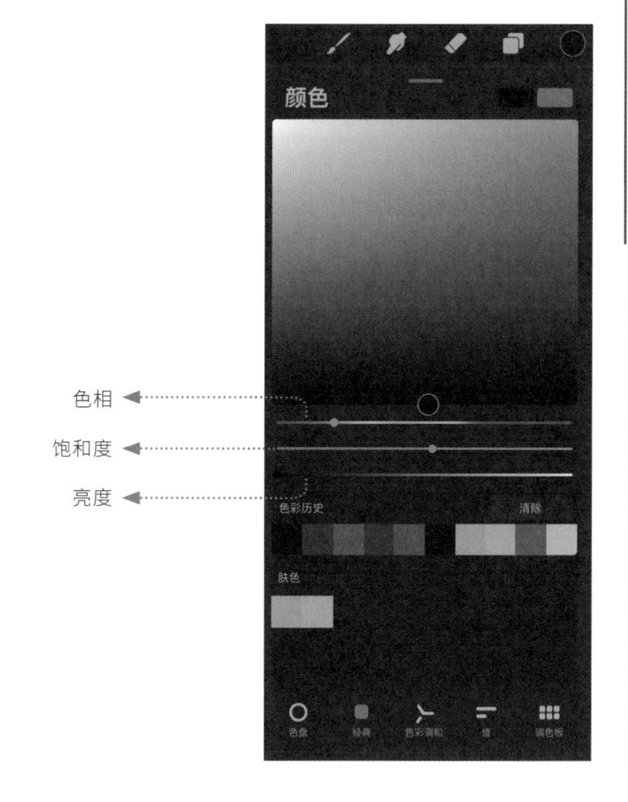


## 3 色彩调和

“色彩调和”界面中包括依据经典色彩理论所设计的 5 种调和配色模式。

**互补：**“色彩调和”界面左上方有“互补”字样，这是软件的默认设置，点击打开完整的调和配色模式列表。色盘中的 2 个标圈会在相对的位置选色。

互补色在色环上相对的位置，能让彼此看起来更亮。其中一色是冷色调，另一色是暖色调。它们在色环上呈现最大的对比，混合在一起可以创造出中性色相，同时也可以相互融合产生阴影效果。

**补色分割：**色盘中的 3 个标圈位于等腰三角形的 3 个顶点。

补色分割配色使用 1 种基础色以及 2 种在色环上相互对称的次要颜色，组

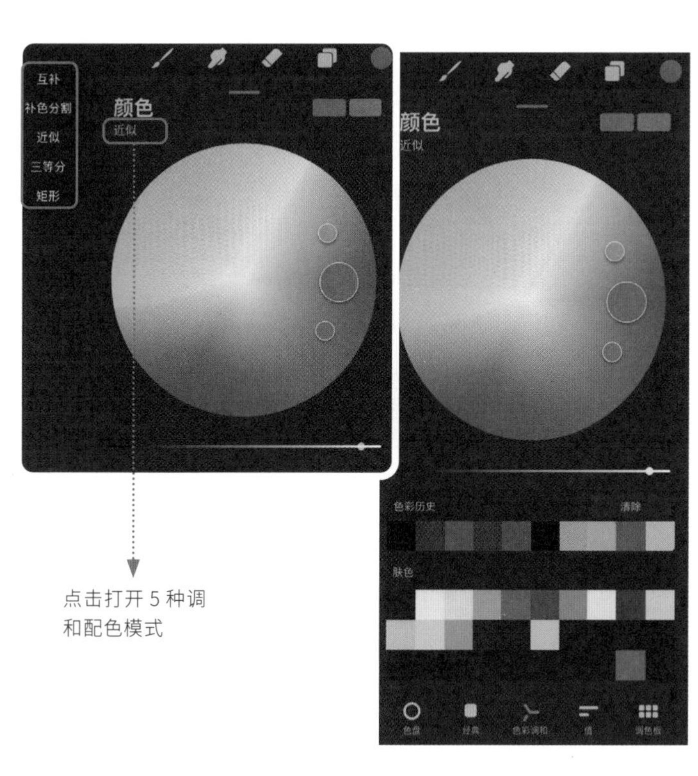

成一个三角形。它会选取 1 种暖色和 2 种冷色，或 1 种冷色和 2 种暖色。与互补配色不同，补色分割配色较为协调，也能呈现出较柔和的视觉效果。一般来说，在三角形窄角位置的颜色为主要颜色，另外 2 种次要颜色为打光色或强调色。

**近似：**色盘上的 3 个标圈在同一个区块选取邻近色。

此配色模式类似补色分割配色，它会选取 1 种基础色和 2 种次要颜色。基础色适合作为作品的主要颜色，2 种次要颜色配合主要颜色带来打光和强调的效果。3 种颜色的位置相近，产生的颜色效果会同时偏暖色或偏冷色，可以创造高雅、清晰且和谐的调色效果。

**三等分：**色盘上的 3 个标圈位于等边三角形的 3 个顶点。

此配色模式类似补色分割配色，但 3 种颜色位置之间的距离是相等的。如此一来 3 种颜色皆为主要颜色，能产生一种鲜艳、抢眼的效果。使用此配色模式时需要特别注重作品的色彩平衡。

**矩形：**色盘上的 4 个标圈位于正方形的 4 个顶点。

此配色模式类似三等分配色，4 种颜色位置之间的距离是相等的。如此一来 4 种颜色无明显的主次关系，能产生鲜艳、抢眼的效果，结合起来也可以给人强烈的视觉感受。

## 4 值

开启色彩面板并在底部点击“值”。

调节 HSB（色相 / 饱和度 / 亮度）、RGB（红 / 绿 / 蓝）三原色的相应滑块或手动输入数值，或者输入各颜色的 16 进制（网页安全色）专属代码，可以确保每次选色精准无误。

**色相 / 饱和度 / 亮度：**使用 HSB 滑块来调整选定色的色相、饱和度和亮度，也可以在参数框中输入准确的数值，或者用 Apple Pencil 搭配“随手写”功能直接写上数值，滑块会自动调节至相应设置。

**色相：**滑块的显示如同拉直的色环，参数范围为 0°~360°，涵盖色环中的所有颜色，起点和终点为正红色。手动输入数值时，精度达小数点后一位。

**饱和度：**利用滑块可调节选定色的浓郁度，以百分比的形式呈现。设置为 0 时，选定色毫无色度，将根据下方的亮度设置呈现为纯黑、纯白或灰色；饱和度设置为 100% 时，选定色的呈现效果最为鲜艳、亮眼。

**亮度：**利用滑块可调节选定色的明暗度，以百分比的形式呈现。设置为 0% 时选定色会呈现为接近黑色，设置为 100% 时选定色呈现出最明亮的效果。

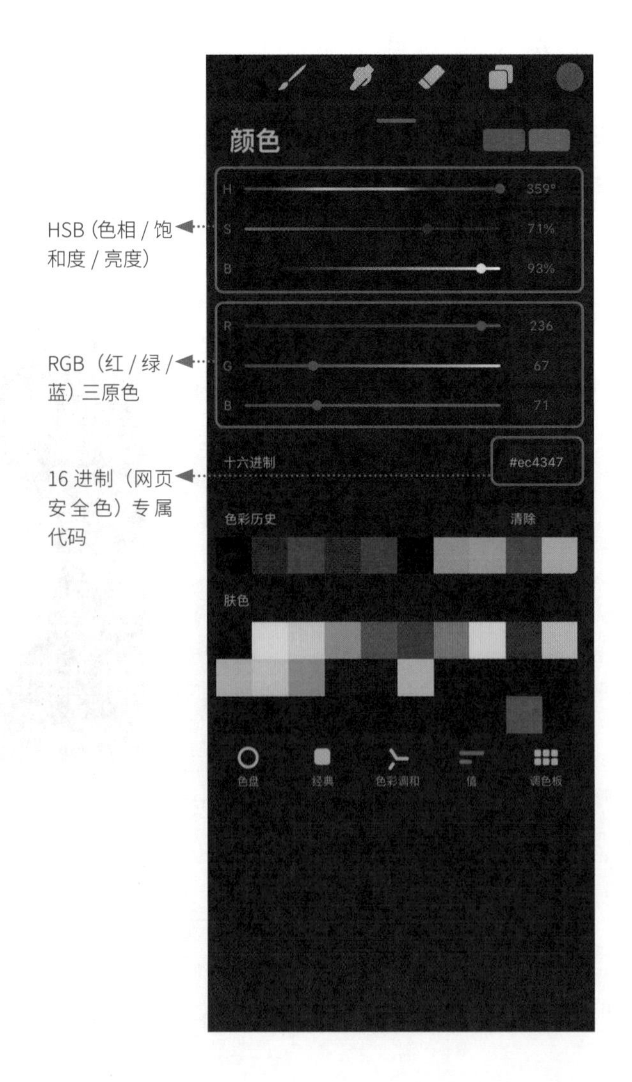

**红 / 绿 / 蓝：**在数位绘画中，所有颜色皆由红、绿、蓝（RGB）三原色混合而成。RGB 滑块的参数范围为 0~255（色彩的最大可用数值），在这个范围内可以调制出 1600 万种独特的颜色。也可以手动输入或写上颜色数值，滑块将会自动调至相应位置。

**TIPS**

- RGB 的 3 个滑块都设置为 0 时会呈现纯黑色，都设置为 255 时则呈现纯白色。想要调制正红色、正绿色或正蓝色，只要将相应滑块设置为 255，并将另外两个滑块设置为 0 即可。调制紫色等中间色，可以将两种原色（红色、蓝色）的滑块设置为 255，并将另一原色（绿色）的滑块设置为 0。用 RGB 滑块调制各种颜色是一个体验和学习数位混色的好方法。
- 使用便捷的 6 位数代码是另一个选择 RGB 颜色的方法，在制作网页或编写程序时用于配置或记录色彩十分方便。如果已经知道想使用的颜色代码是什么，可以直接在参数框中输入 16 进制代码，上方滑块会自动调节至相应位置。此外，在使用 RGB 或 HSB 参数调制颜色时，16 进制代码参数框中的代码也会自动配合改变。使用 16 进制代码可以更方便地与他人分享特定的颜色，只要提供颜色代码即可。

## 5 调色板

调色板能将用户喜爱的颜色用色卡保存下来。创建或导入调色板，便于形成配色方案。用户还能在强大的调色板库中保存、分享或管理调色板，方便未来使用。

**色卡：**调色板中的方形色卡分别代表着保存的颜色，点击任意色卡会将其选定为当前颜色。可以在色彩面板各个界面底部找到当前的默认调色板。

**紧凑和大调色板：**可以选用两种不同的模式来浏览调色板，点击调色板上方的“紧凑”或“大调色板”即可切换。

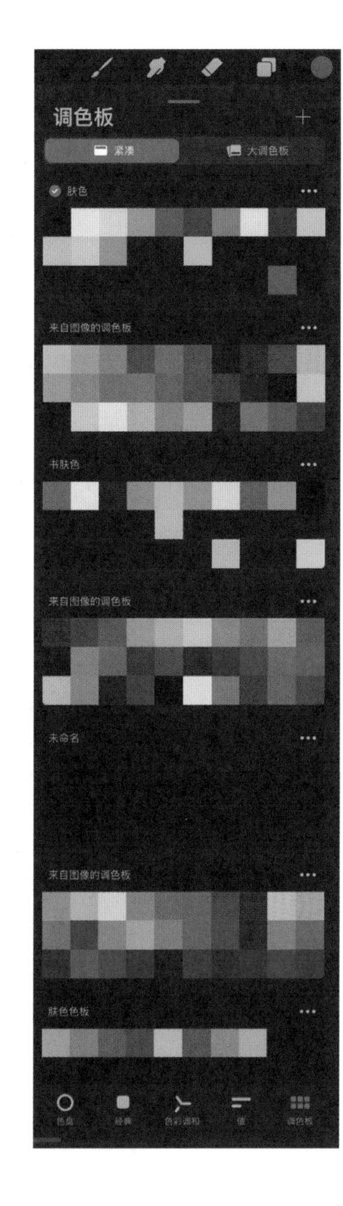


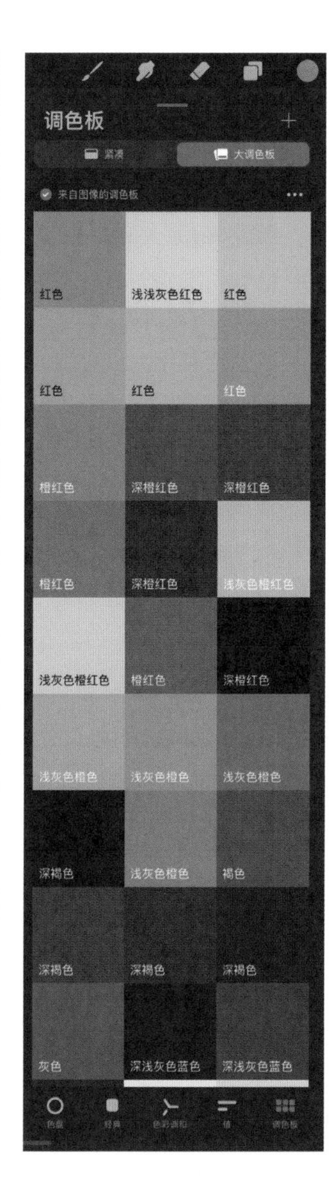


调色板名称位于每个调色板的左上角。在当前使用的调色板名称旁会有一个蓝色高亮圆圈，勾选即表示选中该调色板。若想选别的调色板作为当前调色板，只要点击该调色板里的任意色卡即可

**TIPS**

如果 iPad 运行的是 iPadOS 14 之前版本的 iPad OS，色卡则以该颜色的确切 16 进制代码命名。

在“大调色板”模式中，手指向上或向下滑动即可找到全部可用的调色板。

**紧凑：**“紧凑”模式为调色板的默认浏览模式，以小巧的方形色卡呈现。此模式可以使用户在屏幕上一次性浏览较多的调色板和色卡。在“紧凑”模式中，调色板一行含有 10 个色卡，每个色卡呈现出其颜色。

**大调色板：**“大调色板”模式通过较大的方形色卡来展现放大的调色板。在“大调色板”模式中，调色板一行含有 3 个色卡，每个色卡呈现出其颜色。“大调色板”模式中的每个色卡同时显示该颜色的省略名称，如“蓝绿色”。用户也可以为颜色更改更独特、更有代表性的名称，例如“深海绿”，只需要点击色卡名称即可更改。

**使用色卡：**想要使用调色板中的颜色，只要点击对应色卡即可。

**色卡快填：**按住调色板中的任意色卡，再将其拖至作品上的任意区域，松手的同时，对应颜色在该区域快速填充。

**重排色卡：**重排色卡可以帮助用户将各种不同颜色在视觉上进行搭配，拖动色卡至想放置的方格上方，再松手即可。

**将当前颜色设置为色卡：**若想将选定色设置为色卡，只需长按该色卡调出选项，点击“设置当前颜色”即可。

**删除色卡：**长按色卡以调出选项，再点击“删除”即可从调色板中删除该色卡，该色卡将会消失并留下空白色方格。

**调色板库：**调色板库集合了所有色卡，用户在调色板库中可以创建、保存、分享或导入自己的配色方案，以便在各个作品的创作中随时存取调色板。

**创建调色板：**开启色彩面板并点击“调色板”，即可创建个人调色板。点击右上角的“+”，即可新建调色板，建立后该调色板默认为空白。默认新建调色板的名称为“未命名调色板”，点击此字样即可调出键盘设置名称。新建调色板会自动成为默认调色板，这代表此调色板会出现在各个色彩面板界面中。

**设置默认调色板：**想要设置默认调色板，只需点击调色板名称右侧的 3 个点，再点击“设置为默认”即可。

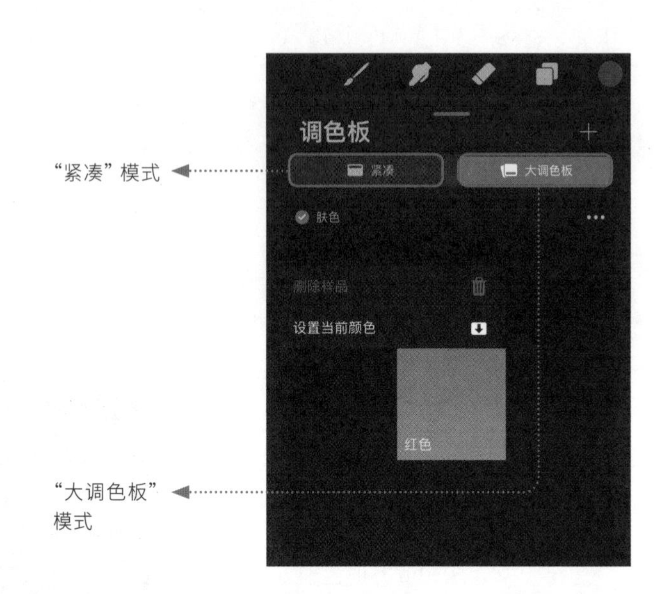


点击“+”可
创建调色板

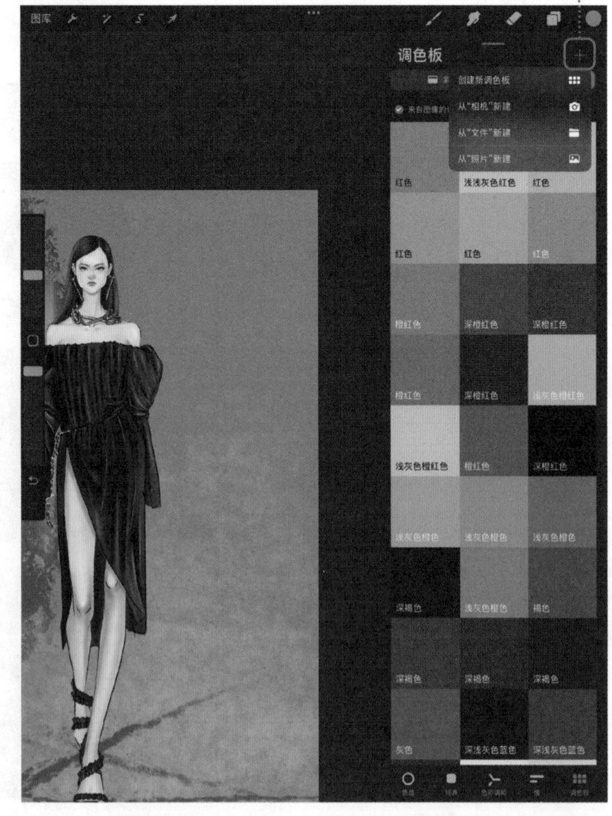

## 如何创建调色板

### 01 创建新调色板

点击“创建新调色板”，选择色盘中的颜色，点击调色板的空白处即可保存自己需要的颜色。

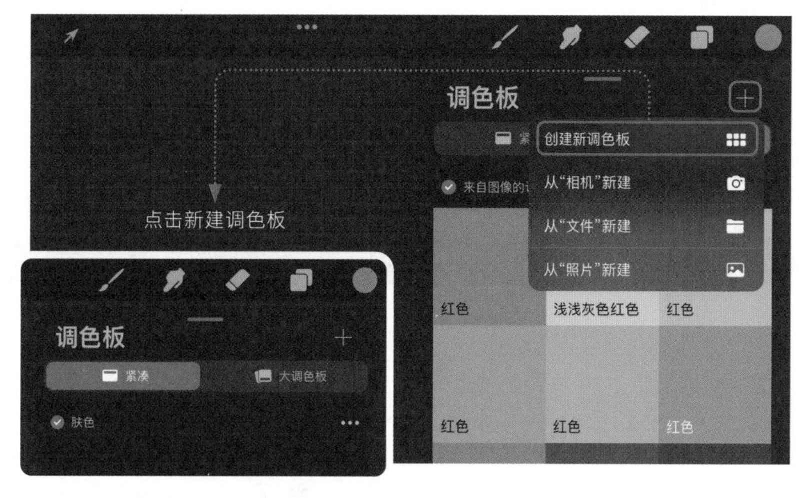


### 02 从相机新建调色板

点击“从‘相机’新建”，将镜头对着用于提取颜色的物体，颜色会随着镜头移动发生变化。在“视觉”和“已索引”模式之间来回切换，以看到两个模式中产生的不同颜色。当对调色板提取的颜色满意后，点击快门按钮即可提取并保存调色板。

### 03 从文件 / 照片新建调色板

点击“从‘文件’新建”/“从‘照片’新建”，选择需要导入的文件 / 照片，即可自动提取颜色。也可以用分屏模式把文件 / 照片拖进调色板，自动提取颜色。

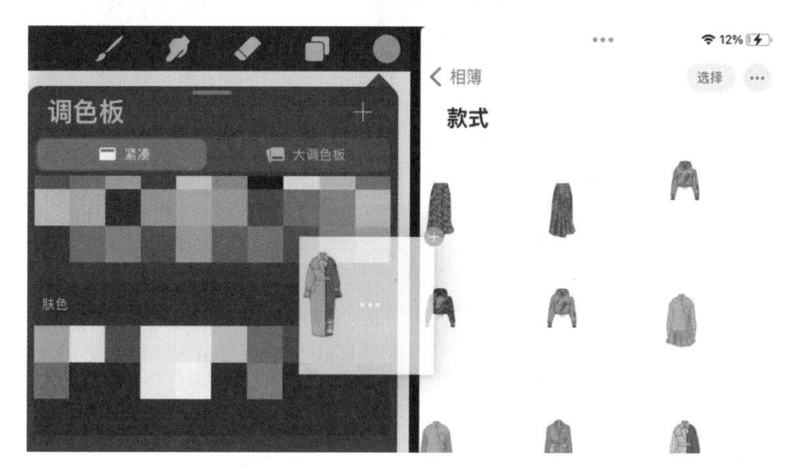


本章介绍了 Procreate 常用的基本操作，希望读者在日常绘画中灵活变通地运用。读者也可通过本书提供的视频教程学习更多操作。

# 第 2 章 人物头部绘制

# 2.1 头部结构

头部是人体结构中非常重要的一部分。时装画中，妆容与服装风格是互相影响的。因此，头部的妆容设计也是服装设计师需要学习的内容之一。在本章中，我们从头部结构、五官、妆容、发型等方面来进行讲解，引导读者由浅入深地掌握每个细节，同时学会用 Procreate 绘制头部线稿和上色。

学习绘制头部前，我们需要认识头部廓形，观察头部骨骼，分析头部的透视关系，从而更准确地画出头部的形态和立体感。

## 2.1.1 认识头部结构

下面通过介绍头部的解剖图，使读者认识头部的比例和结构关系。本小节包括两个部分的内容：认识头部廓形和认识头部骨骼。

### 1. 认识头部廓形

很多初学者很难直接绘制出头部廓形，因此需要先认识头部廓形。而头部骨骼决定了头部廓形，但由于头部骨骼很复杂，头部处于不同角度时，就会产生不同的廓形。

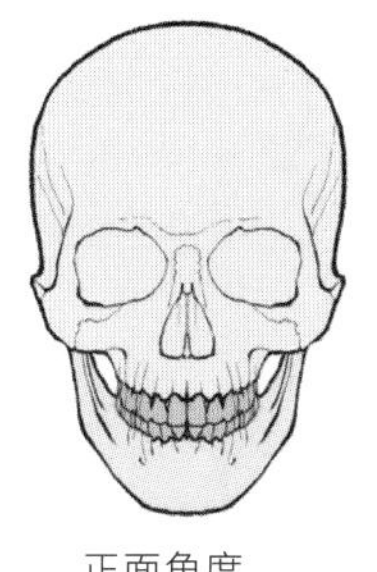

正面角度

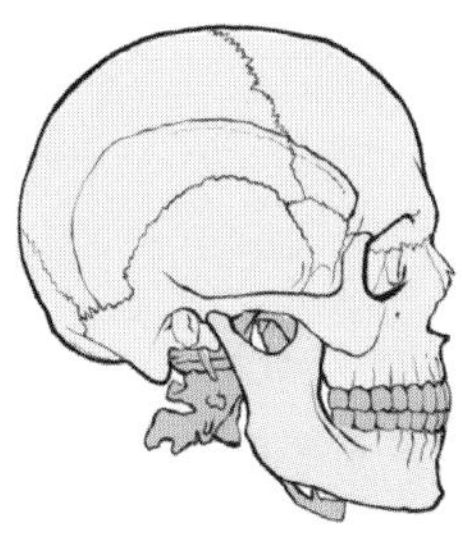

侧面角度

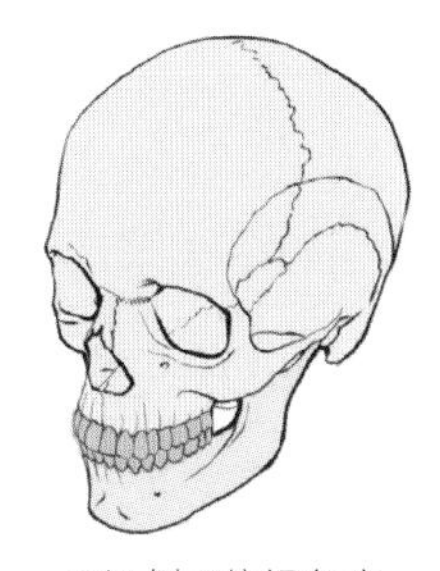

3/4 侧面俯视角度

**正面角度：**头部廓形整体近似椭圆形，颅骨部分近似椭圆形，下颌体部分近似方形。

**侧面角度：**头部廓形整体近似较宽的椭圆形，颅骨部分近似椭圆形，下颌体部分近似方形。

**3/4 侧面俯视角度：**头部廓形整体近似椭圆形，颅骨部分近似圆形，下颌体部分近似方形。

除了以上 3 种较常见的角度，还有很多角度，其对应的头部廓形各有差异。因此我们需要学会观察头部骨骼结构，以在不同的角度下绘制出准确的头部廓形。

### 2. 认识头部骨骼

人的头部骨骼大概包括 8 块脑颅骨和 15 块面颅骨。颅骨学中，“头骨”包括颅骨和下颌骨，而“头颅”指的是颅骨，不包括下颌骨。

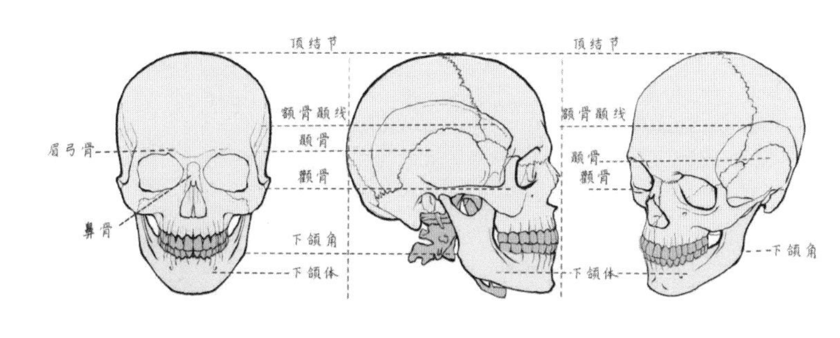

头部骨骼如此复杂，如何才能画出准确又美观的头部呢？一般可以用几何图形作为辅助画出头部廓形，这一方法既简单快速，又能准确表现头部结构。

根据几何结构，勾勒头部廓形，细化五官，就可以画出不同角度头部的线稿。关于五官的比例和结构，下一节会详细讲解。

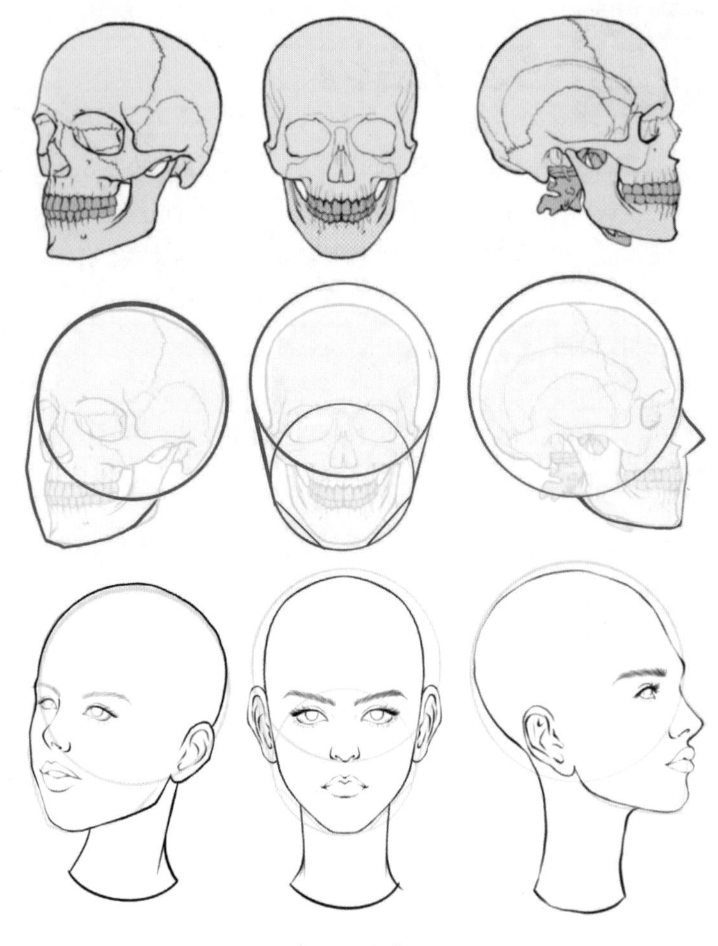

从不同的角度观察头部，其廓形和结构形态都会很不一样。熟知颅骨和下颌骨在不同角度下产生的廓形变化，才能准确把握头部廓形，进而明确五官在不同角度下产生的变化，并描绘出不同角度的头部的细节。

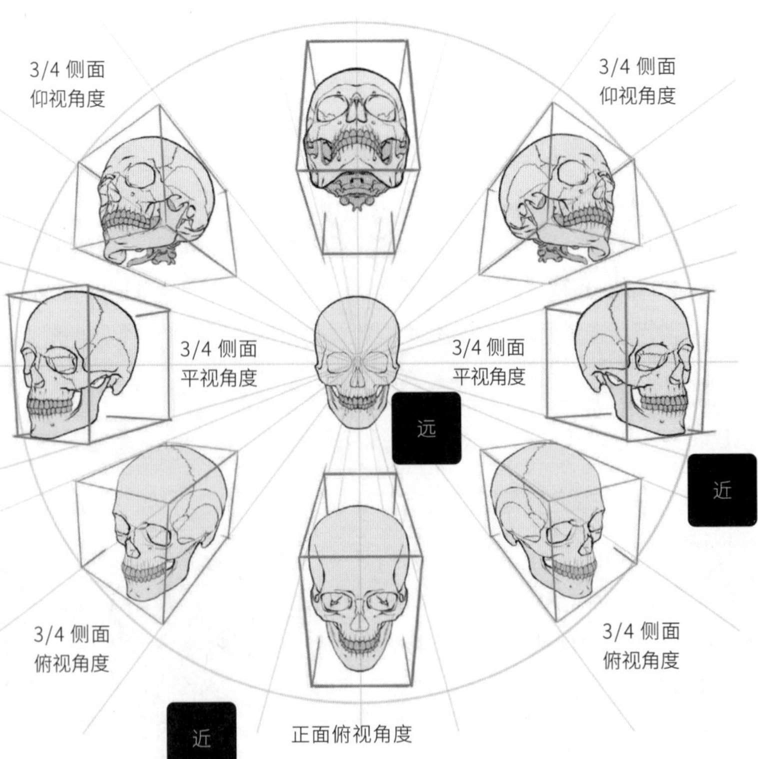


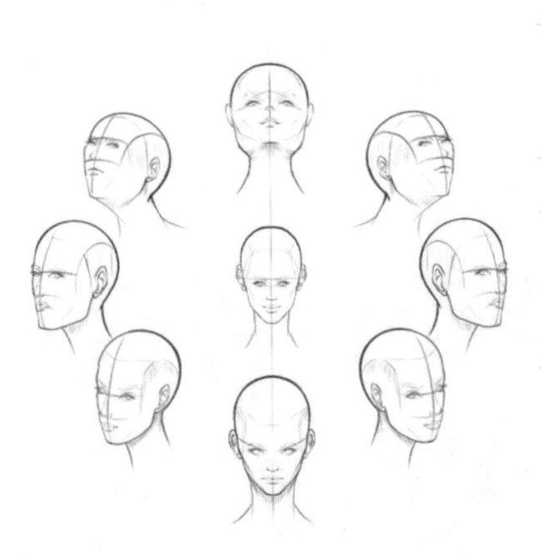

仰视角度

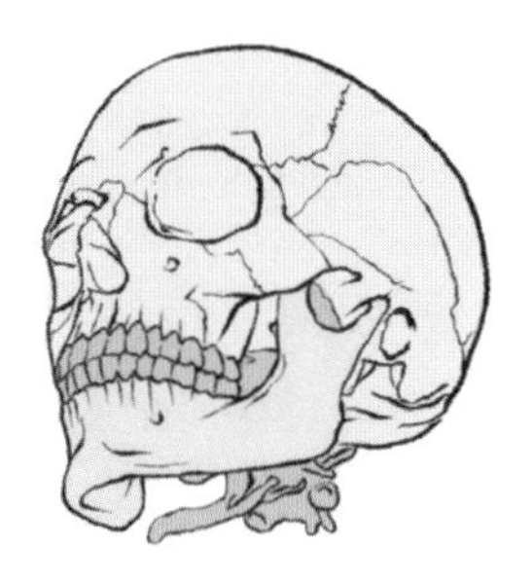

3/4 侧面仰视角度

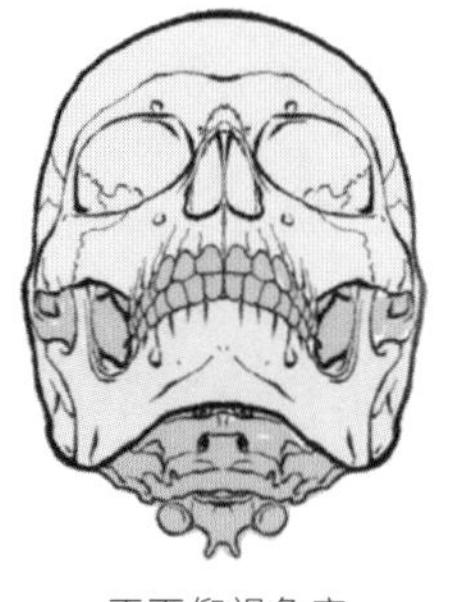

正面仰视角度

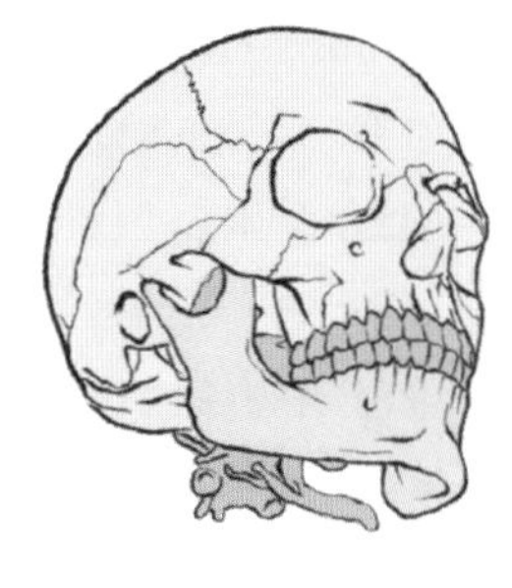

3/4 侧面仰视角度

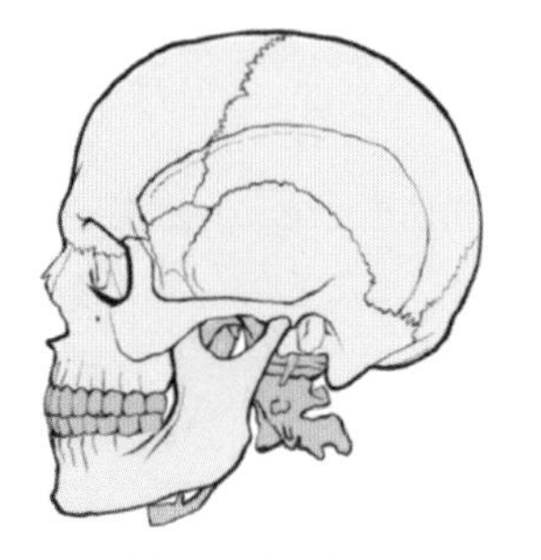

正侧面平视角度

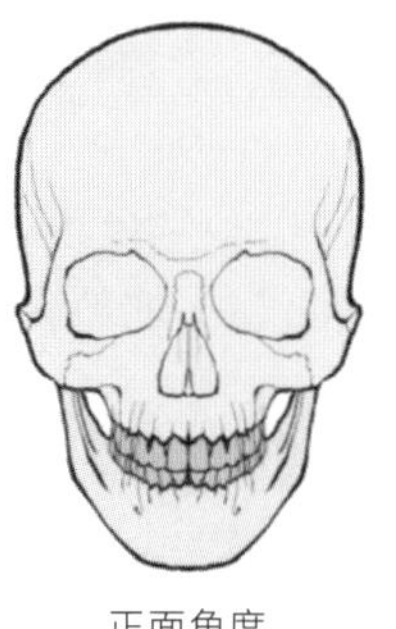

正面角度

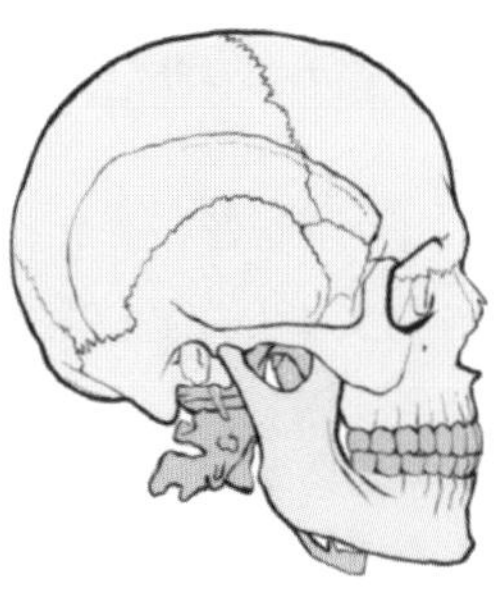

正侧面平视角度

俯视角度

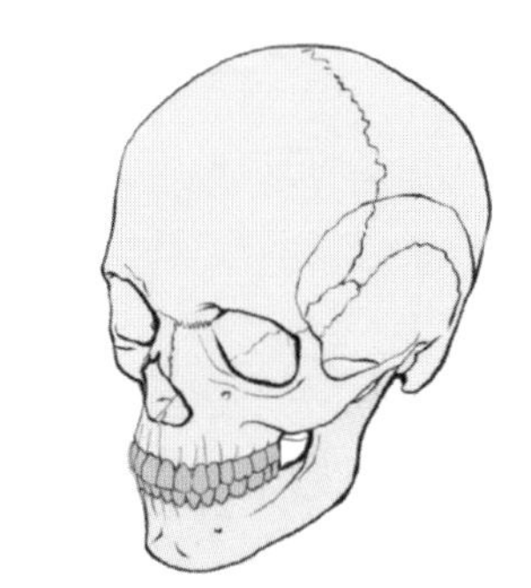

3/4 侧面俯视角度

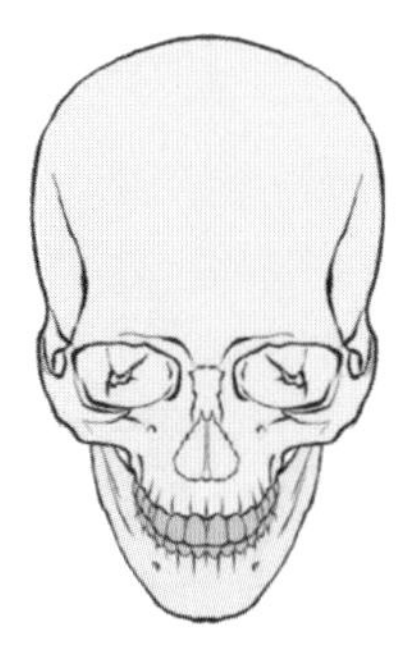

正面俯视角度

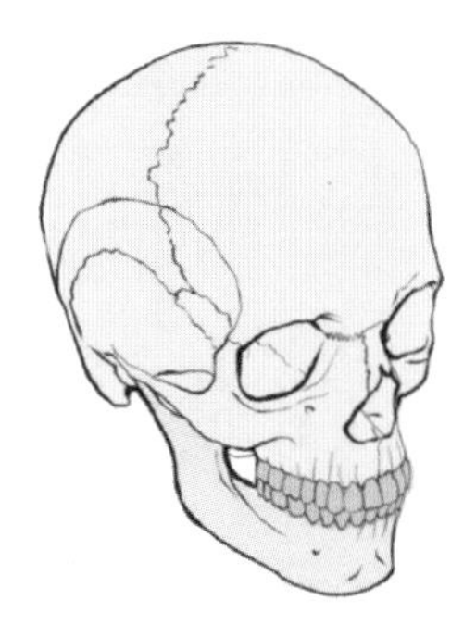

3/4 侧面俯视角度

## 2.1.2 头部线稿和上色

### 1. 认识“三庭五眼”的比例

**三庭：**指脸长，即从发际线到下巴的总长度。把脸长三等分，即一、二、三庭，以此来确定五官的位置。

一庭：从发际线到眉头。

二庭：从眉头到鼻底。

三庭：从鼻底到下巴。

**五眼：**指脸宽，即两只耳朵之间的距离，等于 5 只眼睛的总宽度。

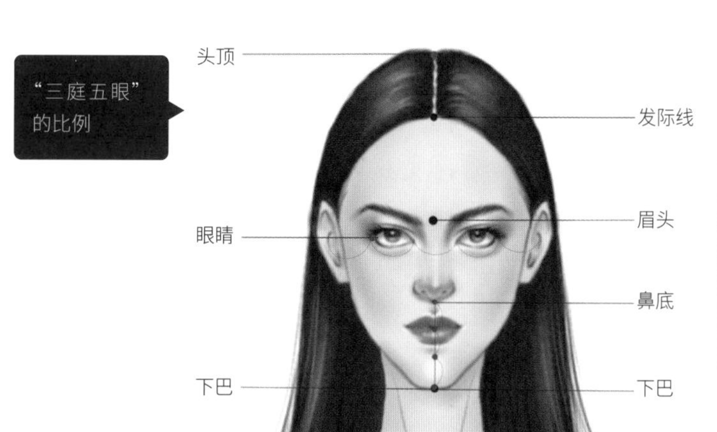

**如何确定五官的位置**

**眉毛：**眉头在发际线到下巴的 1/3 处。

**眼睛：**眼睛水平线位于头顶到下巴的中点。

**鼻子：**鼻子的长度等于二庭的长度，鼻底在发际线到下巴的 2/3 处，鼻宽大概是一只眼睛的宽度。

**嘴巴：**三庭的 1/3 处是唇缝的位置，嘴巴的宽度一般大于鼻子的宽度，上唇一般比下唇薄。

**耳朵：**位于头顶和下巴的中间，一般在眉毛和鼻底之间。

在学习素描头部画法时，最常用的方法就是“三庭五眼”的比例，因为其简单易懂，更有助于理解和掌握绘制技巧。因为头部的正面是对称的，所以 Procreate 中的对称功能能很好地辅助绘制头部。初学者在不断练习的过程中，要默记“三庭五眼”的比例，并理解五官的关系。

下面请准备好 iPad、Apple Pencil、Procreate，我们开始使用 Procreate 绘制头部线稿。按照以下步骤，在学习人体头部结构画法的同时，也可以进一步熟悉 Procreate 的应用。

## 2. 绘制头部的四大步骤概述

01

用两个不同大小的圆形确定头部外轮廓。头宽约等于 2/3 头长。

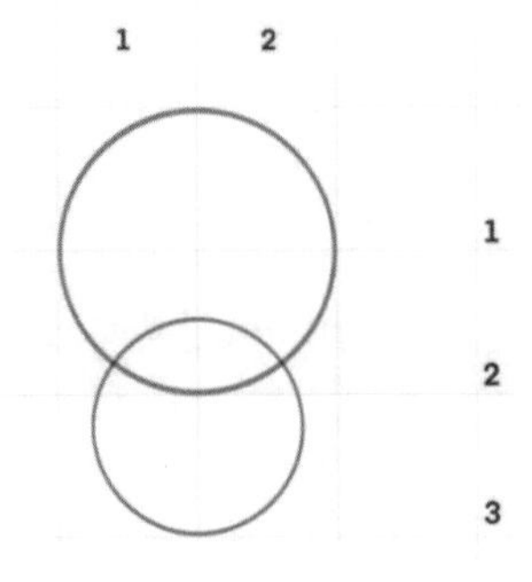


02

在头部结构里面找到三庭的位置，同时确定眼睛水平线的位置。

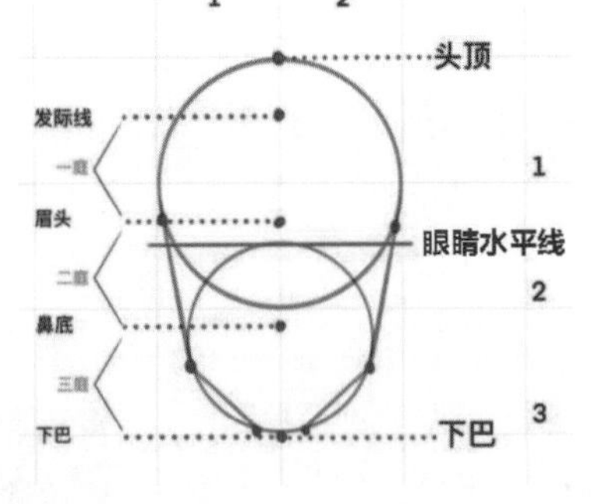


03

在眼睛水平线上确定五眼。注意左右两边要以头部中轴线对称。耳朵在脸两侧各加半只眼睛的宽度的位置。

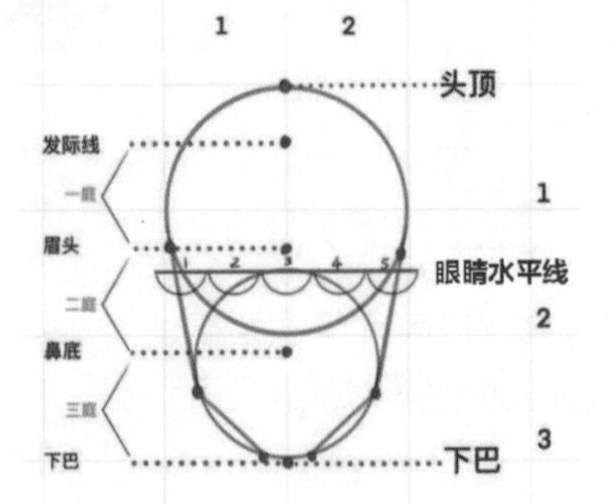

04

在确定好“三庭五眼”的基础上，如右图所示，描绘出头部线稿。

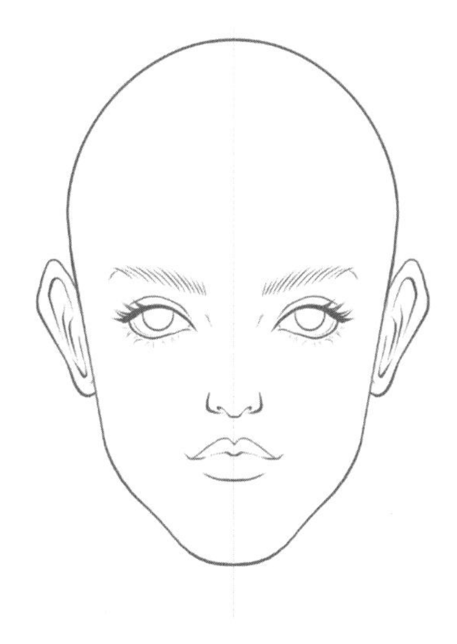

## 3. 用 Procreate 绘制头部线稿过程

01

新建 A4 画布，打开“绘图指引”并进入“绘图指引”界面。

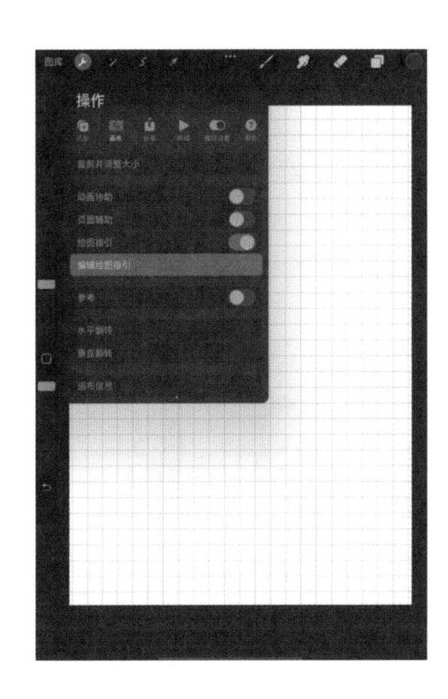

02

将“网格尺寸”设置为“300px”。

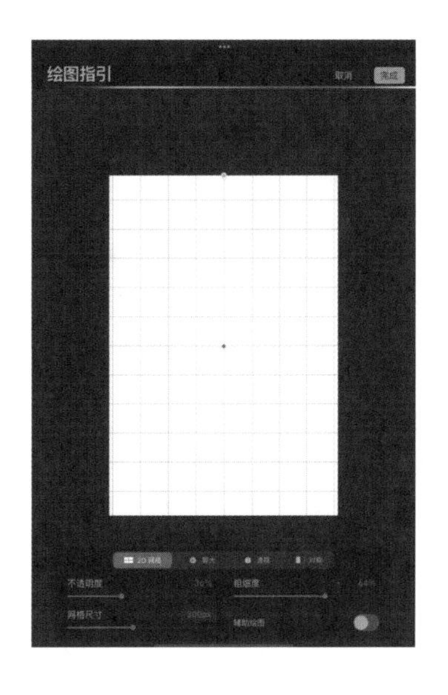


03

打开“画笔库”，找到“着墨”里面的“技术笔”笔刷。建议选择深一点的颜色。“技术笔”笔刷需更改参数设置。

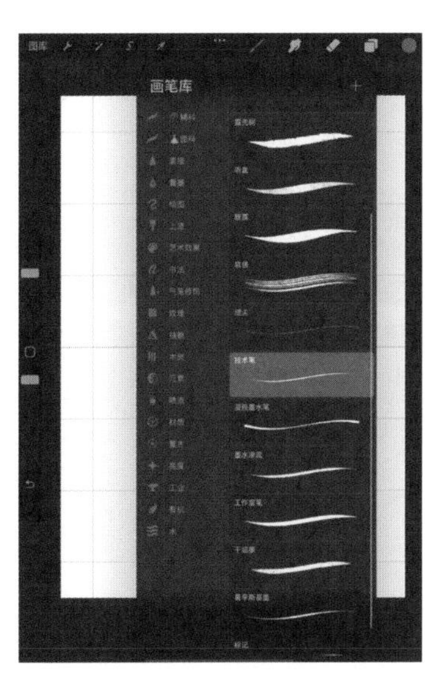


04

新建“图层 1”，点击该图层会弹出菜单，点击“重命名”，并输入“打结构”。

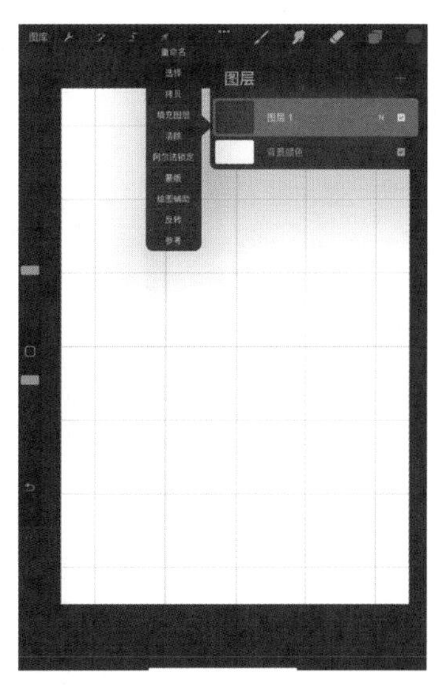

## 05

直接在画布上画出一个圆形难度很高，但 Procreate 有一个快速画圆形的技巧。首先用 Apple Pencil 随便画一个封闭的圆形，把笔按压在屏幕上固定几秒不动，这时封闭的圆形会变成椭圆形。

然后用另一根手指按住屏幕不动，等到椭圆形变成圆形后，再松开手指即可。

再点击变换变形工具将圆形移动到 4 个格子中间，进行缩放使圆形刚好在 4 个格子内，并与正方形的 4 条边相切。

**TIPS**

这个技巧对于绘制任何几何图形和线条都适合，可以尝试用这个技巧画出圆形、等边三角形、正方形和直线等。

几何图形大小调整：将 Apple Pencil 按压在屏幕上向外滑动，几何图形变大；向内滑动，几何图形变小。

如需移动几何图形的位置，点击变换变形工具进行移动即可。注意需要选择屏幕下方的“等比”。

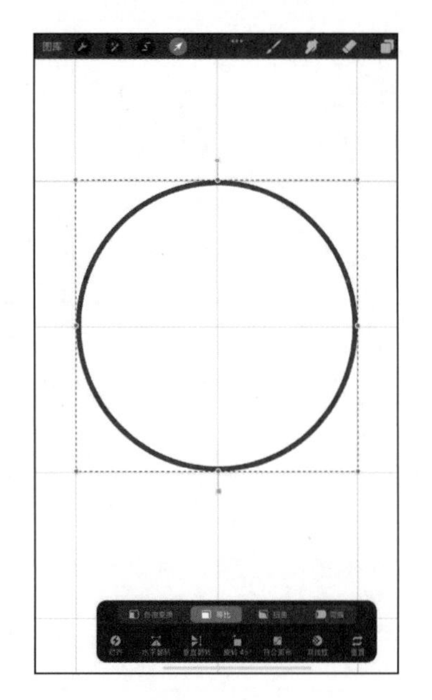

## 06

打开“打结构”图层，用手指或 Apple Pencil 向左滑动，点击“复制”命令，即可再复制一个圆形，无须重复绘制。

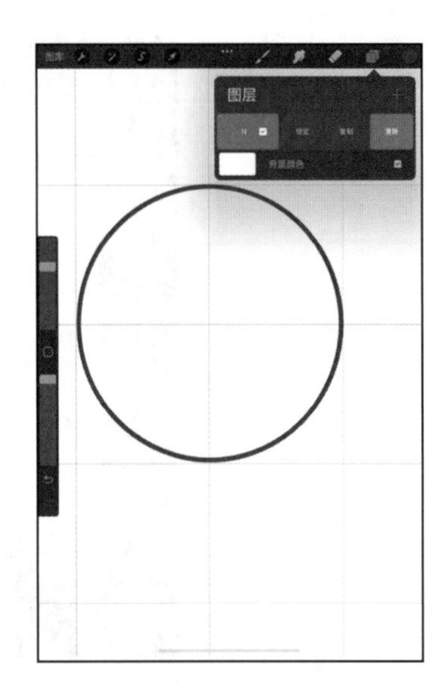


## 07

点击变换变形工具把新复制的圆形移动到原来的圆形下方并缩小，如右图所示。

**TIPS**

由于我们需要用两个圆形来画出头部结构，头宽为 2 个格子，头长为 3 个格子，因此，把小圆底部移动到与第三个格子底边相切的位置即可。

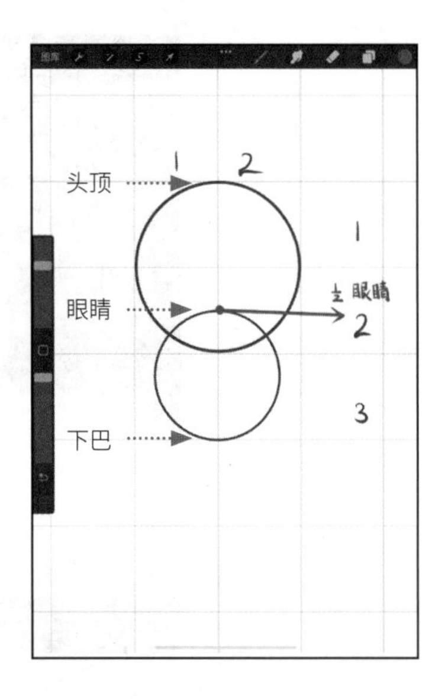


## 08

在红点标记的位置画水平直线，并把脸形画出来。不同脸形的廓形会有变化。

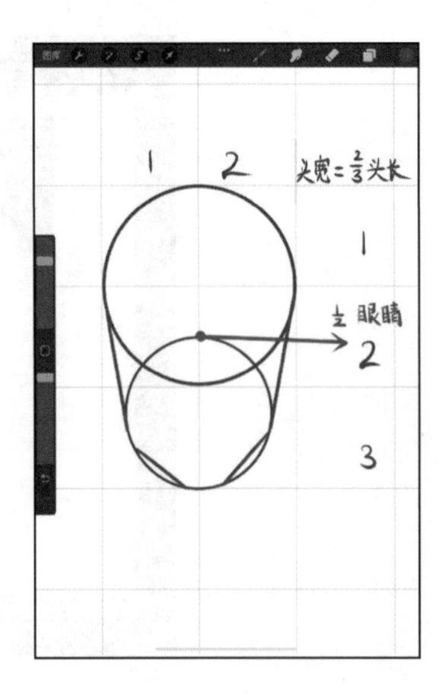


## 09

确定五眼的比例，注意头部是左右对称的。因没有打开“对称”功能，所以需要目测判断。如果难以判断，后期也可以利用“对称”功能进行调整。

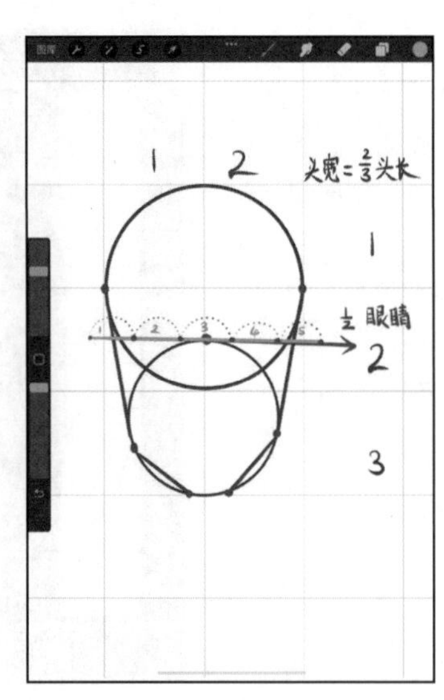

**10**

根据“三庭五眼”的比例，找到鼻子和嘴巴的位置。注意嘴巴唇缝的位置在三庭的1/3处。

**11**

在“打结构”图层上方新建图层并命名为“线稿”，并将“打结构”图层的“不透明度”调低至10%左右。

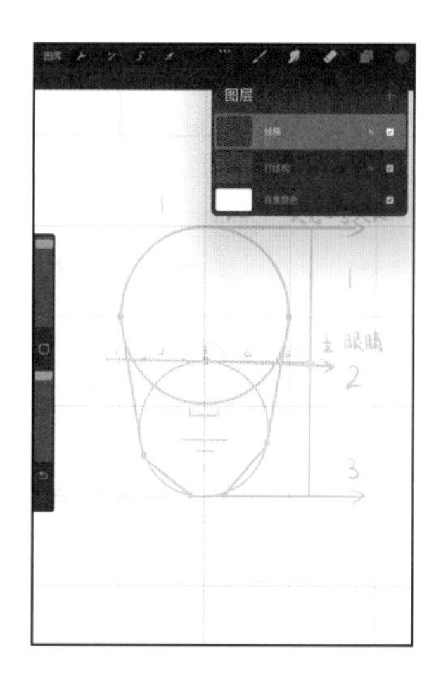


**12**

进入“绘图指引”界面，选择“选项”—“垂直对称”，同时打开“辅助绘图”，点击“完成”回到画布界面。

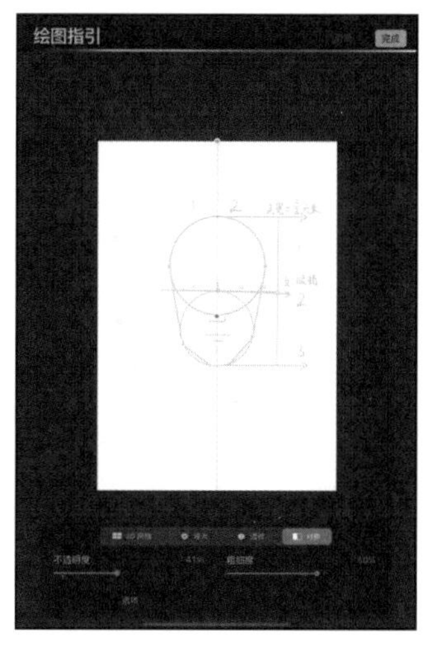


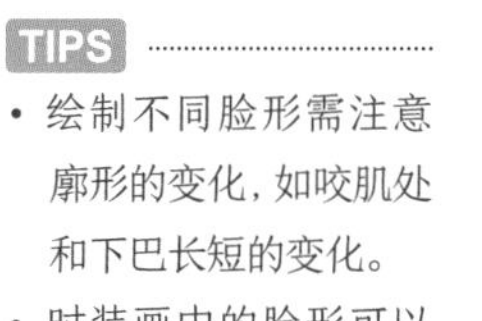

**TIPS**

- 绘制不同脸形需注意廓形的变化，如咬肌处和下巴长短的变化。
- 时装画中的脸形可以适当进行美化：将脸画小、画瘦，廓形会比较好看；将颧骨弱化，脸部线条会更柔和。
- 耳朵有大小和宽窄的区别，绘制时需要观察模特的特征，一般耳垂下方不会超出鼻底的水平线。

**13**

根据结构用“技术笔”笔刷勾勒出头部和耳朵的轮廓。注意线条要粗细均匀，用笔力度要柔和，线条衔接处要平滑。如出现不平滑的衔接处，可以用橡皮擦进行淡化。

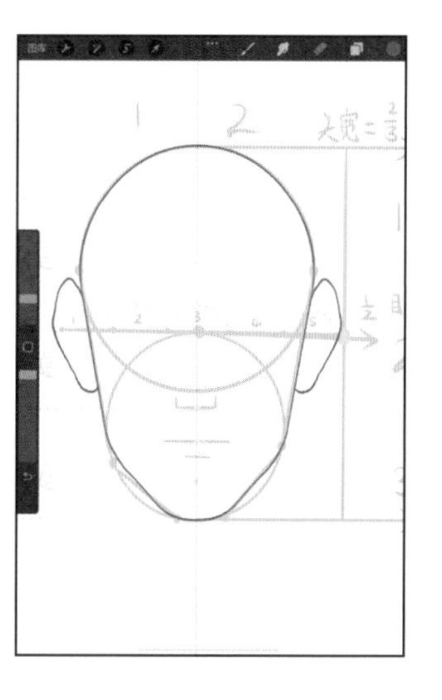

**14**

根据之前确定的位置，勾勒出眼睛和眉毛的轮廓。眉毛比眼睛稍长，眼睛尽量画在头顶到下巴中点的水平线上。同时注意眼距是一只眼睛的宽度。

**TIPS**

- 眼睛的轮廓比较接近橄榄形，眼角较尖，上眼线可以画得粗一些。
- 根据刻画的部位，可以适当调节线条的粗细，如眉毛的线条偏细。

**15**

刻画鼻子、嘴巴和耳朵等的细节。

每个人的五官都有各自的特征，需要根据刻画的人物来表现，如欧美人的鼻子偏立体，亚洲人的鼻子偏扁平。还需要在刻画五官线稿的时候表现出空间立体感。

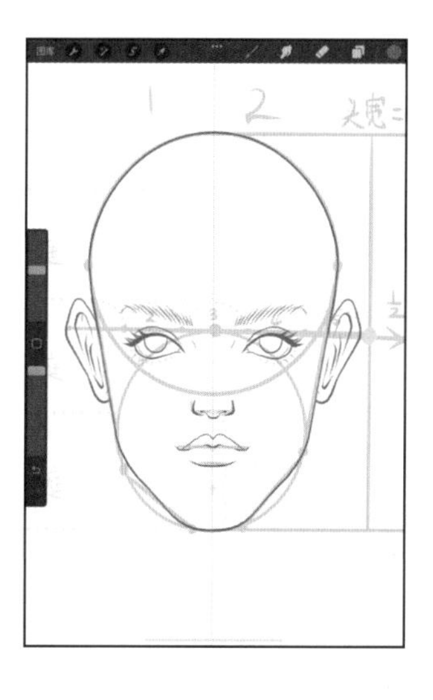

**16**

取消勾选“打结构”图层右侧的勾选框，即可隐藏结构线，展示出完整的头部线稿。检查自己画的线稿是否符合“三庭五眼”的比例。

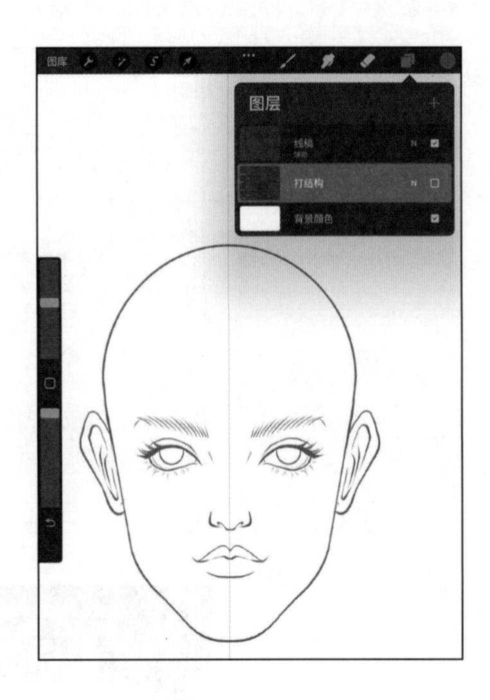


对于初学者来说，刻画头部线稿的步骤较简单且易于掌握，但很容易出现选错图层的问题。因此，初学者需要理解图层的作用，才能更准确和灵活地运用图层进行绘制。

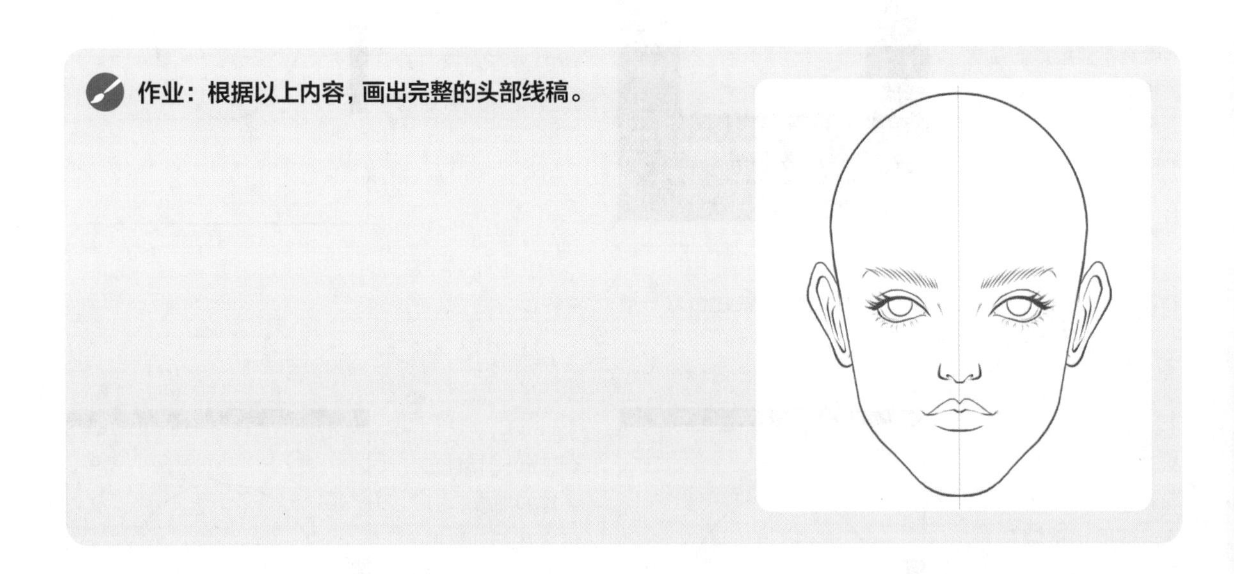

**作业：根据以上内容，画出完整的头部线稿。**

## 4. 肤色上色原理

描绘出合适的头部线稿后，就要开始学习上色技巧了。这一部分会省略为五官打结构的步骤，但仍会按照前文所讲的“三庭五眼”的比例进行描绘。

在进行肤色上色前，需要学会观察光影规律。黑白灰的素描关系较容易理解，但把握彩色的明暗关系则需要有较高的色彩敏感度，因此初学者要加深对色彩的理解。

肤色的色调较浅，色调的变化较小，色相以红色系居多。这一部分内容会以色彩学为基础进行讲解。

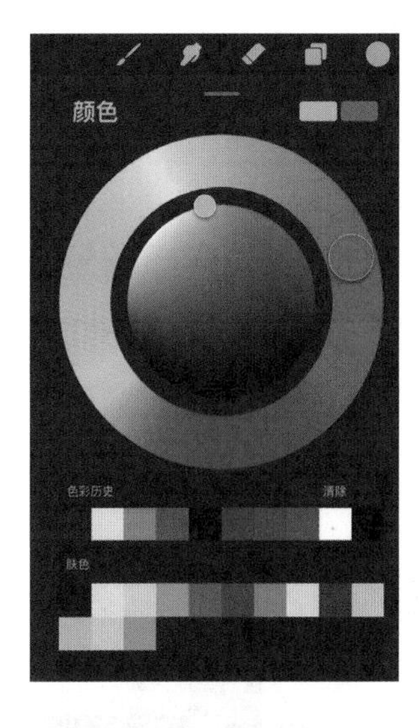


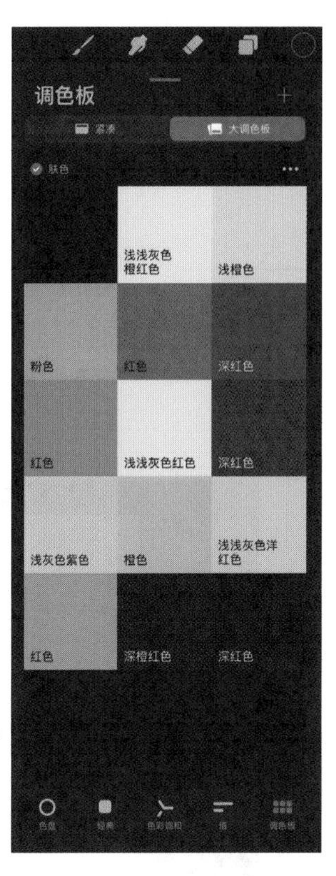


在观察人体肤色时，找出肤色是由哪些颜色组成的。

尝试在 Procreate 色盘中找出相应颜色，然后新建一个名为“肤色”的调色板

实际上，人体肤色有三大类——黄肤色、白肤色、黑肤色，但细分下来包含更多不同的肤色，如亚洲人的肤色中有偏暖的肤色、偏冷的肤色、小麦肤色、古铜肤色等。

很多因素都会影响肤色的呈现效果，例如环境。黑夜中，肤色会显得比较暗沉；白天时，肤色受光线影响会偏亮一些。周边环境的冷暖色调也会反映在皮肤上，形成叠色。这时可以观察到肤色呈现出的不同色调。

在时装画中，模特的肤色需要根据设计师的服装设计意图来选择，并且要适合模特的妆容和服装的色彩，以营造出协调的色彩氛围。

简单而言，肤色不是客观独立存在的，而是创意设计中主观设定的。

在白天，背景环境较亮，光线反射到浅色的肌肤上，使得肤色较浅。此时肤色的明暗对比度低，色调变化少，环境色彩较弱

在黑夜，暗黑的环境和明亮的灯光之间形成强烈的对比，因此肤色的明暗对比度更高。因受所处环境中较多彩色灯光的影响，皮肤会呈现出丰富的色彩

**对肤色有了一些了解后，下面讲述使用 Procreate 填充肤色的 3 种方法。**

1 封闭填充

2 套索选区填充

3 图层参考填充

## 1 封闭填充

**01**

**图层：**肤色底色

**颜色：**无

新建画布，画出头部线稿。在“线稿”图层下方新建“肤色底色”图层，用“技术笔”笔刷（尺寸适当调大），选择浅肤色，把需填充肤色部分的外轮廓勾勒出来。线条要实，外轮廓要封闭，否则将无法成功填充。

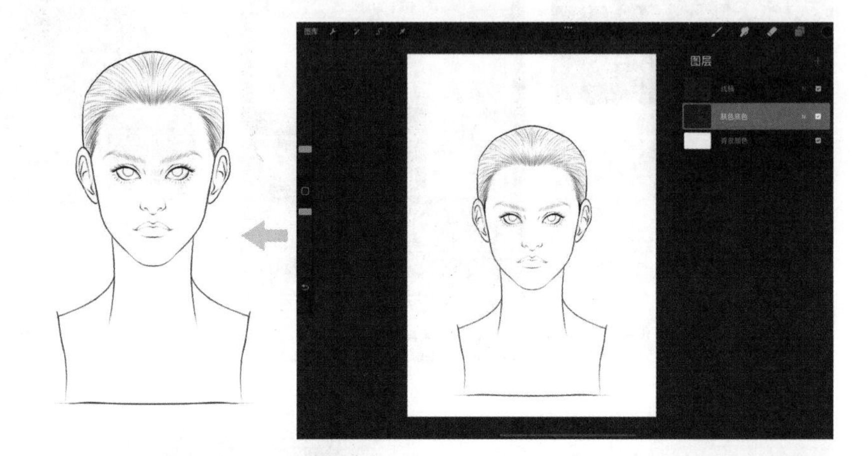

**TIPS**

- 隐藏“线稿”图层，即可检查外轮廓是否封闭。
- 如果线条太细或者太虚，要用“技术笔”笔刷继续画，以确保外轮廓是封闭的。

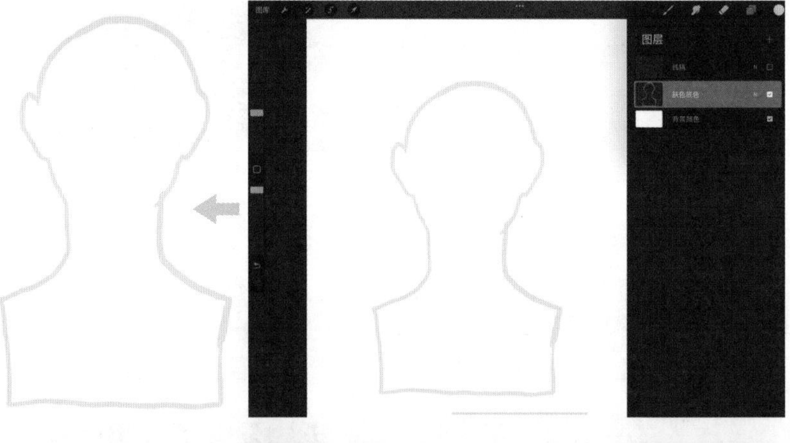

**02**

**图层：**肤色底色

**颜色：**

用手指或 Apple Pencil 拖动颜色至封闭区域再松开，即可完成填充。如果出现满屏填充的情况，需检查外轮廓是否封闭。

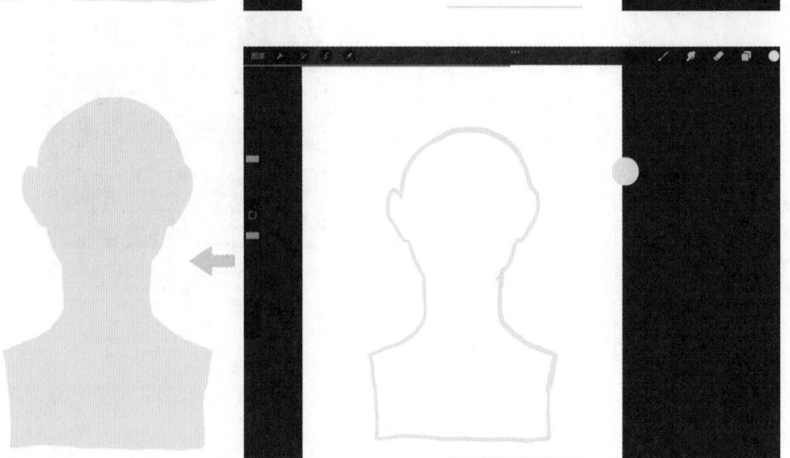

**03**

**图层：**头发底色

**颜色：**●

填充头发底色。“头发底色”图层需在“肤色底色”图层上方。

## 2 套索选区填充

**01**

**图层：**肤色底色

**颜色：**无

新建画布，画出头部线稿。在“线稿”图层下方新建“肤色底色”图层。选择套索工具，在下方选择“手绘”，用 Apple Pencil 画出需填充肤色部分的外轮廓。

使用套索工具时只能顺着一个方向画，且起点和终点要在同一个点上才能使外轮廓封闭。

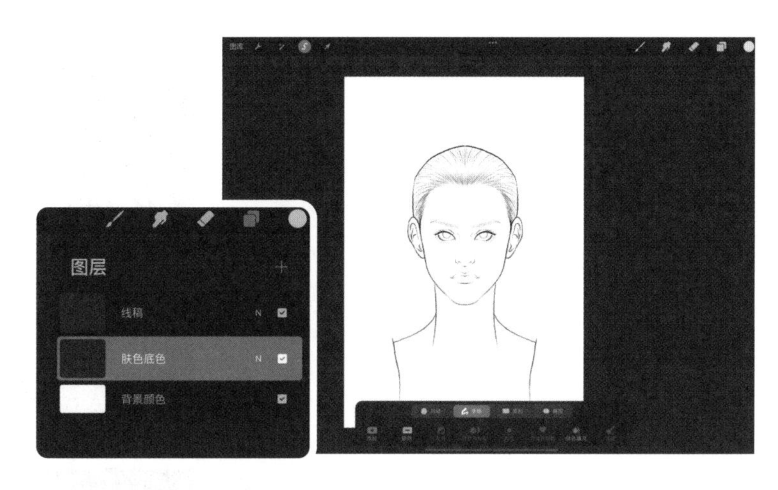


**02**

**图层：**肤色底色

**颜色：**

用手指或 Apple Pencil 拖动颜色至封闭区域再松开，即可完成填充。如果出现满屏填充的情况，是因为外轮廓没有封闭。

如需改变颜色，可以直接在色盘上选择颜色，无须重新拖动。再次点击套索工具图标即退出选中模式，此时如需改变颜色，就需要重新拖动颜色。

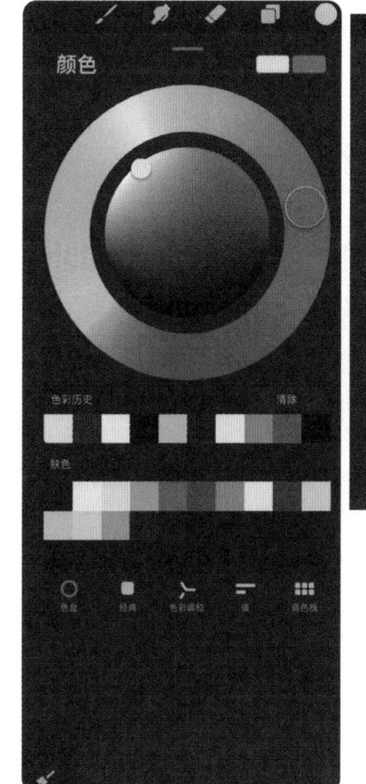


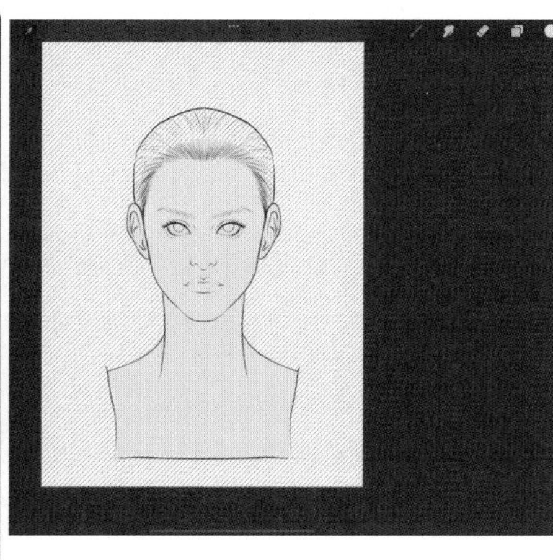

## 3 图层参考填充

01

**图层：** 线稿

**颜色：** 无

点击“线稿”图层，在弹出的选项中选择“参考”（选中会显示“√”），图层名称“线稿”下方会出现“参考”两个小字。

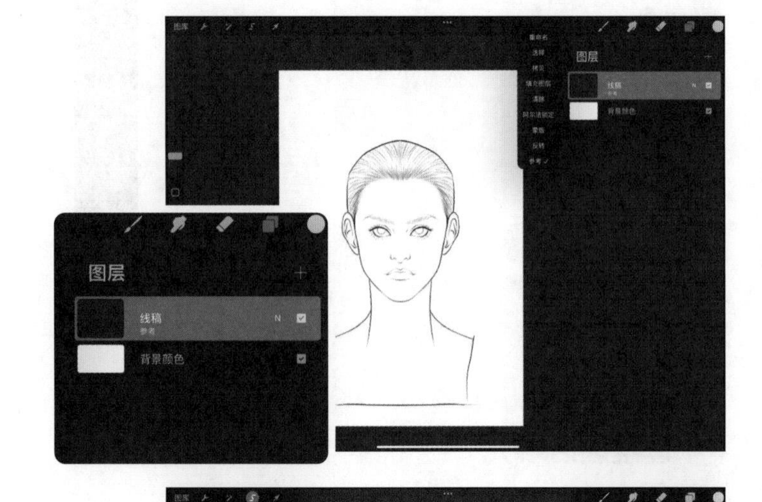


02

**图层：** 肤色底色

**颜色：** 无

在“线稿”图层下方新建“皮肤底色”图层，点击套索工具，然后在下方选择“自动”—“颜色填充”。

03

**图层：** 肤色底色

**颜色：**

选中所需的皮肤颜色后，直接点击需填充肤色的部分，就完成了填充。这种方法也要求外轮廓是封闭的。右图中眼珠和耳朵部分是独立封闭的，因此对脸部填充颜色的时候，眼珠和耳朵并没有被填充。此时只需在耳朵处点击，就可以填充耳朵的颜色。同理，再填充眼珠的颜色。

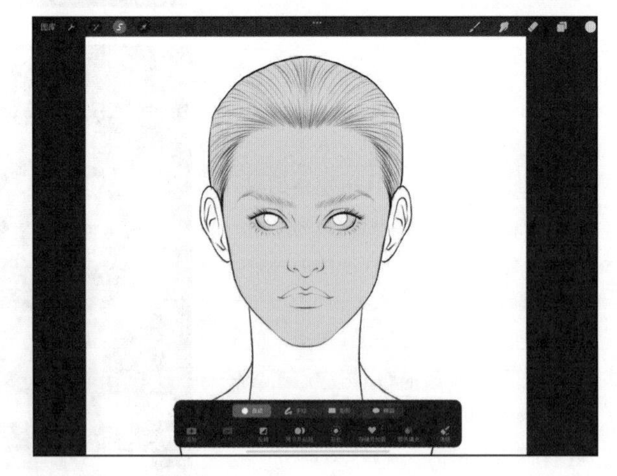

**填充方法的选择**

在不同的情况下，填充方法的选择是有差异的。在线稿封闭的情况下，可选择第三种方法“图层参考填充”；在线稿不封闭的情况下，可选择第一种方法“封闭填充”和第二种方法“套索选区填充”。使用这 3 种方法都需要在“线稿”图层下方新建“肤色底色”图层。

下面针对填充颜色的常见问题进行讲解和答疑。

运用“封闭填充”和“套索选区填充”的方法时，由于在封闭选区时手抖等，容易造成无法选中或超出选区的情况，就会出现颜色溢出或漏填充的问题。

修补方法：用手指按压的方式吸取皮肤底色，再选用“技术笔”笔刷对漏填充的区域进行修补，用橡皮擦将溢出的部分擦除。

运用“图层参考填充”的方法也会出现漏填充的问题，这是由于线稿挡住了选区。

修补方法：拖动肤色至选区，把笔按压在屏幕上，然后向右滑动。这是设置阈值的方法，笔按压在屏幕上时会显示“选区阈值”，越向右拖动，阈值越大，反之越小。如果出现漏填充的问题，把笔向右拖动可进行修补。但注意阈值不要过大，否则会造成全屏填充。

用手指或Apple Pencil按住屏幕直至出现“选区阈值”再向右/左拖动，调整阈值至合适的范围。

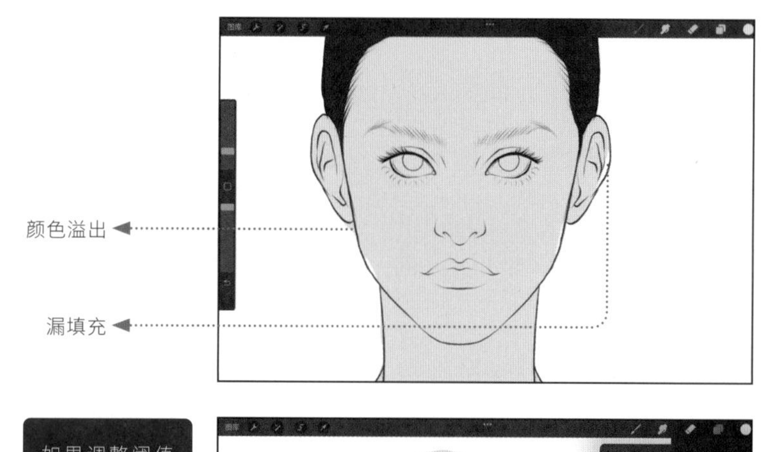


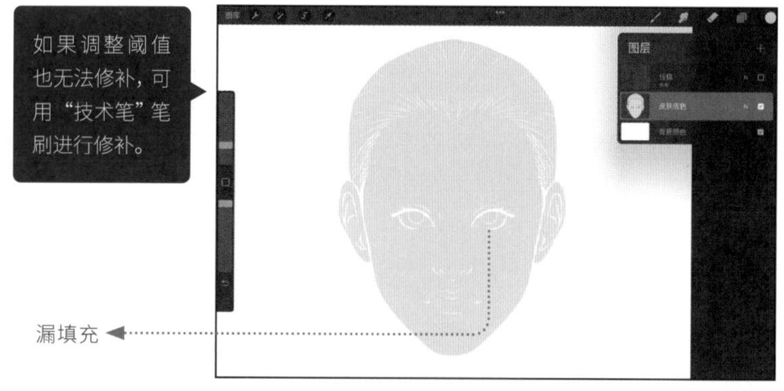


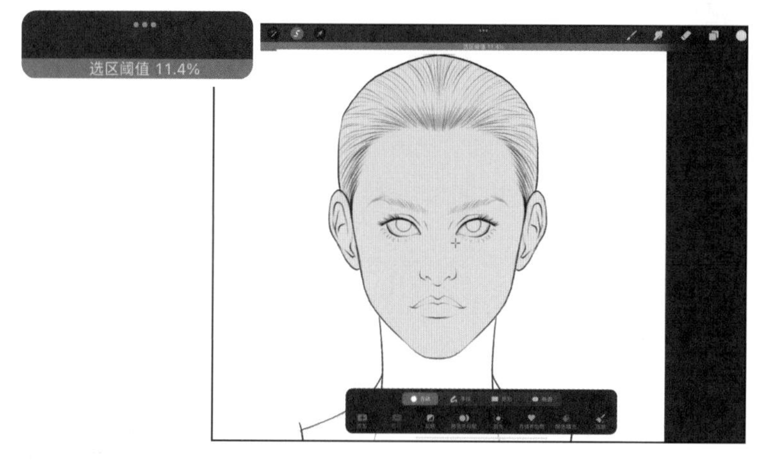


完成以上底色（肤色）填充的步骤后，需要继续对肤色的明暗层次进行刻画。下面通过球体来讲解如何在平面图中画出立体效果，共讲解两种方法：“阿尔法锁定”和“剪辑蒙版”。

## 方法1：阿尔法锁定

### 01

用“技术笔”笔刷画出一个圆形，直接拖动肤色将其均匀填充。点击“肤色”图层，选择“阿尔法锁定”。这一步不需要另外新建图层。

**02**

用“气笔修饰”—“中等画笔”笔刷，选择橘色、黄橘色和暗红色，在球体边缘绘制出暗面的效果。注意笔刷尺寸要适当调大一些，力度较轻，一层层地叠加。“中等画笔”笔刷的笔触较柔软，非常适合进行叠色。

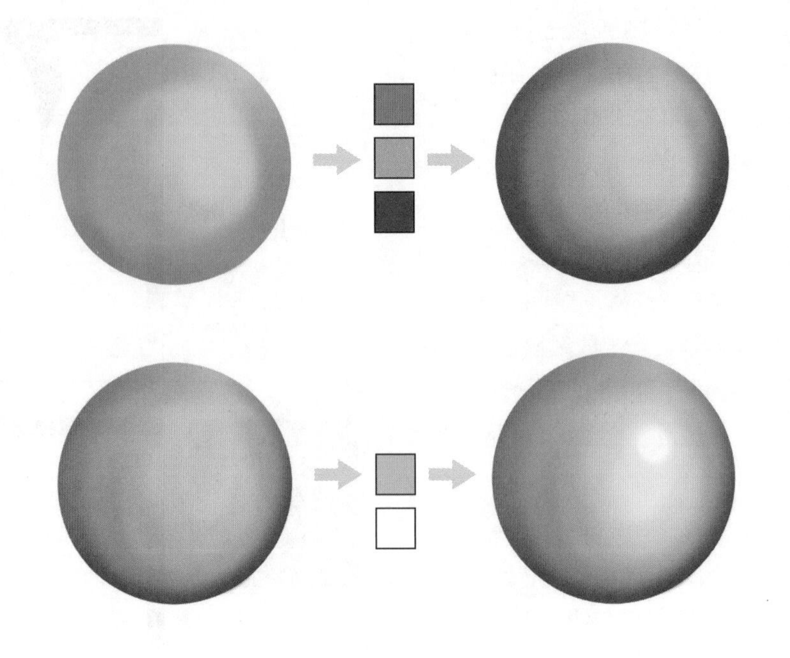

**03**

用“中等画笔”笔刷在球体稍外侧的位置适当叠加一圈浅紫色，这样立体效果会更生动自然。最后选用白色在高光处画出反光。

使用这种方法只需要一个图层。绘制五官时，也可以用这种方法来表现出肤色的立体效果。

## 方法 2：剪辑蒙版

使用“剪辑蒙版”的方法需要新建图层，不断叠加颜色的过程就是不断新建图层的过程。每新建一个图层，都要点击所建图层，并在选项中勾选“剪辑蒙版”。

如需更细致，可以分图层来画每种颜色。如果使用最大图层数较少的 iPad 型号，为了减少图层数，可将几种颜色画在一个图层中。分图层是为了在后期更好地调整，非常适合初学者。如果已有一定的色彩运用基础，则不需要建太多图层。

本书提供的时装画案例，用的是以独立图层画单色的方法。大家可以根据自己的绘画习惯和已有的基础能力灵活运用。

新建图层，勾选此图层的“剪辑蒙版”后，选用“气笔修饰”—“中等画笔”笔刷开始叠加颜色。

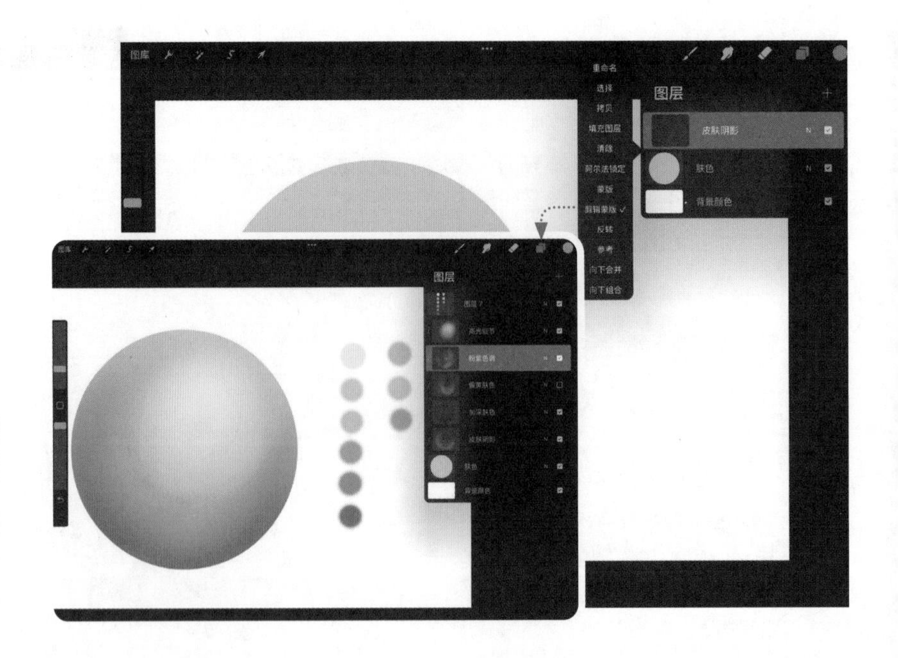


整个球体用了 6 种颜色进行叠加，由于运笔时的压力轻重不同，产生了更为丰富的色彩变化。右图所示的球体整体展现的色阶已经超过 9 个

以下是添加每种颜色后的效果及其对应的图层。

TIPS

每次叠加新的颜色时，可以新建图层，选择“剪辑蒙版”，用“中等画笔”笔刷刻画肤色。一般球体的边缘颜色偏暗，受光的位置颜色偏亮。画完后，根据效果，找到对应颜色的图层进一步调整。如果颜色过深，可以用橡皮擦淡化或擦除进行修改；如果颜色过浅，可以继续叠加颜色。

下一节讲述的五官的绘制就是用这种方法来表现肤色的立体效果的。

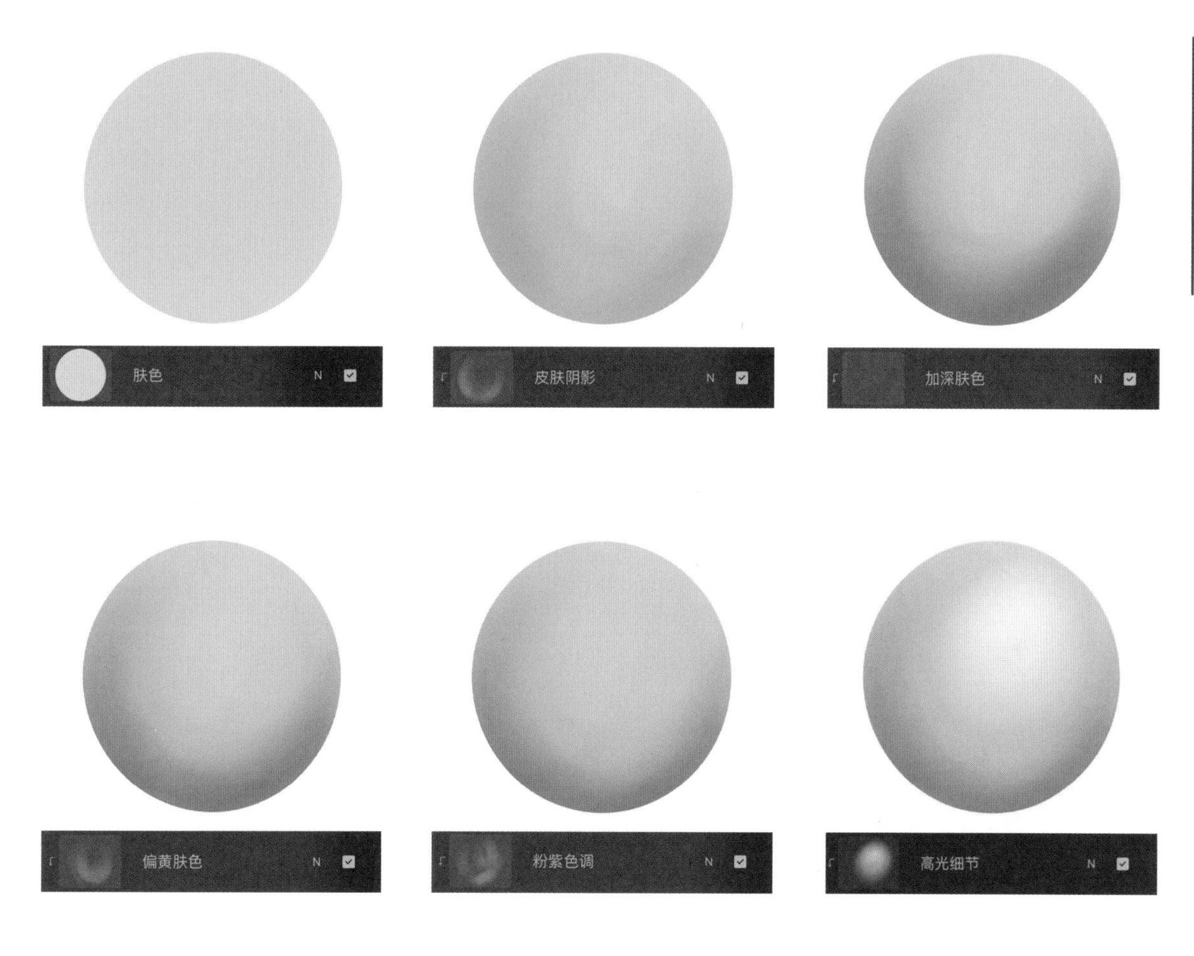


# 2.2 五官画法

由于不熟悉五官结构，缺乏对素描明暗关系的基础学习，很多初学者对五官的描绘望而却步。

本节首先介绍一些素描基础原理，帮助读者掌握五官的结构和比例、线稿和上色的技巧，以及如何通过色彩表现更为生动立体的效果。由于时装画中模特的姿态是不固定的，因此除了学习正面角度五官的画法，还需要掌握不同角度的五官变化，这样才能在绘制五官时更为得心应手。

五官包括眉毛、眼睛、鼻子、嘴巴、耳朵。

下面将逐一讲解每个部位的结构、不同角度的素描明暗关系和用 Procreate 绘制的步骤。

# 1. 眉毛

## 认识眉毛的结构

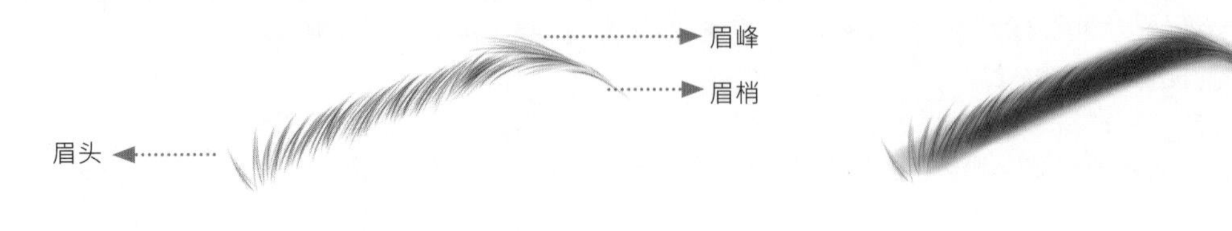


## 用 Procreate 绘制眉毛的步骤

**笔刷：**气笔修饰—中等画笔　　着墨—技术笔

### 01 打结构

**图层：**打结构

新建A4画布，打开“绘图指引”—“编辑绘图指引”—“2D网格”，将“网格尺寸”设置为“500px”，将“图层1”重命名为“打结构”，选用“着墨”—“技术笔”笔刷，选择浅棕色，用线条画出眉毛的廓形。

如果画的是欧美风的眉毛，则廓形偏高挑，眉头和眉峰落差较大。

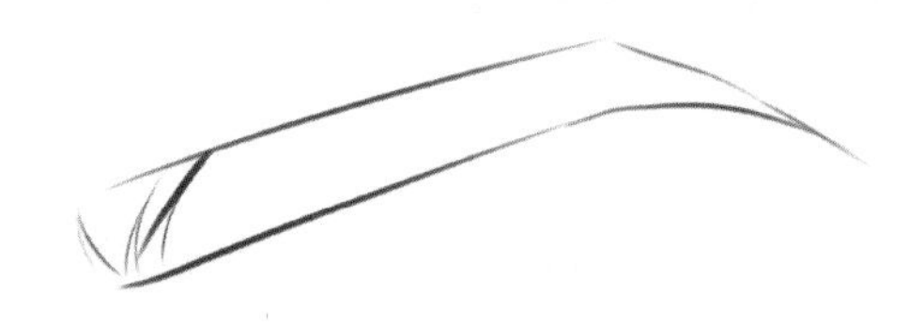

### 02 画出眉毛方向

**图层：**眉毛线稿

在“打结构”图层上方新建“眉毛线稿”图层，继续用“技术笔”笔刷按箭头方向画出眉毛的总体走向。注意线条要稍弯曲，不能画得过直，否则眉毛会显得过于生硬。控笔时稍放松，Apple Pencil 的压感比较灵敏，如果过于用力，则无法画出眉梢尖细的效果。隐藏“打结构”图层。

### 03 画出“人”字形排线

**图层：**眉毛线稿

在“眉毛线稿”图层上，画出眉毛的“人”字形排线。

### 04 丰富眉毛层次

**图层：**眉毛线稿

为了丰富眉毛的层次，在“眉毛线稿”图层上，根据眉毛的方向继续排线。注意避免线条之间交叉。

### 05 画出眉毛底色

**图层：**眉毛底色

在“眉毛线稿”图层下方新建“眉毛底色”图层，选用“气笔修饰”—“中等画笔”笔刷，选择棕色，画出眉毛底色。画眉头和眉梢时用力稍轻，颜色要浅一些。

## 2. 眼睛

### 认识眼睛的结构

眼睛是五官中结构最复杂的器官。想画出炯炯有神的眼睛或者眼神的变化，就需要对眼睛的结构有充分的认识，并对眼睛进行大量的绘制练习。

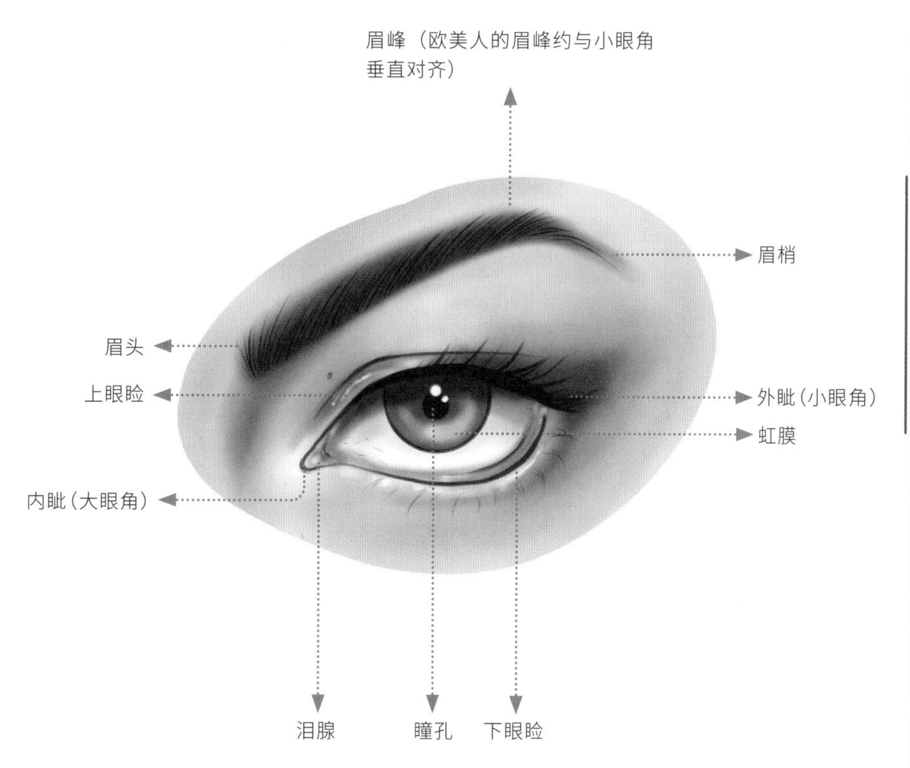


### 眉毛与眼睛的关系

眉毛一般长在眉弓骨上，眉弓骨稍凸出。画眉毛时需要根据眼睛的大小来确定眉毛的比例。眉毛一般比眼睛稍长。欧美人的眉峰偏后且高，约在小眼角上方的位置，眉头的位置超出大眼角。

3/4 侧面角度的眼睛在透视下与正面角度相比会有变化，在视觉上长度缩短，眉毛也需比正面角度的稍短。不同角度的眉毛与眼睛的比例可参考“认识眼睛不同角度的素描明暗关系”中的介绍。

### 认识眼睛不同角度的素描明暗关系

绘制眼睛的角度很多，较常用的是正面、3/4 侧面和正侧面。不同角度的眼睛廓形较复杂，一般可以通过几何图形来概括。

不同角度的眼睛呈现的廓形各有差异。

**正面的眼睛：**眉毛比眼睛长，眼睛近似橄榄形。

**3/4 侧面的眼睛：**由于透视关系，眼睛被挡住了一部分，因此廓形比正面的窄，近似一个较短的橄榄形。

**正侧面的眼睛：**眼睛只能看到半侧，因此近似三角形。

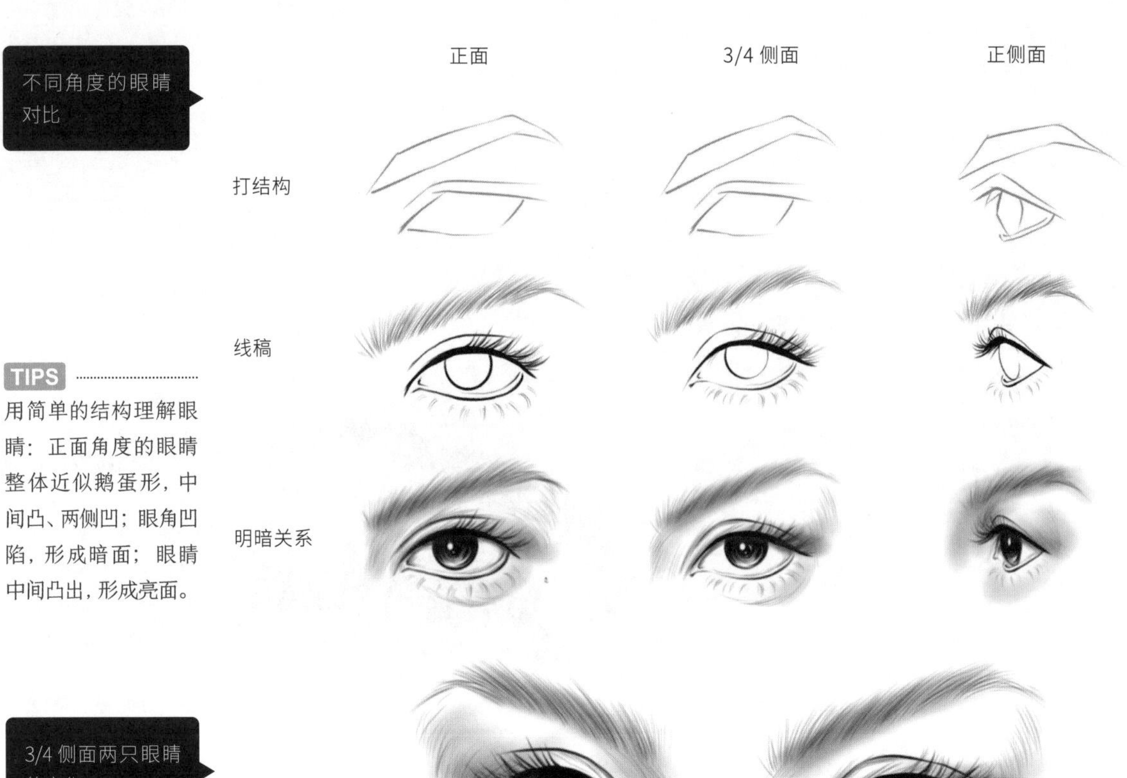


**TIPS**

用简单的结构理解眼睛：正面角度的眼睛整体近似鹅蛋形，中间凸、两侧凹；眼角凹陷，形成暗面；眼睛中间凸出，形成亮面。

## 用 Procreate 绘制眼睛

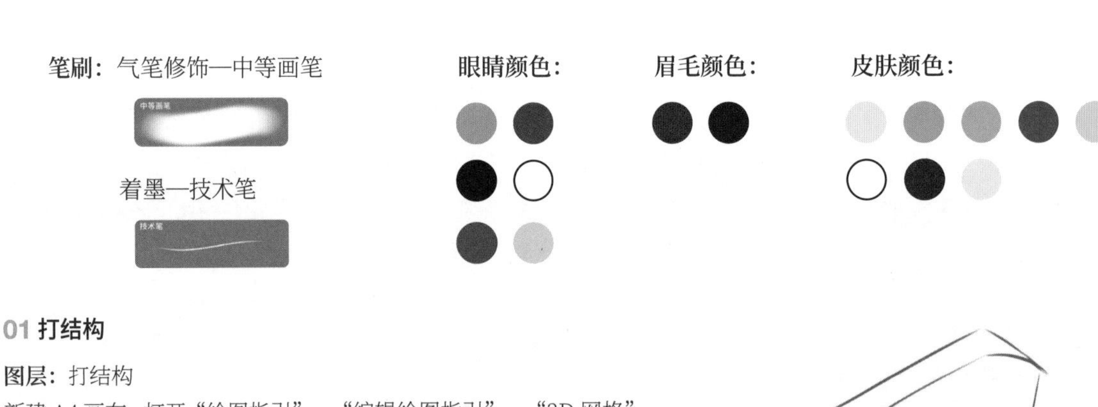


### 01 打结构

**图层：**打结构

新建 A4 画布，打开“绘图指引”—“编辑绘图指引”—“2D 网格”，将“网格尺寸”设置为“500px”，把“图层 1”重命名为“打结构”，选用“技术笔”笔刷，选择任意颜色，用几何图形画出眼睛的廓形。

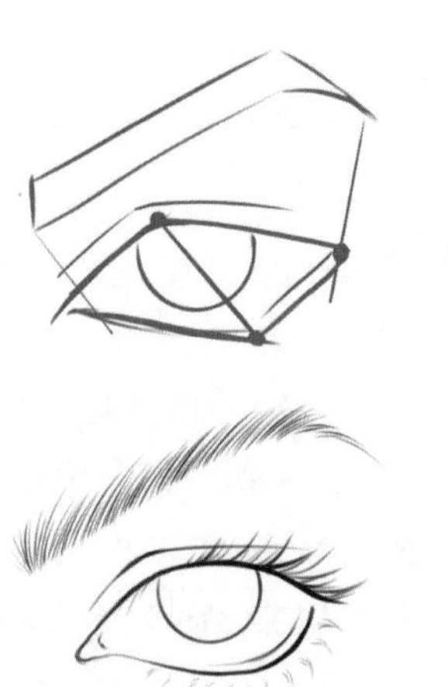

### 02 绘制眼睛线稿

**图层：**眼睛线稿

将“打结构”图层的“不透明度”调低，在其上方新建“眼睛线稿”图层，用“技术笔”笔刷画出眉毛和眼睛。注意线条的变化：上眼睑的线条一般偏深，大眼角的线条偏浅，眼睛内部的线条偏虚。由于上眼睑有一定厚度，睫毛的线条呈现弯曲的状态。隐藏“打结构”图层。

## 03 为眼睛上色

笔刷：

**TIPS**

- 在“皮肤底色”图层上方新建的肤色图层，都需要打开“剪辑蒙版”。
- “中等画笔”笔刷的特点：效果柔和自然，很适合进行叠色。
- 由于 Apple Pencil 压感灵敏，使用“中等画笔”笔刷时，可选同一个颜色体会一下用笔力度。力度不同，画出的颜色也会有变化。

**(01) 渲染皮肤底色**

**图层**：皮肤底色

**颜色**：

在“眼睛线稿”图层下方新建“皮肤底色”图层，用套索工具圈出一个椭圆形，并选择偏淡的粉色作为底色，拖动颜色进行填充。

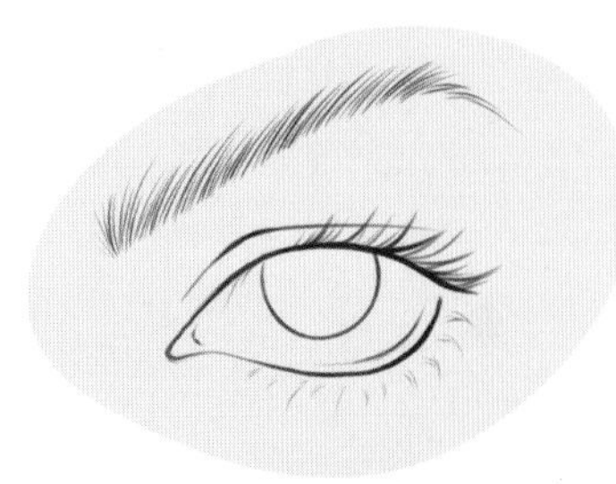

**(02) 渲染皮肤暗面**

**图层**：皮肤暗面

**颜色**：

在“皮肤底色”图层上方新建“皮肤暗面”图层，打开图层的“剪辑蒙版”，用“中等画笔”笔刷，选择偏红的粉色画出暗面，用笔可以重一点，然后用偏黄的粉色叠加在暗面边缘，用笔稍轻，以表现出肤色中偏黄的色调。

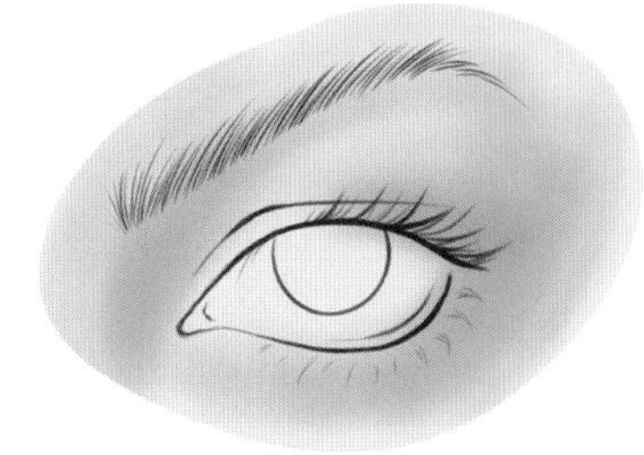

**(03) 细化皮肤**

**图层**：皮肤暗面

**颜色**：

用“中等画笔”笔刷在暗面上叠加更深的红棕色，以营造出深邃的眼窝，展现出眼睛的凹凸层次。注意眼尾处要向上画，以突出眉弓骨。

为了使肤色更生动，可以在暗面以外的部分轻轻叠加淡粉紫色。

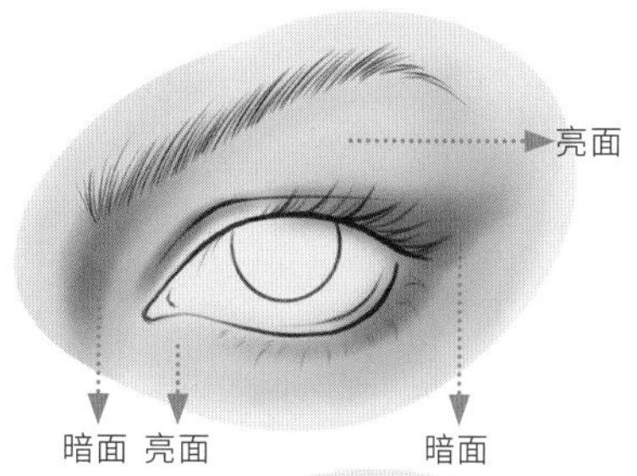


**(04) 绘制眼白**

**图层**：眼睛细节

**颜色**：

在“皮肤暗面”图层上方新建“眼睛细节”图层，打开“剪辑蒙版”，吸取画布底色白色，用“中等画笔”笔刷涂出眼白。

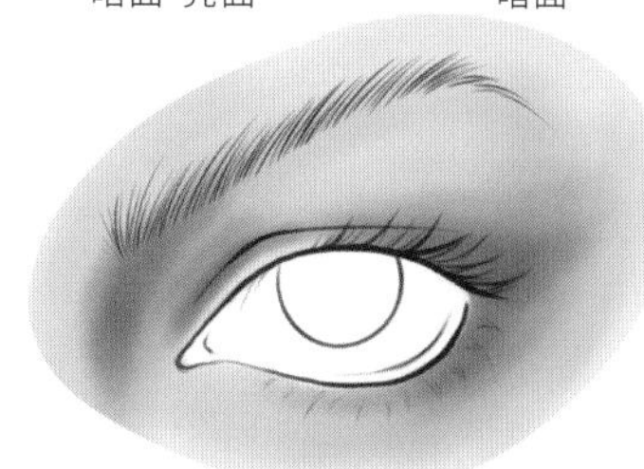

**(05) 细化眼白，描绘眼珠**

**图层**：眼睛细节

**颜色**：

由于上眼睑会在眼白上投下阴影，因此可以用“中等画笔”笔刷选择蓝灰色，顺着眼睛的弧度画出上眼睑投在眼白上的阴影。用墨绿色画出眼珠底色。在眼珠底色上再叠加黑色，画出眼珠的阴影。画出眼白下方的红棕色。

**(06) 描绘眼珠细节**

**图层**：眼睛细节

**颜色**：

在“眼睛细节”图层上，用“技术笔”笔刷选择浅青色，在眼珠下半部分画一个弧形，以展现眼珠通透的效果。将笔刷尺寸适当调小，选择黑色，在眼珠中间画出瞳孔。再吸取画布底色白色，画出眼珠高光细节。注意整体色调对比要强烈，让眼睛显得炯炯有神。

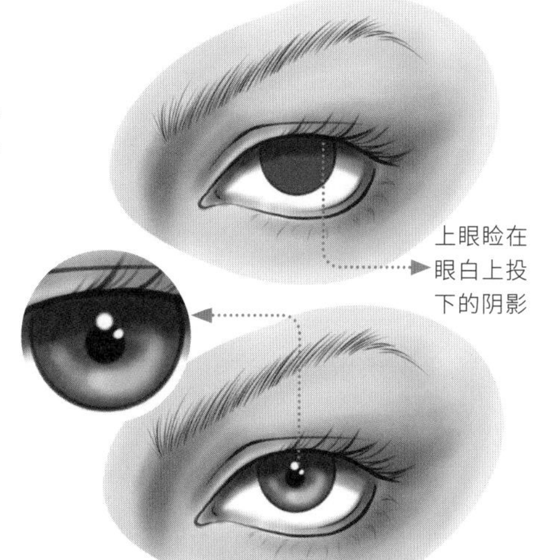

**(07) 画出眉毛**

**图层：**眉毛

**颜色：**

在“眼睛细节”图层上方新建“眉毛”图层，打开“剪辑蒙版”，继续用“中等画笔”笔刷，选择黄棕色，画出眉毛的底色，再用偏暗的棕色在眉毛底部画出暗面。

**(08) 画出高光细节**

**图层：**高光细节

**颜色：**

加深眼尾。

在“眼睛细节”图层上方新建“高光细节”图层，打开“剪辑蒙版”，继续用“中等画笔”笔刷，选择白色，画出各部位的高光。

为了表现皮肤的质感，在反光的位置轻轻地叠加白色。注意高光要和周边的色调自然融合。例如，眼皮位置偏高，容易受光，可以在上面轻轻叠加白色；大眼角周边的皮肤和下眼睑处都会产生光泽感，明暗对比强烈，笔触可以稍重；双眼皮里面也会产生光泽感，可以轻轻点出。

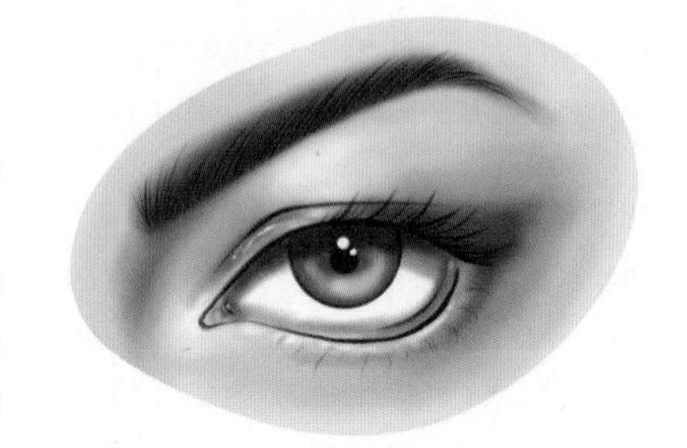

**(09) 刻画细节**

**图层：**眼睛线稿、高光细节

**颜色：**

点击“眼睛线稿”图层，打开“阿尔法锁定”，选用“技术笔”笔刷，把大眼角和下眼线的颜色改成红棕色，并用黑色加粗上眼线。由于环境光一般偏蓝色调，点击“高光细节”图层，选用“中等画笔”笔刷，在高光及眼白处叠加淡蓝色，使整体的色泽更丰富。画出眼白上的红血丝。

总结

初学者想画出灵动有神的眼睛，需要掌握眼睛的结构和皮肤的色彩规律，同时要善于观察色调的变化。只有仔细观察眼睛内部的结构、外在肤色的色调变化，同时考虑光影的影响，才能更准确地刻画出具有立体感的眼睛。

熟能生巧，建议读者观察一些高清真人图片并不断地进行练习，尝试刻画不同特点的眼睛。

# 3. 鼻子

## 认识鼻子的结构

鼻子的结构看起来比眼睛的结构简单，但往往越简单的物体，越难表现出其丰富的质感。因此，我们需要更用心地观察和学习。

下面将通过图示讲解鼻子的结构，并用几何图形来描述不同角度鼻子的廓形。

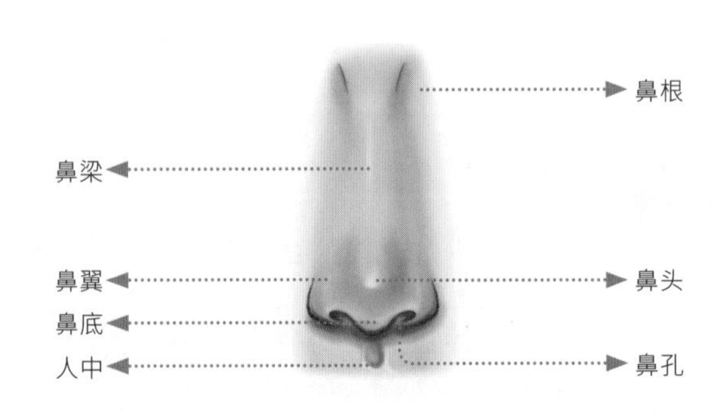

## 认识鼻子不同角度的素描明暗关系

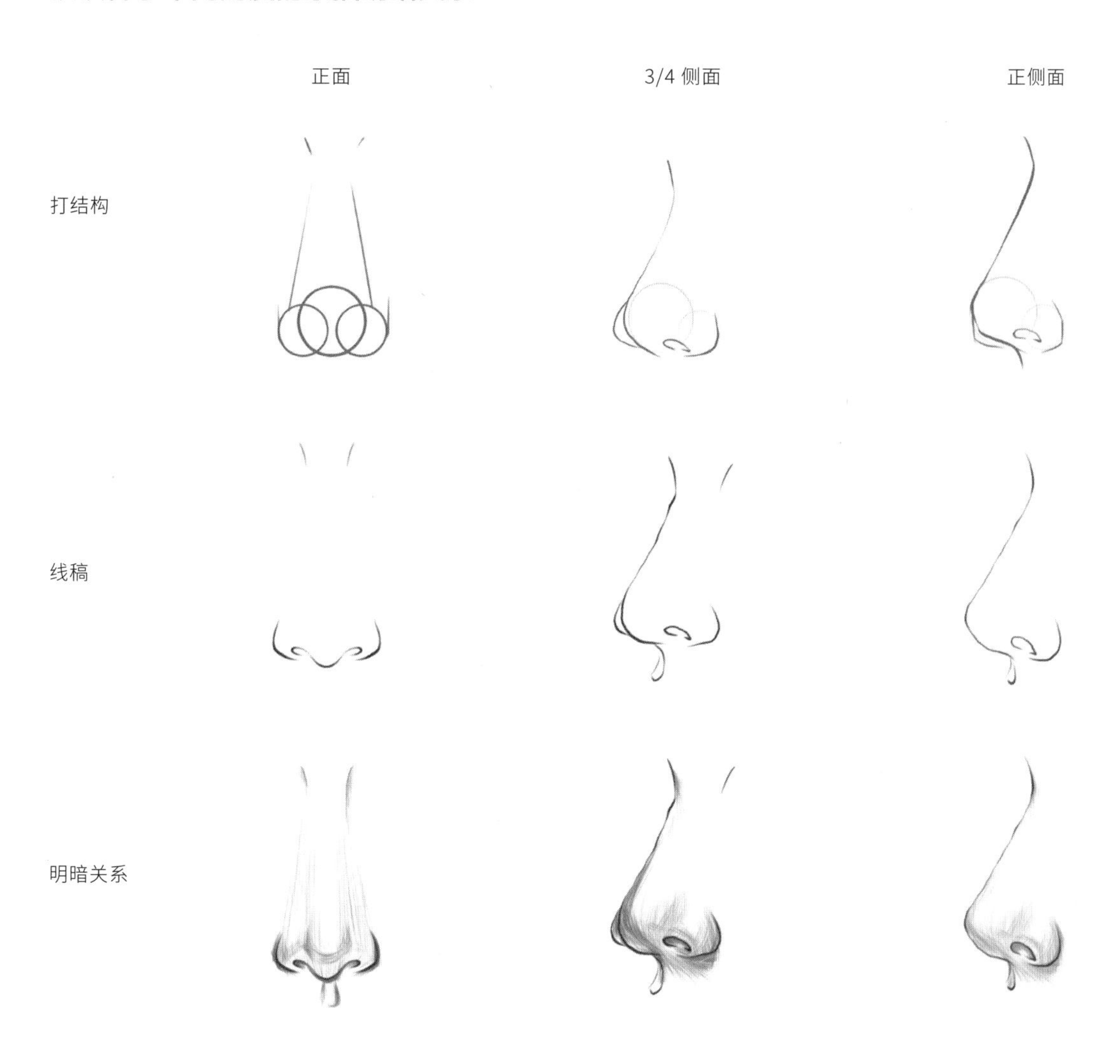


## 用 Procreate 绘制鼻子的步骤

**笔刷：**气笔修饰—中等画笔

着墨—技术笔

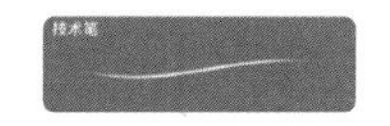

**颜色：**

### 01 打结构

**图层：**打结构

新建 A4 画布，打开“绘图指引”—“编辑绘图指引”—“2D 网格”，将“网格尺寸”设置为“500px”，把“图层 1”重命名为“打结构”。选用“技术笔”笔刷，选择任意颜色，画出 1 个小圆，再复制 2 个更小的圆。1 个大圆代表鼻头的结构，2 个小圆代表鼻翼的结构，3 个圆的宽度略小于 2 个格子的宽度。鼻梁的形状类似长梯形，长度约等于 3 个格子的长度。用上述方式可以简单概括出鼻子的结构。

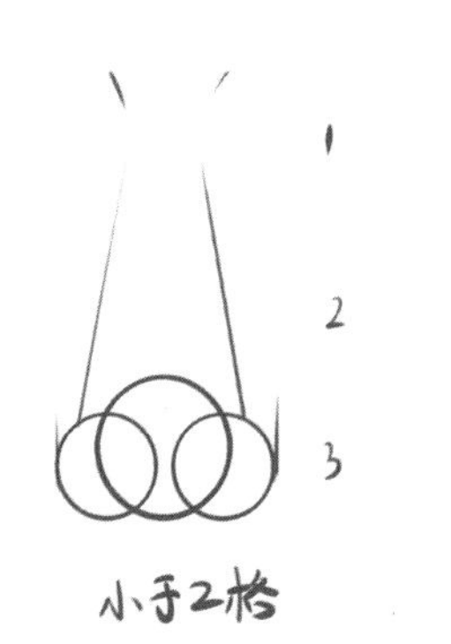

## 02 绘制鼻子线稿

**图层：** 鼻子线稿

将“打结构”图层的“不透明度”调低，在其上方新建“鼻子线稿”图层，用“技术笔”笔刷画出鼻子线稿。鼻梁不需要用线条表现出来，而鼻翼、鼻孔和鼻底要清楚地勾画出来，注意鼻子的廓形偏圆弧形。

隐藏“打结构”图层。

## 03 为鼻子上色

在“皮肤底色”图层上方新建的图层都要打开“剪辑蒙版”。

### (01) 渲染皮肤底色

**图层：** 皮肤底色

**颜色：**

在“鼻子线稿”图层下方新建“皮肤底色”图层，用套索工具圈出鼻子周边范围并填充底色，底色选择偏橘调的浅粉色。

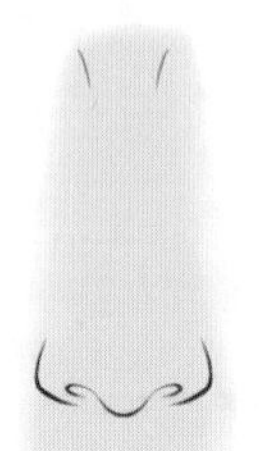

### (02) 渲染皮肤暗面

**图层：** 明暗关系

**颜色：**

在“皮肤底色”图层上方新建“明暗关系”图层，用“中等画笔”笔刷，选择偏红调的粉色，在鼻根和鼻头两侧、人中和人中附近画出暗面。在鼻底的位置用红棕色画出阴影。

注意鼻底有反光，看起来稍亮，因此鼻底和鼻孔周边不是暗面。

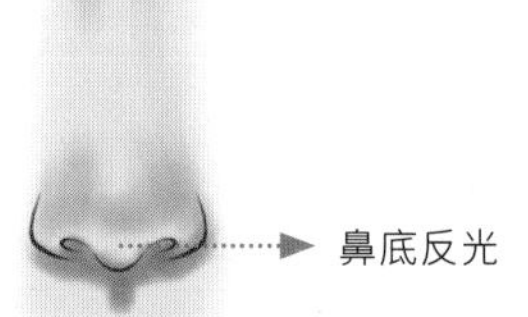


### (03) 表现鼻梁立体效果

**图层：** 明暗关系

**颜色：**

用“中等画笔”笔刷，在鼻梁一侧和鼻底位置轻轻地叠加粉紫色，使鼻梁呈现出更立体、更自然的效果。注意不要在鼻梁两侧都叠加颜色，否则会显得过于呆板。

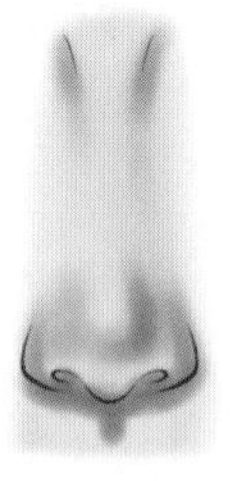

### (04) 处理阴影、反光和高光

**图层：** 明暗关系

**颜色：**

选择偏黄调的粉色叠加在鼻梁和鼻头的位置，使肤色更加自然、生动。在人中周围画出白色的反光细节。在鼻头和鼻梁中间也用白色画出高光细节。

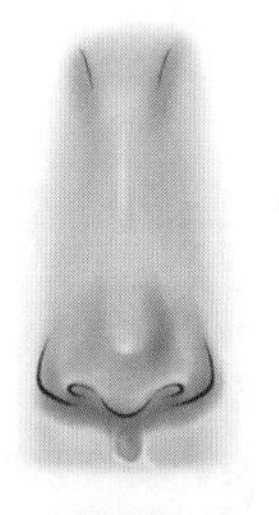

### (05) 加深阴影

**图层：** 明暗关系

**颜色：**

用“中等画笔”笔刷，在鼻孔、人中和鼻底的阴影位置叠加更深的棕色，以强调立体感。

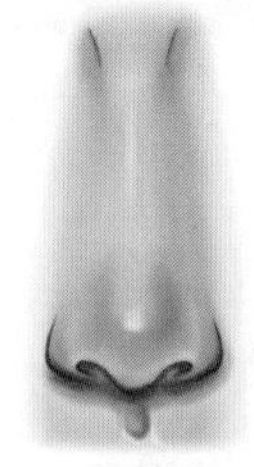

总结

相比于眼睛的画法，鼻子的画法简单很多。但在绘制的过程中，从绘制线稿开始就需要更准确地呈现出鼻子的立体感，在色彩表现上也要更注重细节的变化。例如，鼻翼和鼻头之间的色彩变化比较丰富，特别是要利用强烈的色彩对比来体现鼻底的厚度。

# 4. 嘴巴

## 认识嘴巴的结构

嘴巴的结构比鼻子的结构稍微复杂一些。当给嘴唇涂上唇膏后，嘴唇的色彩变化比眼睛和鼻子都更为复杂。因此，无论是哪种唇形，初学者都需要观察清楚嘴巴的结构和色彩倾向后再动笔。

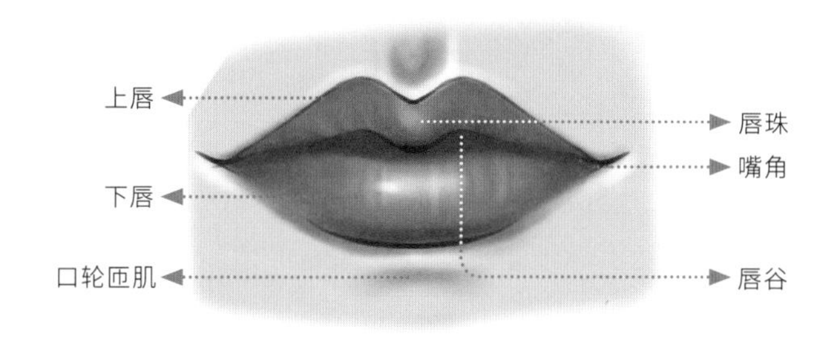


## 认识嘴巴不同角度的素描明暗关系

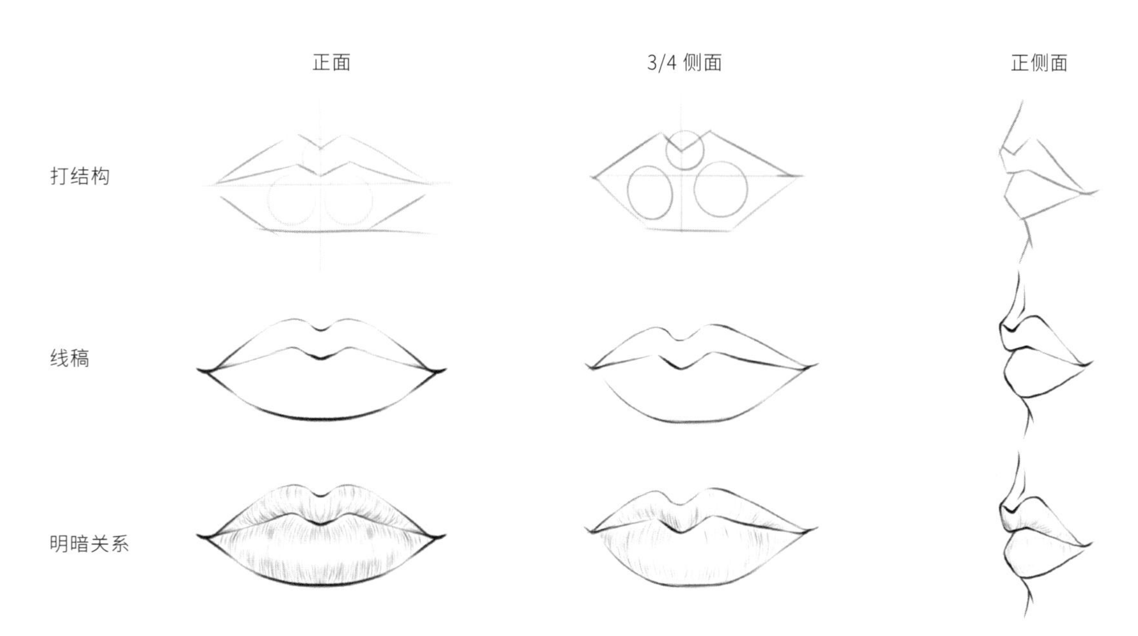


## 用 Procreate 绘制嘴巴的步骤

### 01 打结构

**图层：**打结构

新建 A4 画布，打开“绘图指引”—“编辑绘图指引”—“2D 网格”，将“网格尺寸”设置为“500px”，把“图层 1”重命名为“打结构”。选用“技术笔”笔刷，选择任意颜色，画出 1 个圆，再复制出 2 个同样大小的圆，3 个圆呈三角形摆放。上面的 1 个圆代表唇珠的结构，下面的 2 个圆代表下唇饱满的结构。用线条画出嘴巴的结构，注意左右对称。

## 02 绘制嘴巴线稿

**图层：**嘴巴线稿

调低“打结构”图层的“不透明度”，在其上方新建“嘴巴线稿”图层。打开“对称”功能，用“技术笔”笔刷勾勒出嘴巴线稿，注意嘴角要略微上扬，以表现出嘴唇的立体感。嘴角和唇珠处的线条偏重。因为下唇底在阴影中，此处线条也偏重。隐藏“打结构”图层。

## 03 为嘴巴上色

在“皮肤底色”图层上方新建的图层都要打开“剪辑蒙版”。

### (01) 渲染皮肤底色

**图层：**皮肤底色

**颜色：**

在“嘴巴线稿”图层下方新建“皮肤底色”图层，用套索工具圈出嘴唇周边范围并填充底色，底色选择偏橘调的浅粉色。

### (02) 渲染唇色

**图层：**唇色

**颜色：**

在“皮肤底色”图层上方新建“唇色”图层，用“中等画笔”笔刷，选择偏红的颜色画出唇色。注意下唇可以留出一些底色，以体现嘴唇的立体感。

### (03) 描画唇色暗面

**图层：**唇色暗面

**颜色：**

在“唇色”图层上方新建“唇色暗面”图层，用“中等画笔”笔刷，选择比唇色更深的颜色，均匀地叠加在暗面上，以强化嘴唇的立体感。注意唇珠和下唇的位置要表现出丰润饱满的效果。

### (04) 绘制唇色细节

**图层：**唇色细节

**颜色：**

在“唇色暗面”图层上方新建“唇色细节”图层，用“中等画笔”笔刷，在上唇和下唇的暗面与亮面之间叠加粉紫色，并用浅粉色和白色在上唇和下唇画出纹理效果。注意嘴唇上的纹理要沿着嘴唇的厚度画，在下唇饱满的地方需要用白色画出高光细节。

### (05) 绘制嘴唇周边肤色细节

**图层：**唇色暗面

**颜色：**

描绘人中、下唇和口轮匝肌的细节。用“中等画笔”笔刷，选择橘红色画出人中和口轮匝肌。用“中等画笔”笔刷，在人中两侧、唇峰和人中之间选择白色描出反光效果，并用白色在嘴角下方以及下唇和口轮匝肌之间叠加反光细节。最后，在嘴唇周边皮肤上整体叠加粉紫色。

总结

嘴巴的画法较复杂，而且嘴唇的颜色较丰富。时装画中的唇色多种多样，初学者需要多加练习，并且培养更高的色彩辨识度和敏感度。

# 5. 耳朵

## 认识耳朵的结构

耳朵的结构比较复杂：内部是软骨组织，比较柔软；廓形呈不规则椭圆形，中部有凹陷，周边有耳轮、耳垂、耳屏等结构凸出。耳朵的廓形不规则，绘制前需要了解其构造，还需要多观察。

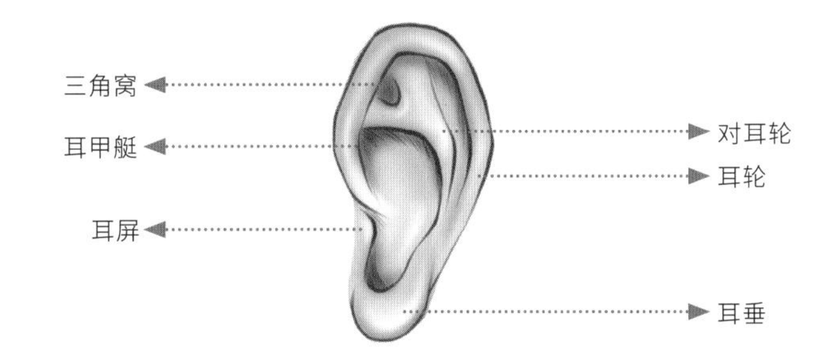


## 认识耳朵不同角度的素描明暗关系

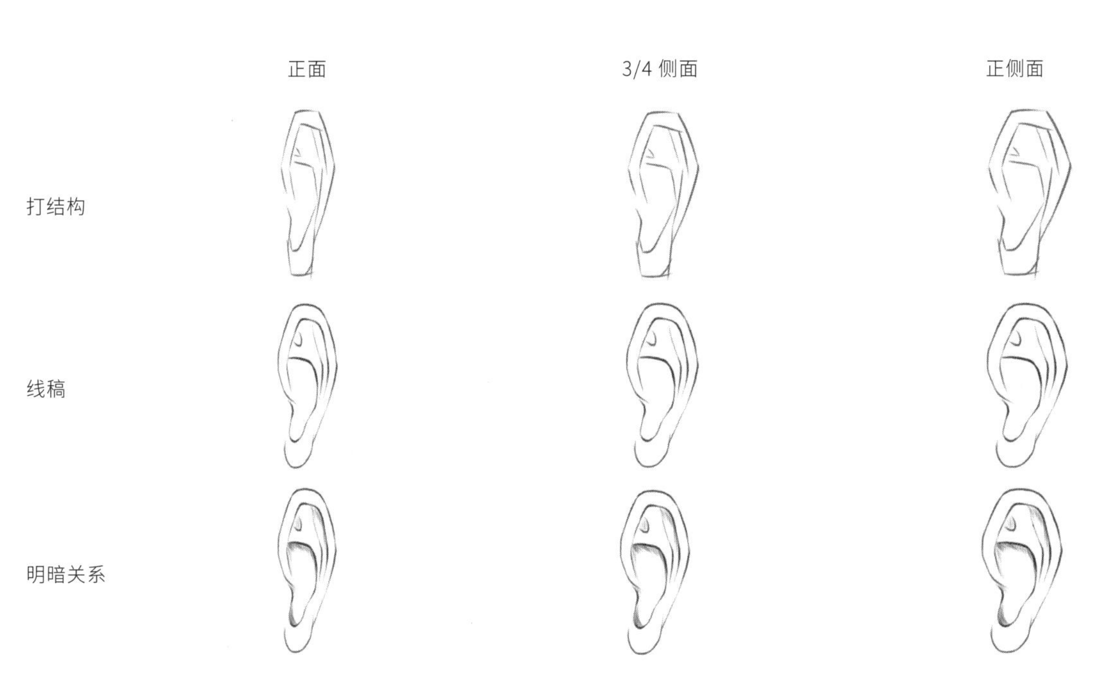


## 用 Procreate 绘制耳朵的步骤

**笔刷：**气笔修饰—中等画笔

着墨—技术笔

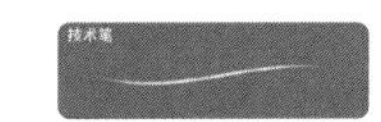


**颜色：**

### 01 打结构

**图层：**打结构

新建 A4 画布，打开“绘图指引”—“编辑绘图指引”—“2D 网格”，将“网格尺寸”设置为“500px”，把“图层 1”重命名为“打结构”。选用“技术笔”笔刷，选择任意颜色，画出耳朵的结构。注意耳朵上部偏宽，耳垂偏窄。

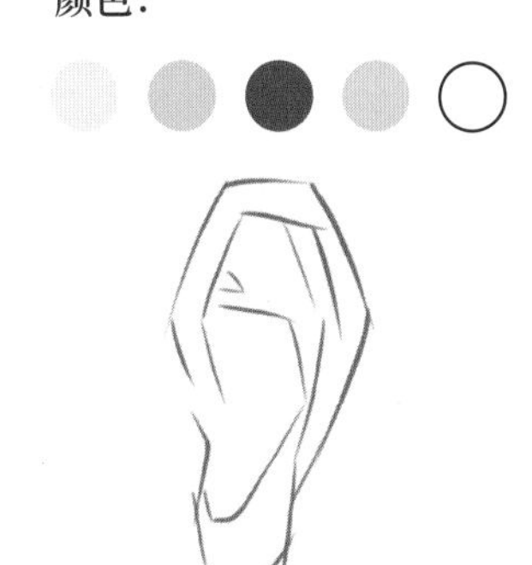

## 02 绘制耳朵线稿

**图层：** 耳朵线稿

调低“打结构”图层的“不透明度”，在其上方新建“耳朵线稿”图层，用“技术笔”笔刷勾勒出耳朵线稿。注意耳朵以软骨为支撑，线条应比较柔软、有弧度，较少使用直线。

隐藏“打结构”图层。

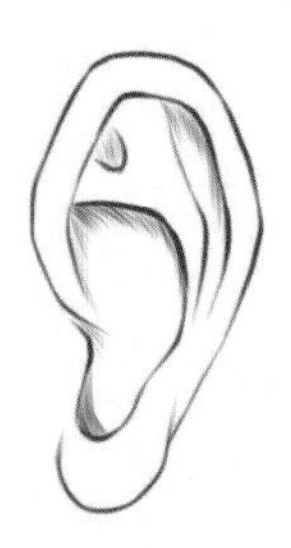

## 03 为耳朵上色

在“皮肤底色”图层上方新建的图层都要打开“剪辑蒙版”。

### (01) 渲染皮肤底色

**图层：** 皮肤底色

**颜色：**

在“耳朵线稿”图层下方新建“皮肤底色”图层，用套索工具圈出耳朵周边范围并填充底色，底色选择偏橘调的浅粉色。

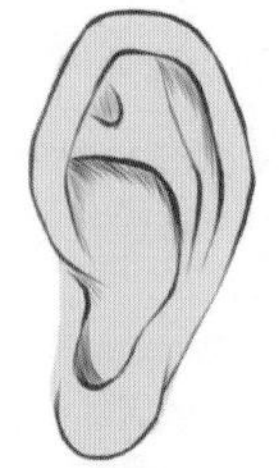

### (02) 描画耳朵暗面

**图层：** 耳朵暗面

**颜色：**

在“皮肤底色”图层上方新建“耳朵暗面”图层，用“中等画笔”笔刷，选择偏红的颜色，在耳轮、耳垂、耳甲艇、三角窝等位置叠加阴影，体现出耳朵内部凹陷的效果。

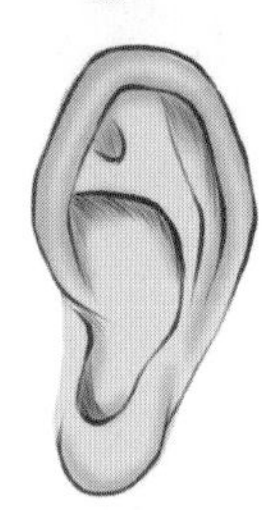

### (03) 加深暗面

**图层：** 耳朵暗面

**颜色：**

用“中等画笔”笔刷，选择红棕色，在暗面颜色更深的位置均匀地进行叠加。

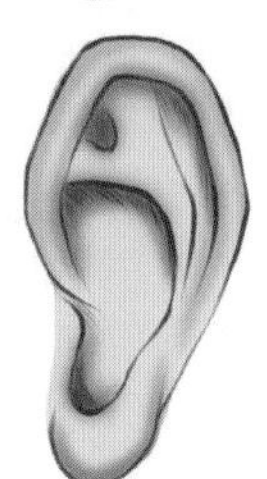

### (04) 叠加粉紫色调

**图层：** 粉紫色调

**颜色：**

在“耳朵暗面”图层上方新建“粉紫色调”图层，用“中等画笔”笔刷，在较浅的肤色上叠加粉紫色，以加强耳朵的层次感和立体感。

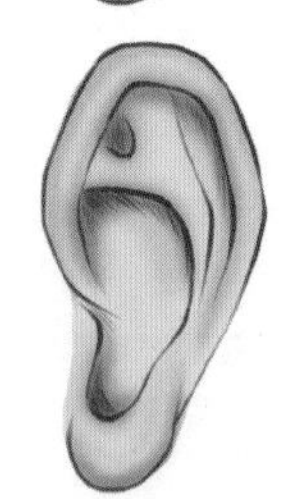

### (05) 绘制耳朵高光细节

**图层：** 耳朵高光细节

**颜色：**

在“粉紫色调”图层上方新建“耳朵高光细节”图层，用“中等画笔”笔刷，在耳垂较饱满处和耳轮中间凸起处等位置，用白色画出高光细节。

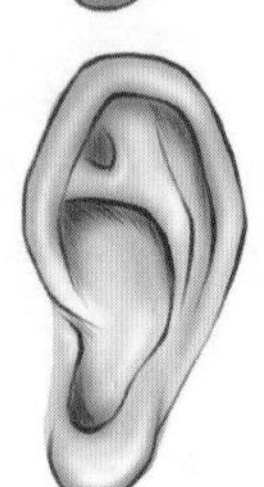

# 2.3 完整时尚妆容与发型案例

合适的妆容与发型可以突出服装的风格和色调倾向。但妆容与发型的类型多且复杂，特别是一些超前的、有创意的妆容与发型，会令很多初学者望而却步。本节会利用几何图形来分析头发的结构，并通过对结构进行分组和拆解让初学者更容易理解发型的绘制。

除了掌握方法和技巧，初学者还应该大量练习线稿的绘制，才能熟能生巧。

此外，本节也会讲解妆容与发型的上色方法，让初学者感受色彩带来的空间艺术效果，并掌握上色技巧。

## 2.3.1 正面头部画图步骤

正面是时装画中较常见的头部角度，它能清楚地表现出完整的妆容。因为头部结构是左右对称的，所以只需按“三庭五眼”的比例确定五官的位置，就可以轻松画出正面头部。而将其画对称是正面头部绘制的一个难点，但用Procreate的“对称”功能，即使是初学者也能轻松画出对称的正面头部。

以下内容将讲解正面头部的线稿绘制和上色技巧。

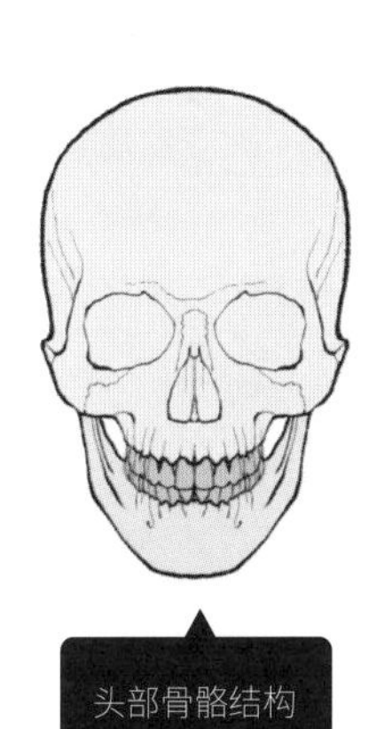

头部骨骼结构

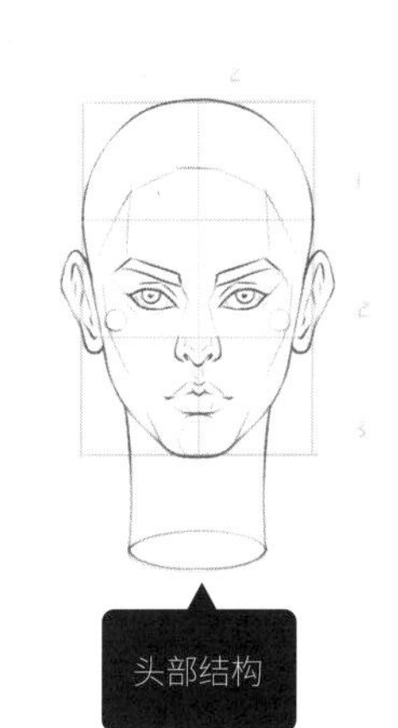

头部结构

## 用 Procreate 绘制正面头部的步骤

### 01

**图层：**头部结构

新建A4画布，把“图层1”重命名为“头部结构”，用圆形和直线画出头部结构。

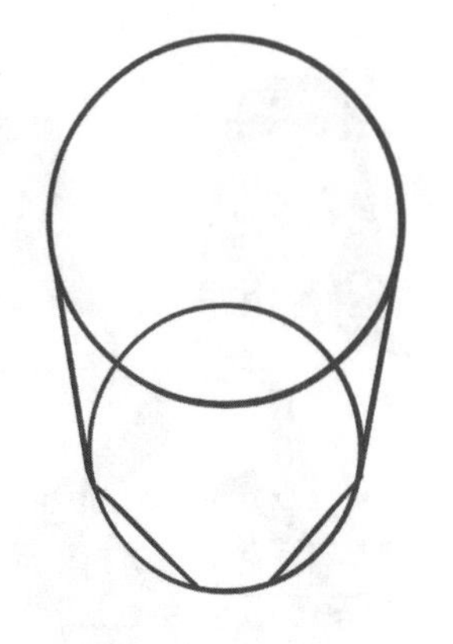

### 02

**图层：**头部线稿

在“头部结构”图层上方新建“头部线稿”图层，选用“技术笔”笔刷，画出头部线稿。隐藏“头部结构”图层。

### 03

**图层：**皮肤底色

**颜色：**

在“头部线稿”图层下方新建“皮肤底色”图层，填充肤色。

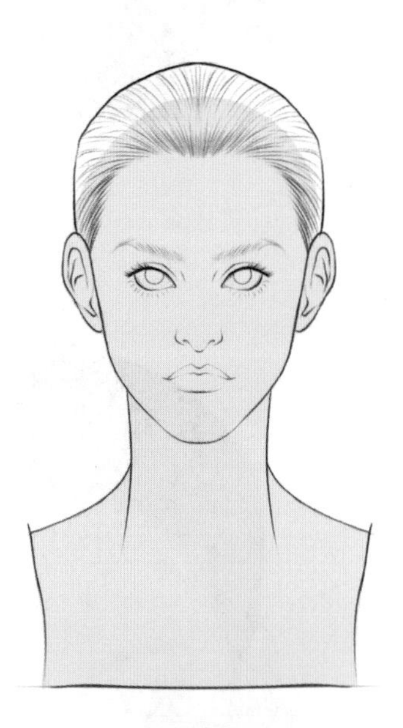

### 04

**图层：**头发底色

**颜色：**

在“皮肤底色”图层上方新建“头发底色”图层，填充发色和眉毛的颜色。

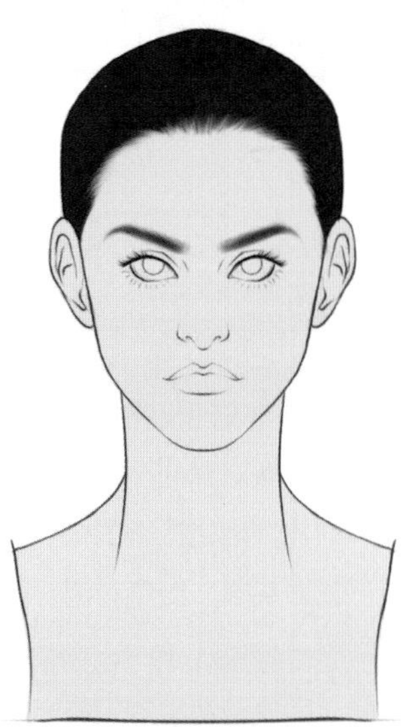

### 05

**图层：**皮肤阴影

**颜色：**

在“皮肤底色”图层上方新建“皮肤阴影”图层，选择较深的肤色，在眼角、鼻底、脖子和锁骨等位置画出阴影，以表现出立体感，并画出唇色。

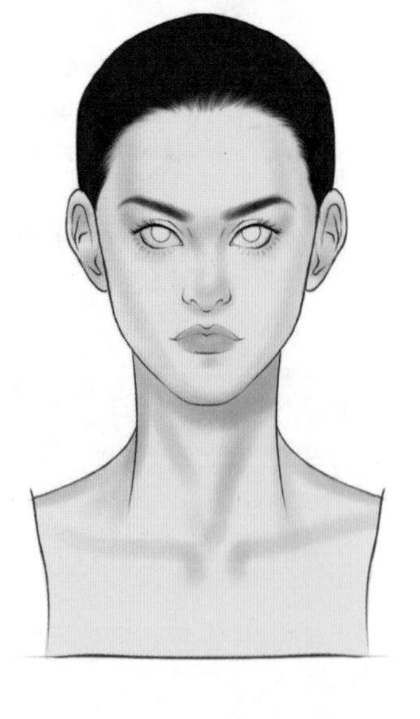

### 06

**图层：**加深肤色

**颜色：**

在“皮肤阴影”图层上方新建“加深肤色”图层，选择红棕色，在眼角、鼻底、脖子等位置叠加出更深的阴影，并画出嘴唇的阴影。

07

**图层：** 粉紫色调

**颜色：** ● ○

在“加深肤色”图层上方新建“粉紫色调”图层，用粉紫色进行叠加，以提亮肤色，丰富肤色的层次。用白色提亮高光部分，进一步呈现立体效果。

**TIPS**

为了防止上色时色彩超出肤色范围，影响画面效果，在“皮肤底色”图层上方的新建图层（除与头发相关的图层）都需要打开“剪辑蒙版”。

08

**图层：** 眼睛细节

**颜色：** ○ ● ● ● ● ●

在“粉紫色调”图层上方新建“眼睛细节”图层。用白色画出眼白，用红棕色画出眼白下方的发红的部分，用深青蓝色画出眼珠底色，用黑色画出瞳孔，用亮青色在虹膜处画出细节，让眼珠更生动。用白色画出眼睛的高光细节。用“短发”笔刷，选择黄色，根据图片效果顺着头发的方向画出头发的细节。

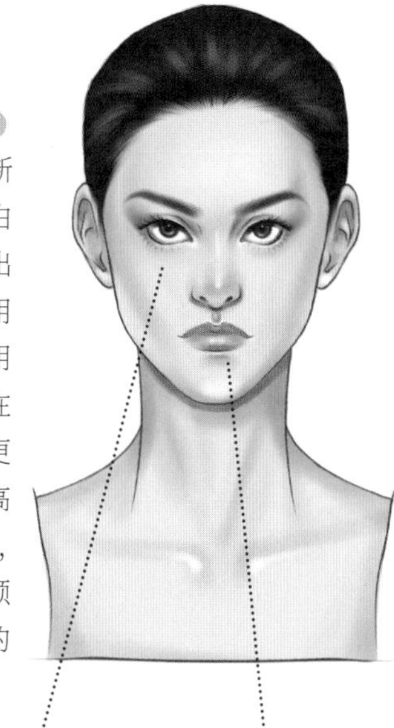

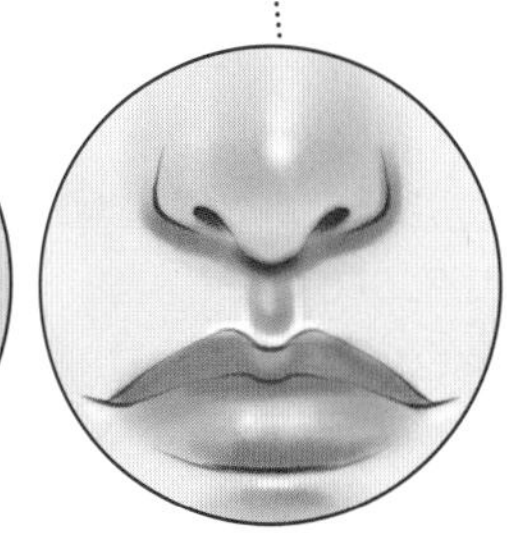

## 2.3.2 戴墨镜正面头部画图步骤

## 用 Procreate 绘制戴墨镜正面头部的步骤

### 01

**图层：**头部结构

新建 A4 画布，把“图层 1”重命名为“头部结构”，用圆形和直线画出头部结构，再用“技术笔”笔刷概括出头发的廓形。

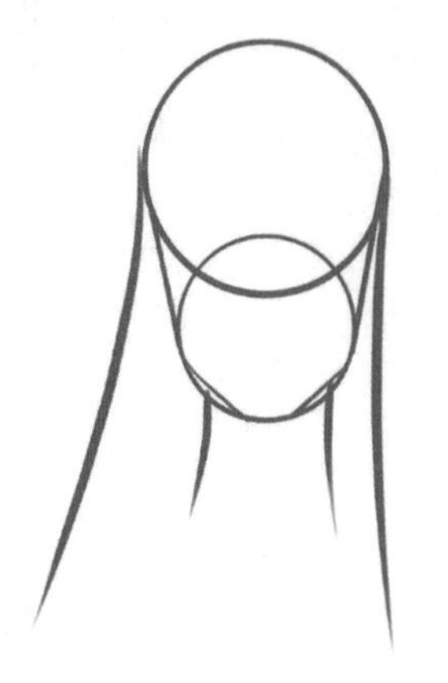

### 02

**图层：**头部线稿、墨镜线稿

在“头部结构”图层上方新建“头部线稿”图层，用“技术笔”笔刷画出头部线稿。在“头部线稿”图层上方新建“墨镜线稿”图层，打开“对称”功能，用“技术笔”笔刷画出墨镜线稿。隐藏“头部结构”图层。

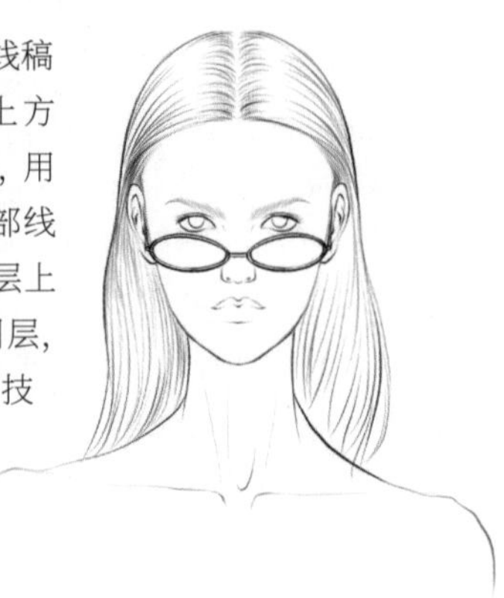

### 03

**图层：**头发底色 、皮肤底色

**颜色：**● ●

在“头部线稿”图层下方新建“头发底色”图层和“皮肤底色”图层，且“头发底色”图层在“皮肤底色”图层之上。在相应的图层上，用套索工具分别圈出皮肤需要填充的部位和头发需要填充的部位，进行颜色填充。用棕色画出眉头的底色。

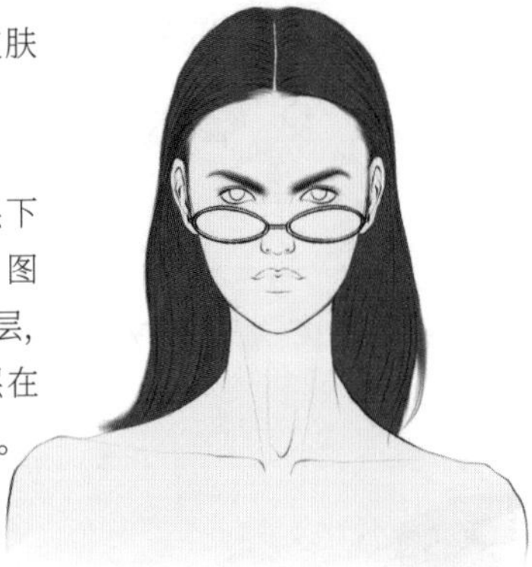

### 04

**图层：**墨镜底色

**颜色：**●

在“墨镜线稿”图层下方新建“墨镜底色”图层，将墨镜填充成紫色。

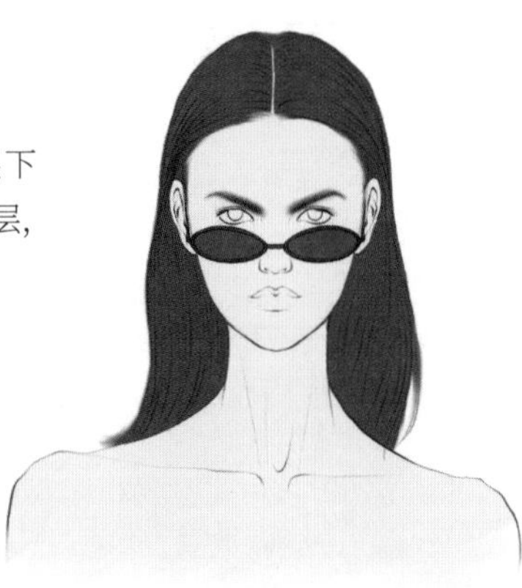

### 05

**图层：**皮肤暗面

**颜色：**●

在“皮肤底色”图层上方新建“皮肤暗面”图层，用“中等画笔”笔刷，选择较深的紫色，在眼角、鼻子、脸颊和脖子等位置画出皮肤的暗面，并把墨镜在脸上形成的阴影画出来。

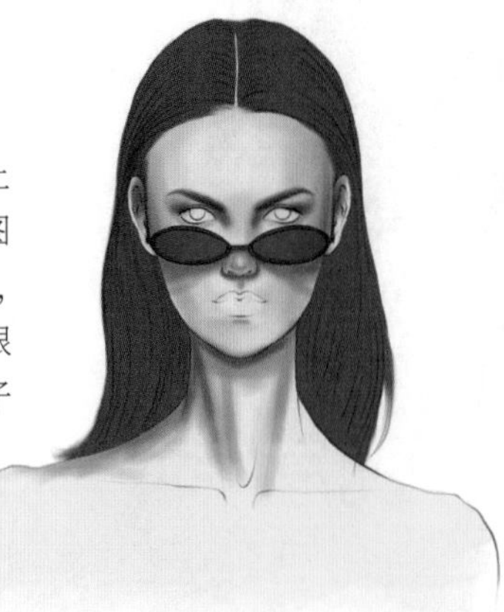

### 06

**图层：**粉紫色调

**颜色：**●

在“皮肤暗面”图层上方新建“粉紫色调”图层，用“中等画笔”笔刷为皮肤叠加粉紫色，使皮肤的整体对比更加柔和、自然。

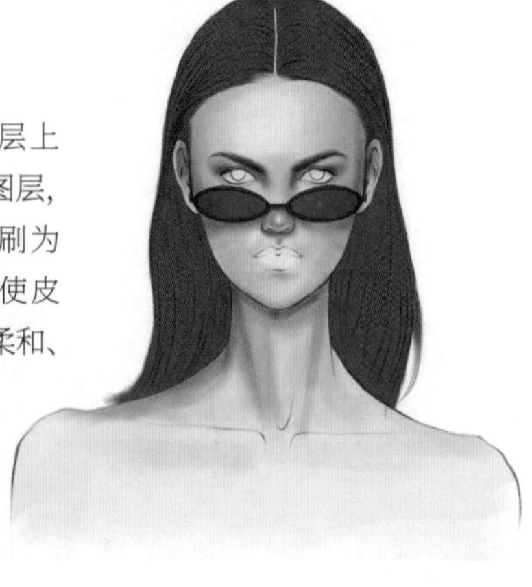

## 07

**图层：**眼睛细节、唇色

在“粉紫色调”图层上方新建“眼睛细节”图层和“唇色”图层。用“中等画笔”笔刷，选择相应的颜色，刻画眼睛和嘴唇的细节，如右图所示。在“眼睛细节”图层上，用“中等画笔”笔刷，选择白色，在额头、鼻头、下巴、锁骨等位置画出高光细节。

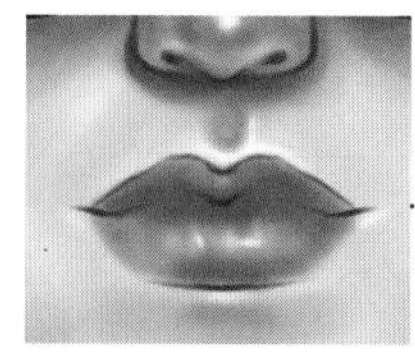

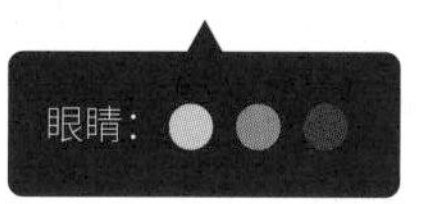

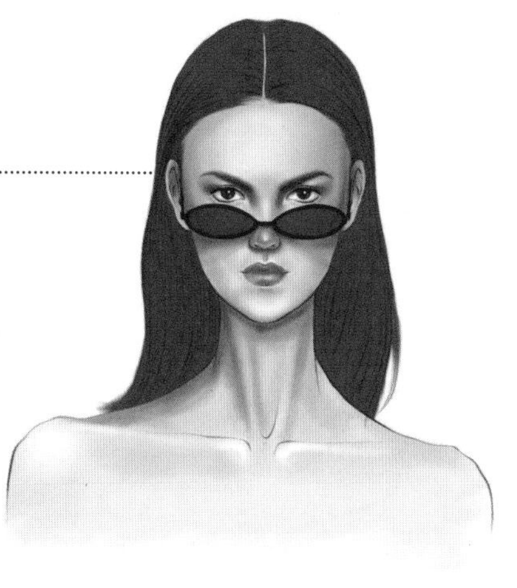

## 08

**图层：**头发暗面

**颜色：**

在“头发底色”图层上方新建“头发暗面”图层。用“短发”笔刷，选择较暗的棕色，画出头发暗面。注意靠近脖子两侧位置的头发颜色偏暗。

画笔库中的“材质”—“短发”笔刷非常适合表现头发的质感，可以画出发丝的细节。

## 09

**图层：**头发细节

**颜色：**

在“头发暗面”图层上方新建“头发细节”图层，用“短发”笔刷，选择亮黄色，画出头发的亮面。再将“技术笔”笔刷的尺寸调至4%左右，选择较暗的棕色，在头发边缘画出发丝，使头发更加自然。

画的时候需要注意体现头发的走向和动态，以表现出生动自然的效果。

## 10

**图层：**墨镜细节

**颜色：**

在“墨镜底色”图层上方新建“墨镜细节”图层，选用“中等画笔”笔刷，选择较深的紫色，在墨镜镜片两侧画出暗面；选择偏粉的紫色，在墨镜镜片中间画出亮面和高光细节。

## 2.3.3 3/4侧面头部画图步骤

### 用 Procreate 绘制 3/4 侧面头部的步骤

**01**

**图层：**打结构

新建A4画布，把“图层1”重命名为“打结构”，选用“技术笔”笔刷，用一个圆形和一个三角形来概括头部的廓形，并画出3/4侧面头部的结构。手臂和躯干上部的结构较复杂，整体姿势近似一个三角形，腰往画面右侧倾斜。

**02**

**图层：**头发线稿、人体线稿

将“打结构”图层的“不透明度”调低，在其上方新建“头发线稿”图层和“人体线稿”图层，且“头发线稿”图层在“人体线稿”图层之上。用“技术笔”笔刷在相应图层分别把头发和五官、人体线稿准确勾勒出来。注意体现线条的虚实变化。隐藏“打结构”图层。

03

**图层：** 头发线稿、皮肤底色

**颜色：**

点击“头发线稿”图层，打开“阿尔法锁定”，用“中等画笔”笔刷把头发线稿改成黑色。在“人体线稿”图层下方新建“皮肤底色”图层，用套索工具圈出皮肤部分，手的肤色偏黄粉色调，选择偏黄的肤色填充，其余位置填充浅粉色。

04

**图层：** 头发底色

**颜色：**

在“头发线稿”下方新建“头发底色”图层，用套索工具圈出头发部分，将其填充成棕色。用同样的颜色画出眉毛底色。

05

**图层：** 皮肤暗面

**颜色：**

在“皮肤底色”图层上方新建“皮肤暗面”图层，选用“中等画笔”笔刷，选择较深的红色，画出鼻子、眼角等位置的暗面以及唇色，再用棕色画出脖子、后背、肩膀处的阴影。

06

**图层：** 眼睛细节

**颜色：**

在“皮肤底色”图层上方新建“眼睛细节”图层，选用“中等画笔”笔刷，用蓝灰色画出眼睛内部的阴影；用套索工具圈出眼珠，将其填充成较深的棕色，并用黑色和白色画出眼珠的细节。

选用“中等画笔”笔刷，用暖橘红色渲染眼睛周边的暗面细节，并在双眼皮、鼻子和嘴巴最高处画出白色的高光，以凸显立体效果。

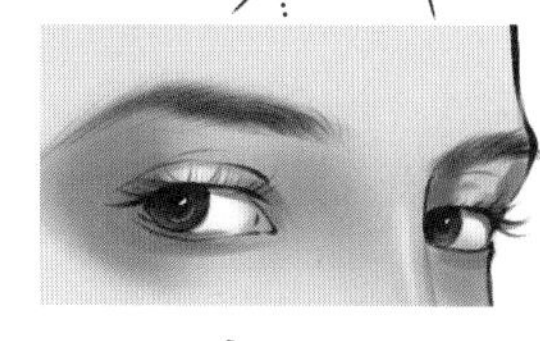

07

**图层：** 皮肤明暗关系

**颜色：**

在“眼睛细节”图层上方新建“皮肤明暗关系”图层。根据上一节介绍的绘制五官的步骤，在“皮肤明暗关系”图层上分别用较深的肤色和白色刻画出嘴唇的立体感和高光细节。注意画出嘴唇上的纹理，使画面更细腻。用较深的肤色画出身体肤色部分的阴影，用白色在高光部分进行提亮。

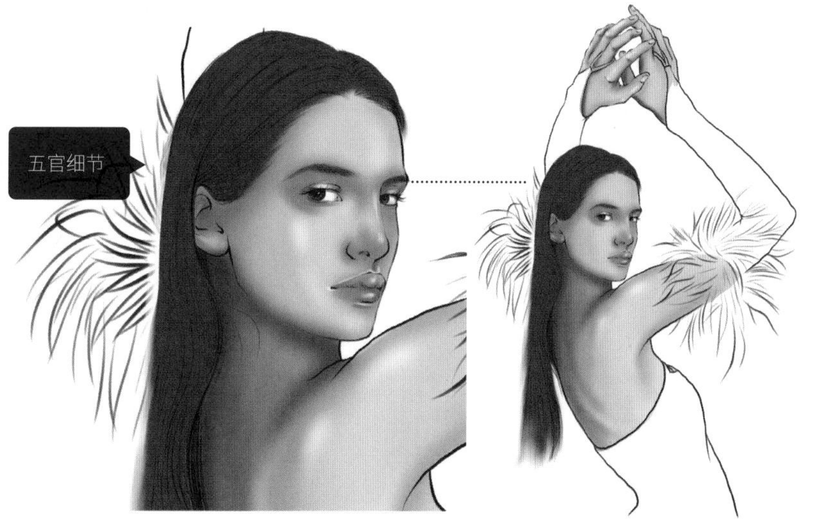

08

**图层：**衣服底色

**颜色：**●

在“皮肤暗面”图层上方新建“衣服底色”图层，用黑色填充衣服底色。

09

**图层：**头发暗面

**颜色：**●

在“头发底色”图层上方新建“头发暗面”图层，用“短发”笔刷，选择暗棕色，画出头发的整体暗面。注意观察头顶处反光的位置和形状，留出反光。

## 2.3.4 正侧面头部画图步骤

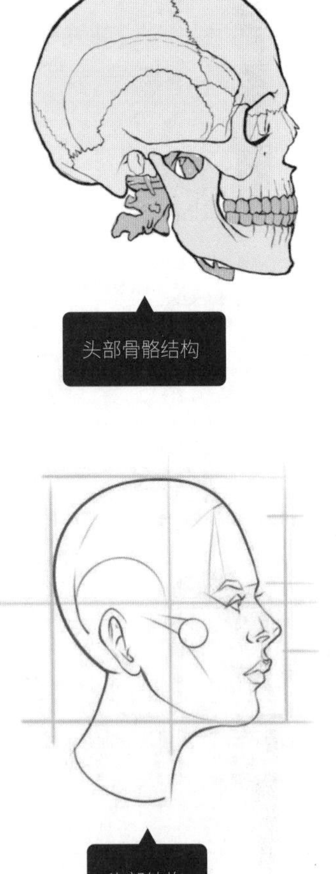

## 用 Procreate 绘制正侧面头部的步骤

**01**

**图层：**打结构

新建 A4 画布，把“图层 1”重命名为“打结构”，用“技术笔”笔刷，用一个圆形和一个近似三角形来概括正侧面的头部廓形。

**02**

**图层：**头发结构

调低“打结构”图层的“不透明度”，在其上方新建“头发结构”图层，用“技术笔”笔刷画出头发、脖子和手臂等的结构。因为是卷发，所以要画出波浪状的廓形。

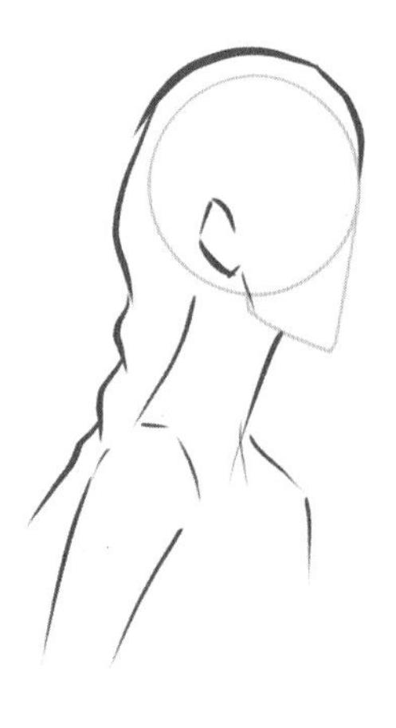

**03**

**图层：**脸部线稿

将“头发结构”图层的“不透明度”调低，在其上方新建“脸部线稿”图层，用“技术笔”笔刷勾勒出正侧面头部和身体的线稿。

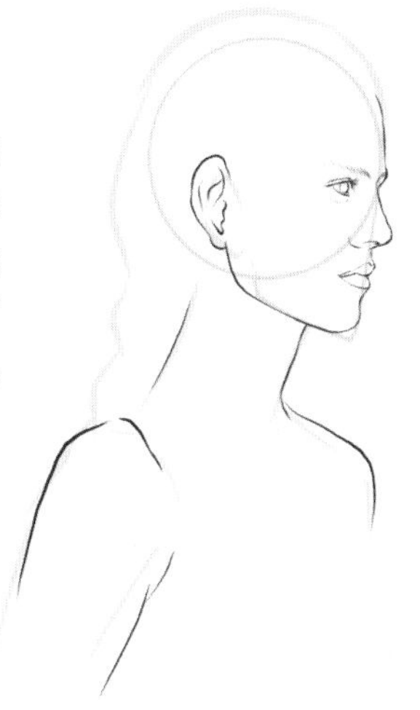

**04**

**图层：**头发线稿

在“脸部线稿”图层上方新建“头发线稿”图层，用“技术笔”笔刷勾勒出头发线稿，并画出锁骨。

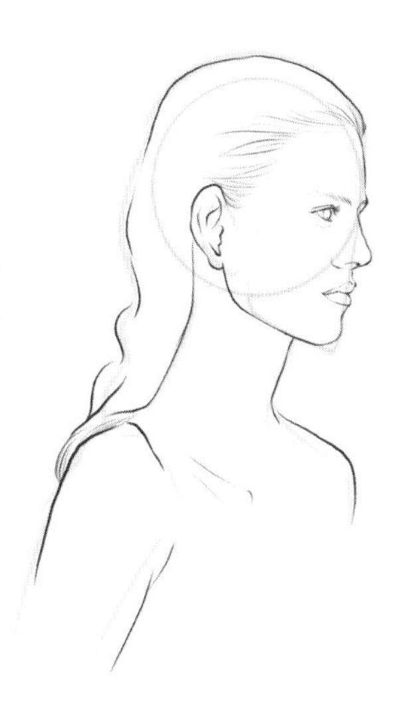

**05**

**图层：**头发线稿

在“头发线稿”图层，用“技术笔”笔刷整体勾勒出头发细节。处理时可隐藏“打结构”图层。

**06**

**图层：**头发线稿

在“头发线稿”图层，用“技术笔”笔刷刻画头发的层次关系。注意每一缕头发之间的结构关系。阴影部分的线条比较密集，亮面部分的线条比较稀疏。

## 07

**图层：** 耳环线稿

在“头发线稿”图层上方新建“耳环线稿”图层，用“技术笔”笔刷勾勒出形状不规则的耳环。

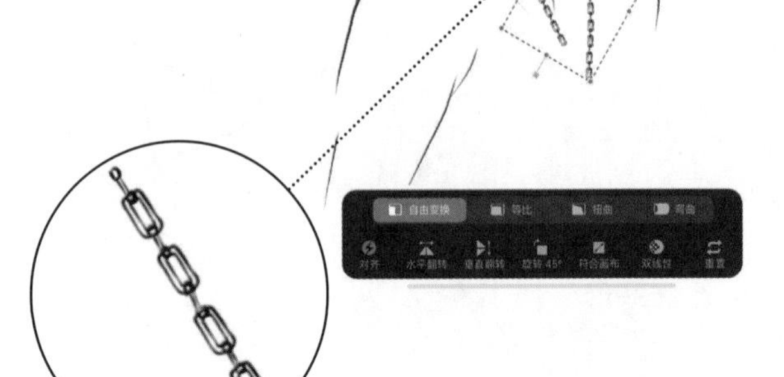

## 08

**图层：** 项链线稿

在“耳环线稿”图层上方新建“项链线稿”图层，用“技术笔”笔刷勾勒出由圆环组成的项链。只需要先画出项链的一部分，通过复制和旋转方向就可以画出完整的项链。

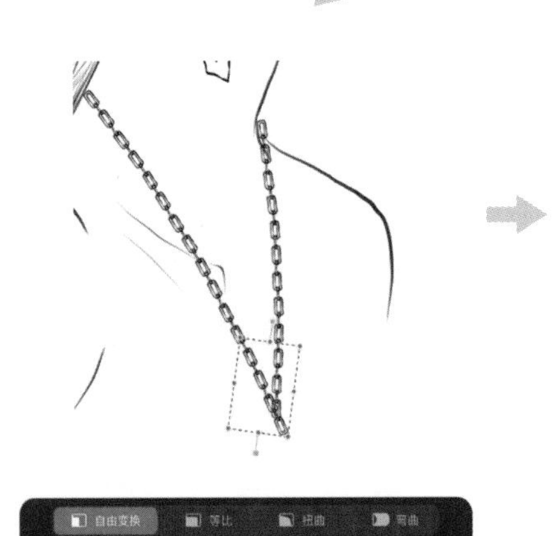

## 09

**图层：** 皮肤底色、头发底色、配饰底色

**颜色：**

在对应线稿图层下方分别新建“皮肤底色”“头发底色”“配饰底色”图层，并用对应的颜色进行填充。用与头发底色相同的颜色画出眉毛底色。

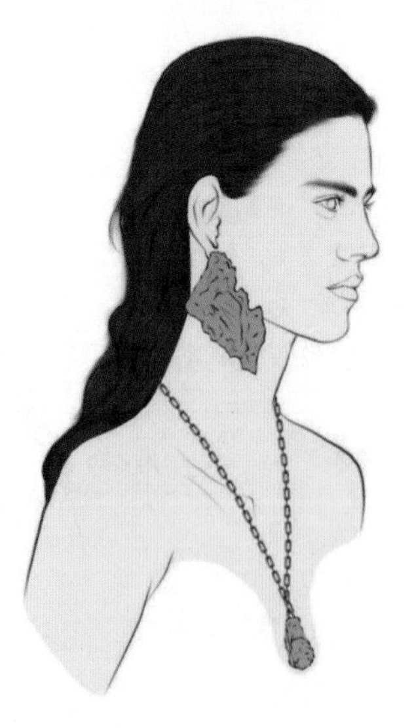

## 10

**图层：** 皮肤暗面

**颜色：**

在“皮肤底色”图层上方新建“皮肤暗面”图层，用“中等画笔”笔刷，选择较深的肤色画出皮肤的阴影部分。

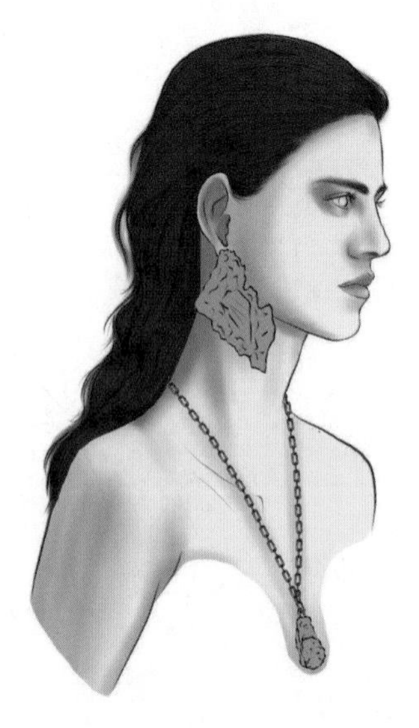

**11**

**图层：**偏黄肤色

**颜色：**

在“皮肤暗面”图层上方新建“偏黄肤色”图层，用“中等画笔”笔刷，选择偏黄的粉色，叠加在暗面和亮面之间，以表现出肤色丰富的层次。

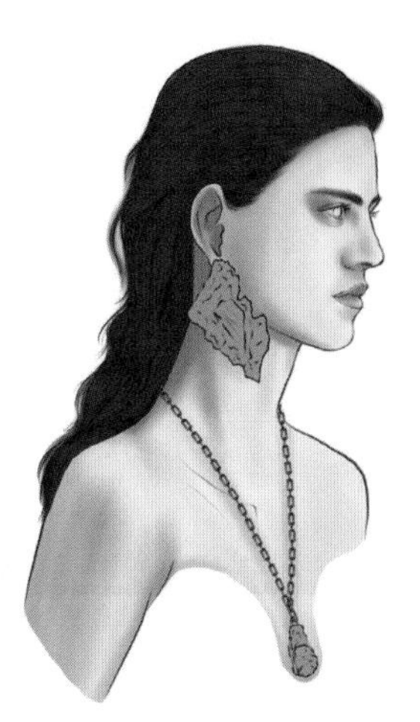

**12**

**图层：**加深肤色

**颜色：**

在“偏黄肤色”图层上方新建“加深肤色”图层，用“中等画笔”笔刷，选择偏深的肤色，叠加在暗面和亮面之间，以加强肤色的立体效果。

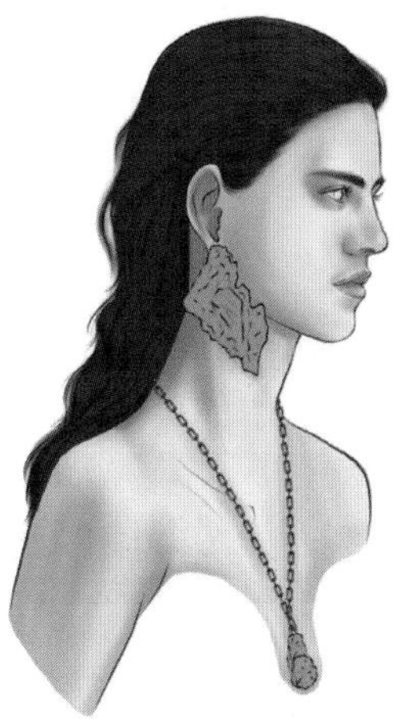

**13**

**图层：**粉紫色调

**颜色：**

在“加深肤色”图层上方新建“粉紫色调”图层，用“中等画笔”笔刷，选择粉紫色，叠加在暗面和亮面之间，以强化肤色的立体效果。画出眼珠的青蓝色底色、黑色瞳孔和白色高光。

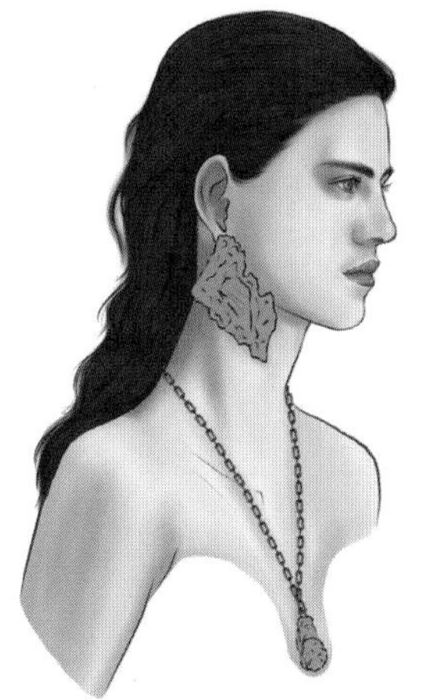

**14**

**图层：**高光细节

**颜色：**

在“粉紫色调”图层上方新建“高光细节”图层，用“中等画笔”笔刷，选择红色刻画唇部细节。选择白色，在皮肤和五官的亮面画出高光细节。

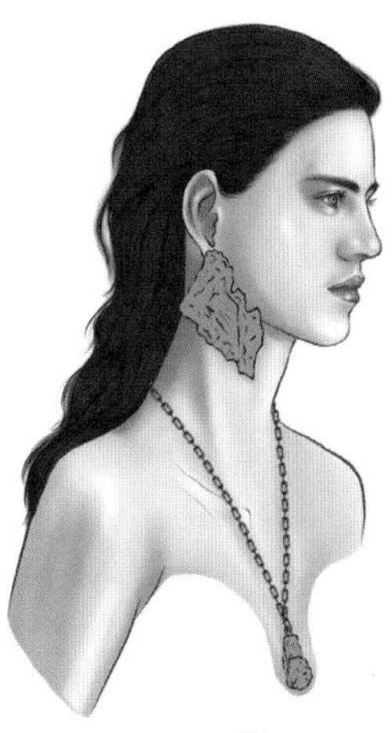

**15**

**图层：**配饰细节、头发细节

**颜色：**

在“配饰底色”图层上方新建“配饰细节”图层，用“中等画笔”笔刷，选择白色、黑色和青色，画出耳环和项链的细节，以体现出配饰的金属质感。在“头发底色”图层上方新建“头发亮面”图层，用“技术笔”笔刷，选择黄色，画出头发的亮面细节。

**16**

**图层：**配饰细节

**颜色：**

在“配饰细节”图层上，用“亮度”—“微光”笔刷，选择白色，进一步刻画配饰细节，让其呈现出闪光的效果。

总结

通过本章的学习，读者可以掌握基础的头部绘制技巧和上色技巧。只要不断地练习，即使以后遇到更多不同角度的头部，也能轻松完成绘制。

右侧为更多头部的案例，可作为练习。

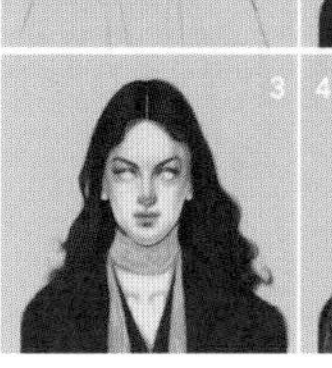

# 第3章

# 人体绘制

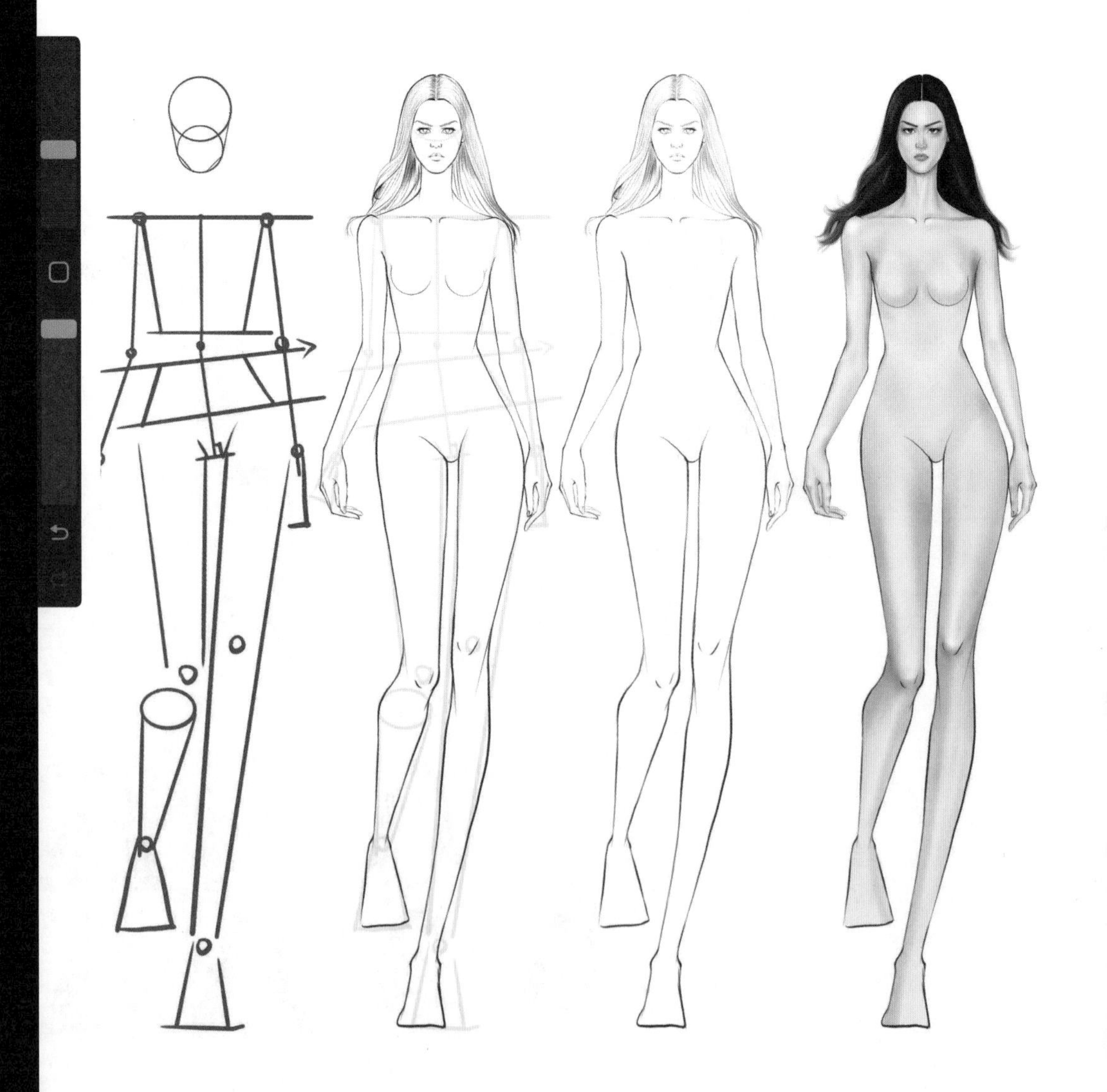

# 认识人体结构

服装是为了穿着而设计的艺术产品。一个服装设计师，只有熟悉人体结构，才能画出合理的人体；只有扎实地掌握人体结构基础知识，才可以对人体进行艺术上的创新。总而言之，对于初学者而言，认识人体结构是非常有必要的。

一般真实的人体比例与时装画中的人体比例是有区别的。艺术源于现实，又高于现实。为了更好地展示服装的效果，设计师一般会对时装画中的人体进行美化，如拉长腿部，使腰线偏上、整体更修长等。

真实的人体比例一般为 7.5 头身，而且结构表现非常复杂。而时装画中常用的人体比例为 8.5 头身，人体结构也进行了简化。在 8.5 头身比例的基础上拉长腿部，整体比例可达到 9 头身，甚至 9.5 头身或 10 头身。在一些欧美时装画中，甚至会出现 12 头身。设计师可根据自己的服装设计需求，选择合适的人体比例进行创作。

在不同国家或地区，人们对人体比例的审美也存在差异。亚洲的服装设计院校和我国的服装企业常用的是 8.5 头身，因为这样更贴合真实的人体比例；而欧美国家或地区则偏向采用 10 头身。一些服装设计比赛中，也有较多参赛者喜欢用 9~10 头身。

初学者要了解清楚每一种比例的区别，并学会对比例进行调整，以画出不同的人体。

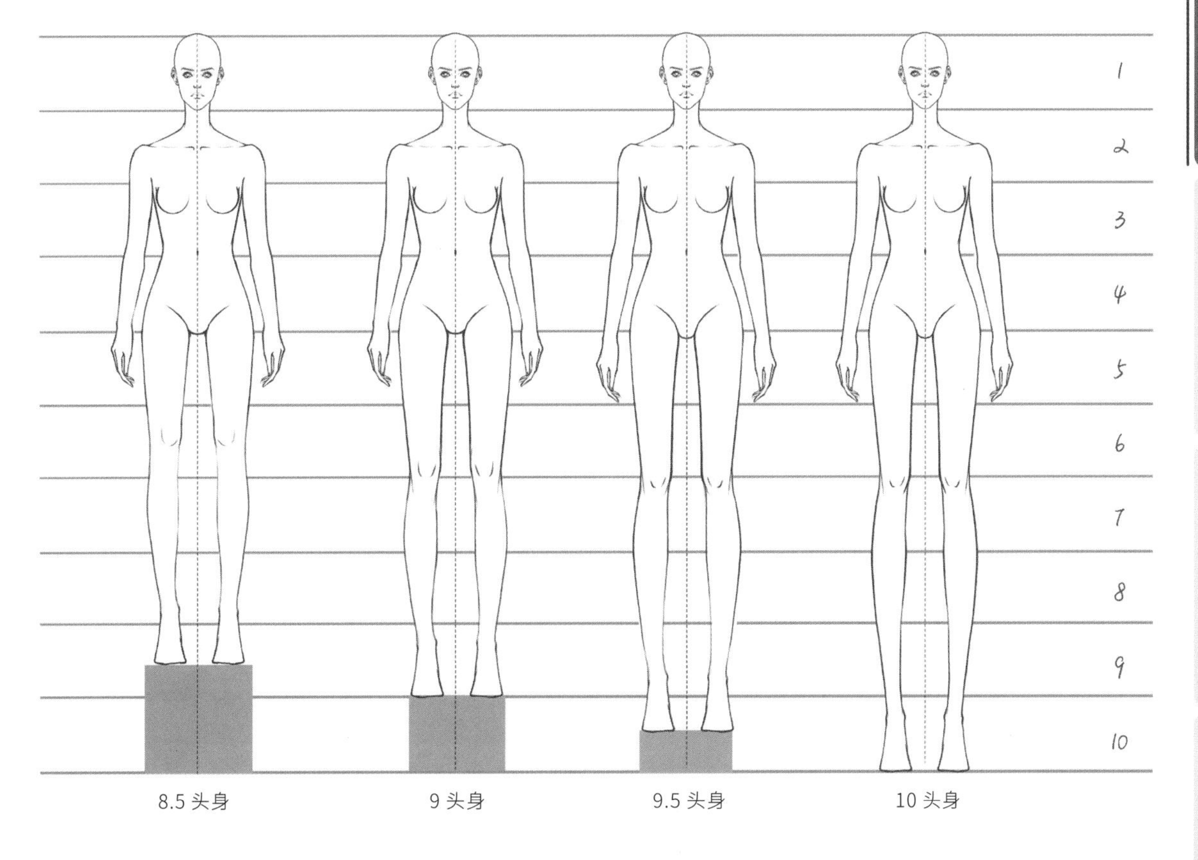


**TIPS**

- 现实中人的大腿和小腿长度是几乎相等的，但从以上比例对比图中可总结出：不管是哪一种比例，头部到胯的长度都是一样的，而腿长则有所不同。
- 在服装设计中，设计师有时候会把模特的腿拉长，以展示出更好的服装效果和仰视角度下的视觉效果。此外，时装画中的模特头部偏小，手偏长，以达到服装设计师所需要的展示效果。

9 头身和 10 头身较其他比例能够更完美地展示人体。本书案例大部分用 10 头身来展示，少部分用 9 头身。

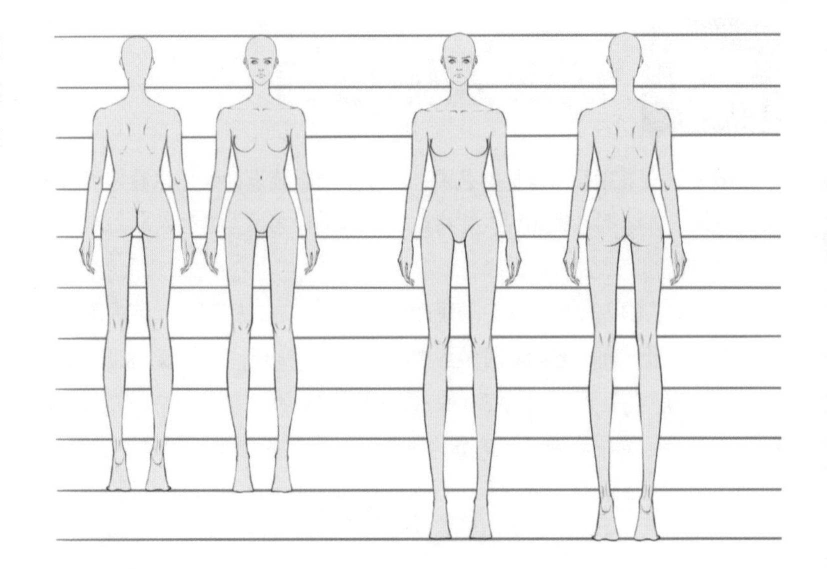

如在第 2 章认识头部一样，我们也通过人体的骨骼来认识人体的廓形，并用几何造型法来概括廓形。

头部可以用一个椭圆形来表达，脖子和四肢可以用圆柱来表达，胸腔可以用一个倒梯形来表达，胯和脚可以用梯形来表达。

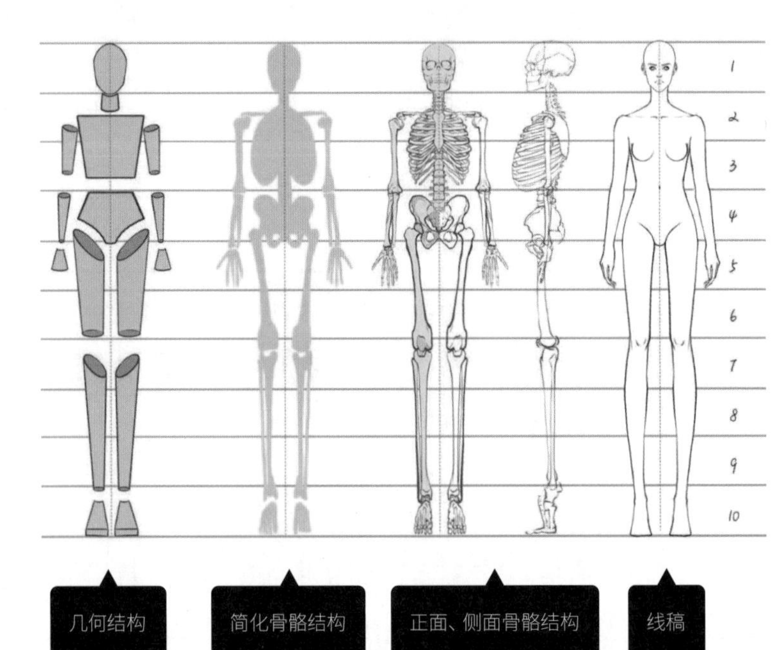


**时装画人体 10 头身概述及男女对比**

- **肩宽**：女性模特的肩宽约等于两个头宽，男性模特的肩宽略大于两个头宽。
- **肌肉**：男性模特的肌肉更发达，如斜方肌和三角肌更为明显，大腿和手臂更加壮实。
- **腰腹**：男性模特的腰相对较粗，腹肌更发达。
- **胸腔**：男性模特的胸肌更发达。
- **胯**：男性模特的胯比女性模特的宽。
- **臀围线**：大致位于第四等份的1/2处，臀宽约等于肩宽。
- **膝盖**：位于第六等份底部。
- **脚踝/脚**：位于第十等份处。

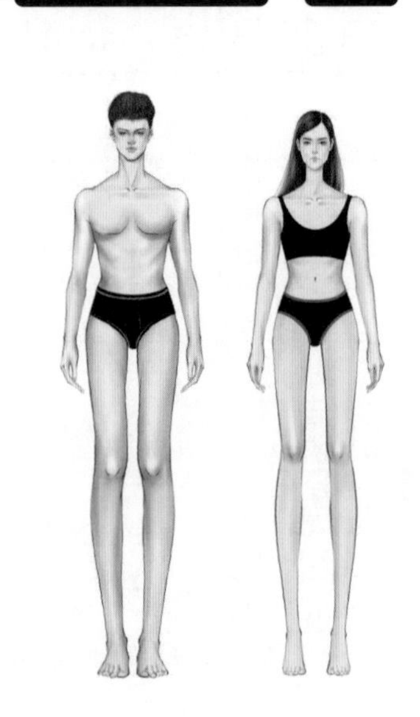

# 3.2 时装画人体基础

时装画中常用的人体姿态是秀场中的猫步和海报、画册中的站姿，也有服装设计师根据自己的喜好设计不同的姿态。服装设计师一般会用简化或者夸张的手法来展现人体，但无论用哪种手法，都要掌握人体结构。

本节通过人体比例和结构、透视结构和明暗关系来介绍时装画人体基础，并通过对人体动态的描画来进行原理分析。

本节内容分为三大部分：上半身正面及不同角度透视画法、下半身正面及不同角度透视画法和四肢透视画法。

## 3.2.1 上半身正面及不同角度透视画法

海报和画册中的人体动态有很多角度，为了更好地展示服装的效果，常见的角度有正面、3/4 侧面、正侧面等。通过绘制常见角度的人体动态来更好地理解人体的透视空间原理，也是人体绘画的基础之一。

人体由头部、躯干、四肢 3 个部分构成。其中躯干是人体结构的主体，也是全身运动的枢纽。躯干分为上半身（包括颈部、胸腔、腰部）和下半身（胯）两个部分。

**上半身的动态线（以女性模特为例）**

- **肩线：**大致位于第二等份的1/2处，肩宽约等于两个头宽。
- **BP点：**胸部的最高点，其水平线大致位于第三等份的1/5处。
- **胸腔线：**大致位于第三等份的2/3处，胸腔宽略大于一个头长。
- **腰线：**腰部最细的位置，位于第三等份底部，腰宽约等于一个头长。

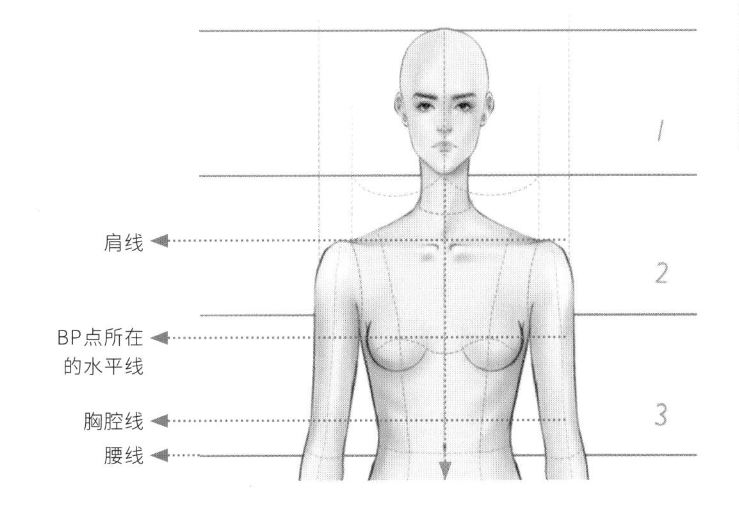


胸腔是人体上半身的主要部位之一，是由肋骨、胸骨等组成的坚固的组织结构。其中肋骨共 12 对，对称分布在胸椎两侧，形成一个弓形的廓形。位于中间的胸骨看起来像一条领带。

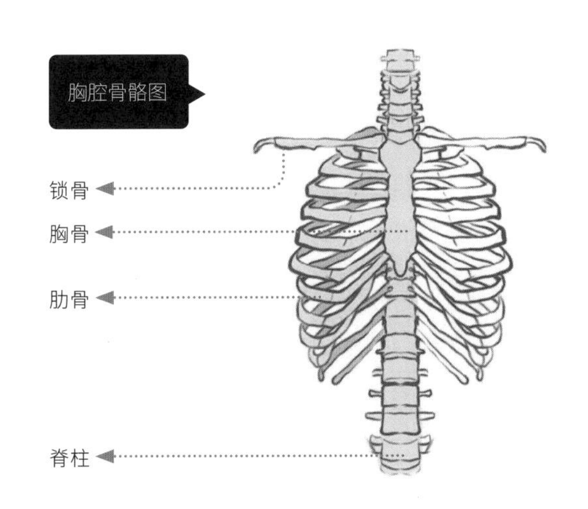

上半身常见角度

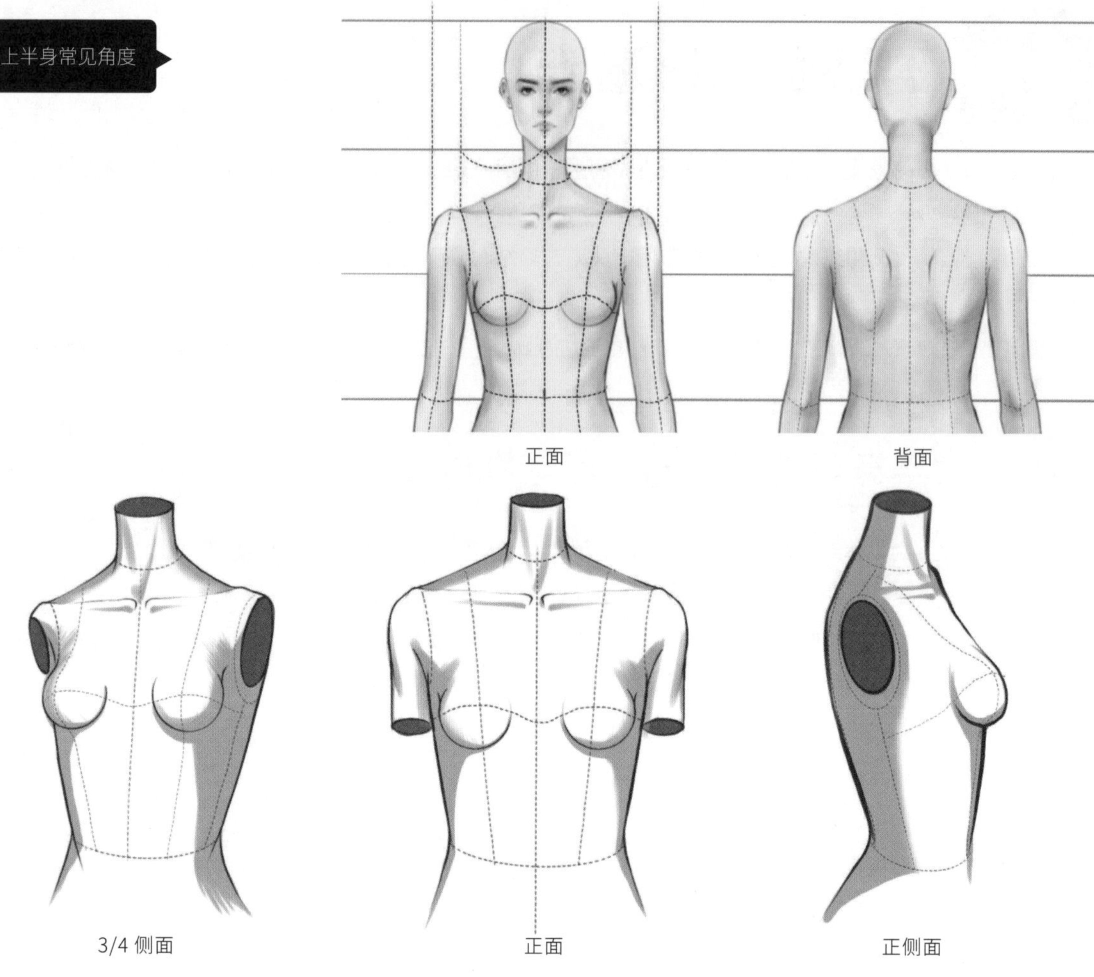


## 胸腔线稿示范案例

### Procreate 上半身正面角度透视线稿画法

#### 01

**图层：**人体结构

新建 A4 画布，把“图层 1”重命名为“人体结构”。打开“绘图指引”—“编辑绘图指引”—“2D 网格”，将“网格尺寸”设置为“300px”。

打开“绘图指引”—“编辑绘图指引”—“垂直对称”功能，用“技术笔”笔刷，在中轴线的位置画出脊柱线（用笔在屏幕上按住不动以画出直线），并继续画出直线、椭圆形和圆形来表现出上半身的廓形。

从人体比例来看，上半身的长度约等于两个头长，肩宽约等于两个头宽，腰宽约等于一个头长。把肩线和腰线连起来形成一个倒梯形，倒梯形中间偏下处是胸部的最高点，即 BP 点的位置，以 BP 点为中心画圆代表胸部。

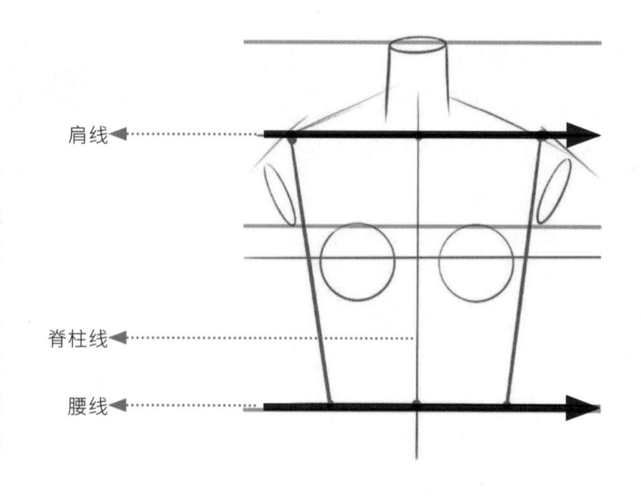

## 02

**图层：** 人体线稿

将“人体结构”图层的“不透明度”调低至 10% 左右，在其上方新建“人体线稿”图层，点击图层，打开“绘图辅助”—“对称”功能。

将“技术笔”笔刷的尺寸适当调小，用较柔和的线条画出上半身的线稿。注意避免表现肌肉的弧线弧度过大，要根据结构廓形来画。

隐藏“人体结构”图层。

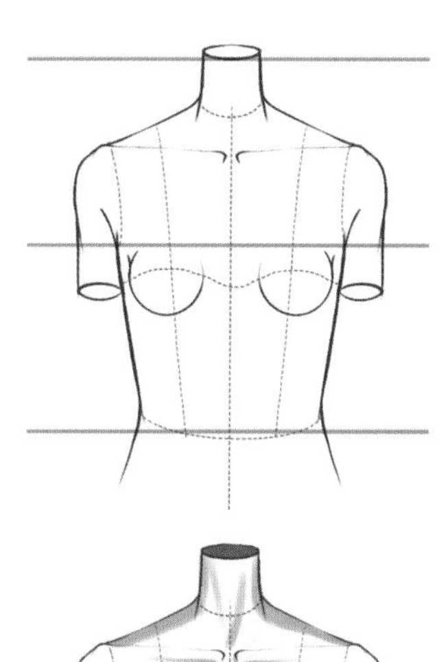

## 03

**图层：** 人体阴影

在“人体线稿”图层上方新建“人体阴影”图层。画出上半身的阴影，如右图所示。

阴影是人体部位受光的影响而产生的明暗效果。要注意观察人体上半身的空间感，多练习绘制，为后期上色打好基础。

右图的光是从人体正上方打下来的。

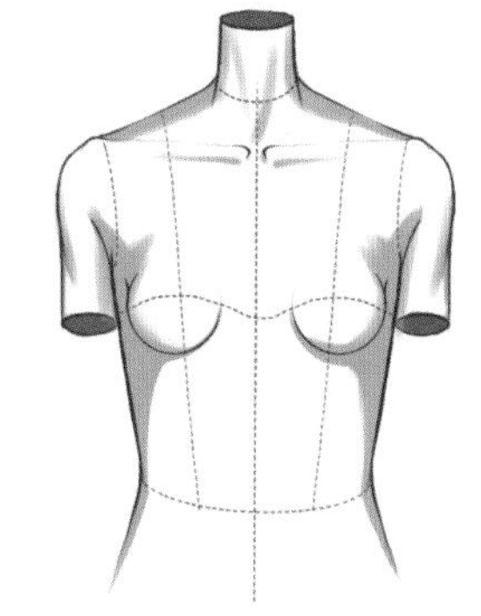

每次画人体时，都可根据需要打开“绘图指引”—“编辑绘图指引”—“2D 网格”；绘制 10 头身时，可将“网格尺寸”设置为“300px”。

## Procreate 上半身 3/4 侧面角度透视线稿画法

## 01

**图层：** 人体结构

新建A4画布，把“图层1”重命名为“人体结构”，用“技术笔”笔刷画出上半身简化后的几何结构。

因为透视关系，脊柱线左右两个半身的宽度不一样（右图为左宽右窄），脊柱线与肩线不成直角。肩线与腰线连起来形成一个不对称的有透视效果的倒梯形。倒梯形的侧面代表身体的厚度，肩部宽，腰部窄。

左肩宽约等于一个头宽，右肩宽略小于一个头宽。右胸的圆形稍扁，并凸出身体之外。

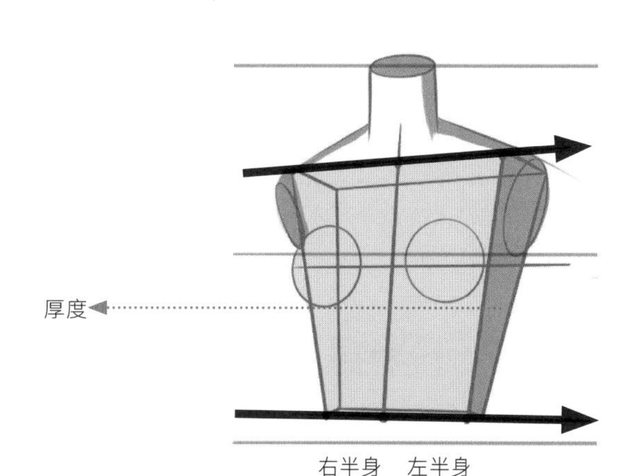


## 02

**图层：** 人体线稿

将“人体结构”图层的“不透明度”调低至 10% 左右，在其上方新建“人体线稿”图层。将“技术笔”笔刷的尺寸适当调小，用较柔和的线条画出上半身的线稿。注意避免表现肌肉的弧线弧度过大，要根据结构廓形来画。隐藏“人体结构”图层。

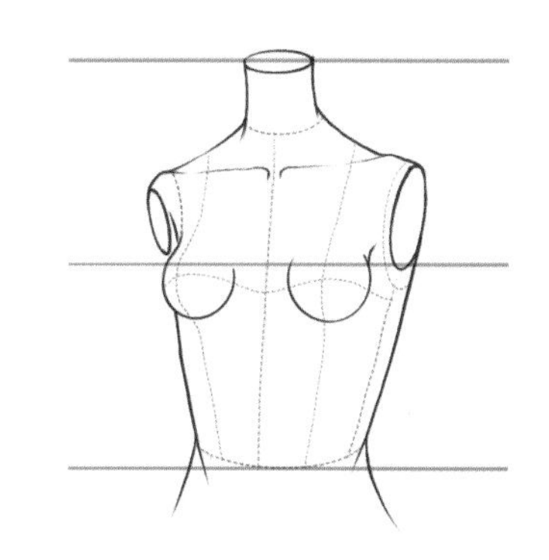

**03**

**图层：** 人体阴影

在“人体线稿”图层上方新建“人体阴影”图层。画出上半身的阴影，如右图所示。

右图的光是从人体正上方打下来的。左半身表现身体厚度的阴影比较明显。

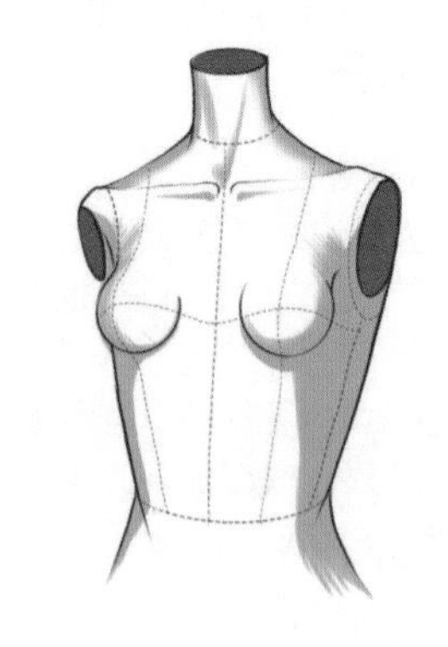

## Procreate 上半身正侧面角度透视线稿画法

**01**

**图层：** 人体结构

新建 A4 画布，把“图层 1”重命名为“人体结构”，用“技术笔”笔刷画出上半身简化后的几何结构。

正侧面角度的上半身廓形与正面角度的完全不同。正侧面角度的胸腔类似一个底部前倾的不规则椭圆形，胸部也类似一个不规则的椭圆形，手臂和肩膀衔接处的截面也用一个椭圆形表示。

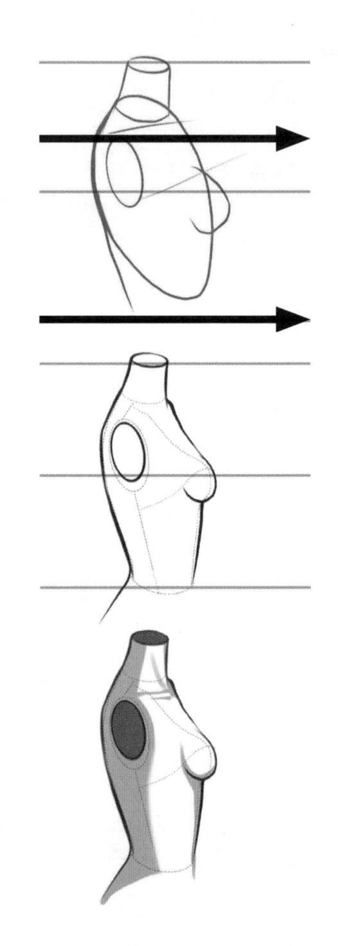

**02**

**图层：** 人体线稿

将“人体结构”图层的“不透明度”调低至 10% 左右，在其上方新建“人体线稿”图层。将“技术笔”笔刷的尺寸适当调小，用较柔和的线条画出上半身的线稿。注意避免表现肌肉的弧线弧度过大，要根据结构廓形来画。隐藏“人体结构”图层。

**03**

**图层：** 人体阴影

在“人体线稿”图层上方新建“人体阴影”图层。画出上半身的阴影，如右图所示。

右图的光是从人体正上方打下来的。

# 3.2.2 下半身正面及不同角度透视画法

时装画中人体的下半身是指胯。胯衔接腰和大腿，以骨骼结构为主。

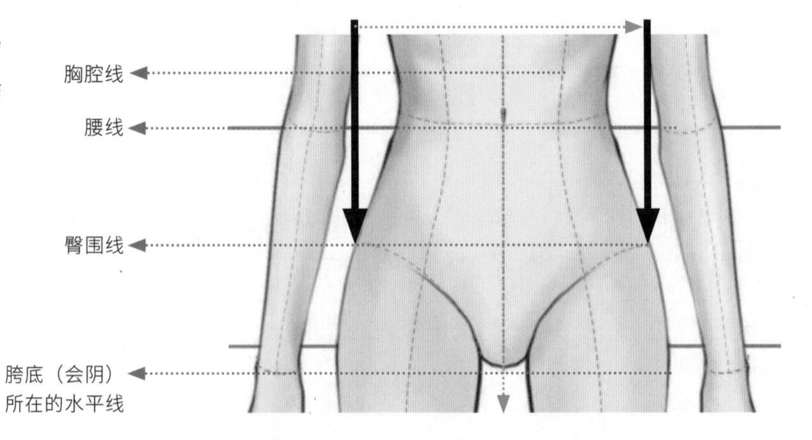

**下半身的动态线**

- **胯：**位于第四等份处。
- **臀围线：**位于第四等份的1/2处，臀宽约等于肩宽。

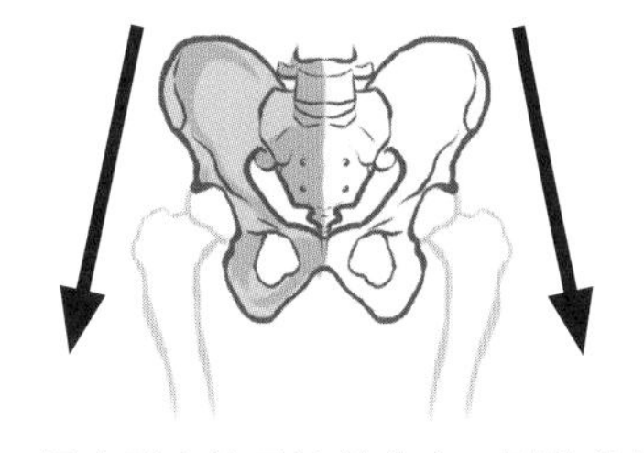

骨盆：左右宽、前后窄，整体呈盆形。骨盆本身的形状类似倒梯形，但由于大转子比骨盆宽，因此整体看起来类似一个正梯形。

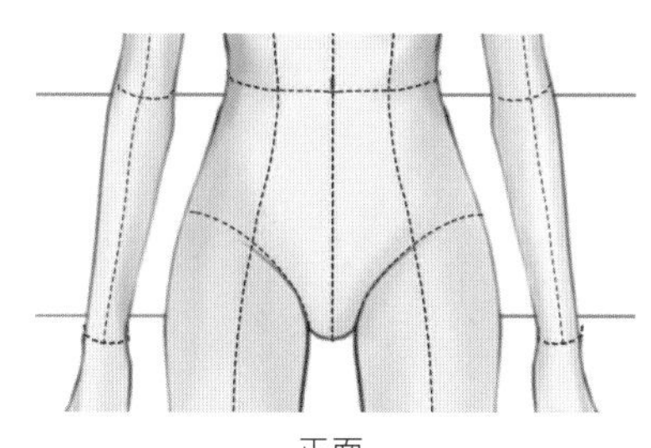
正面

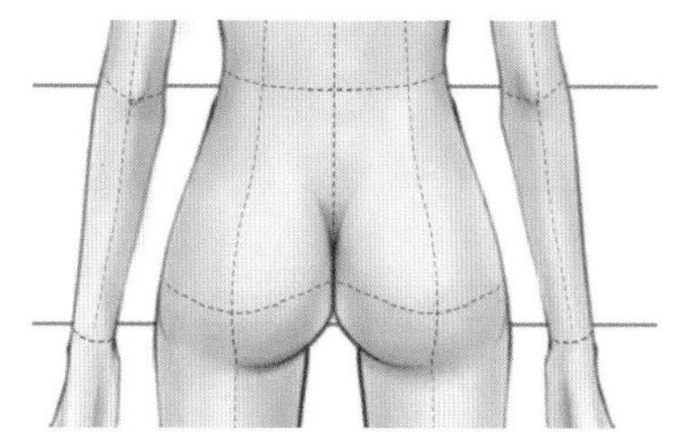
背面

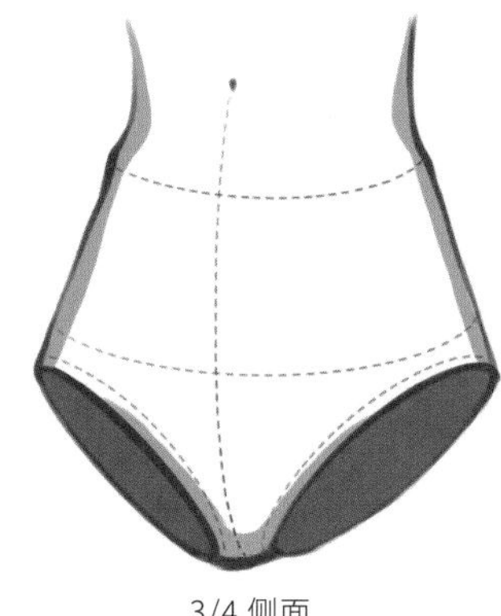
3/4 侧面

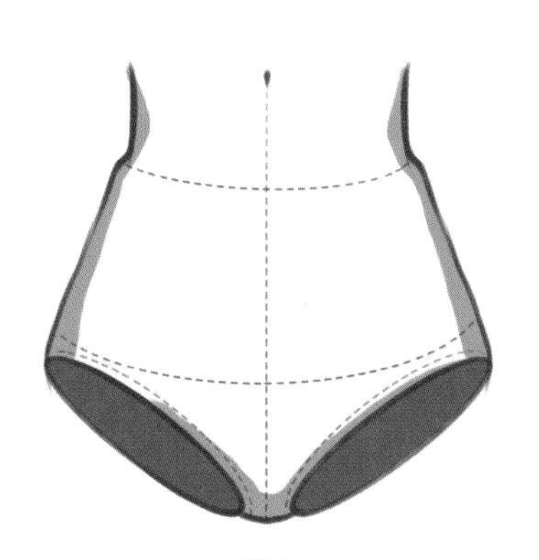
正面

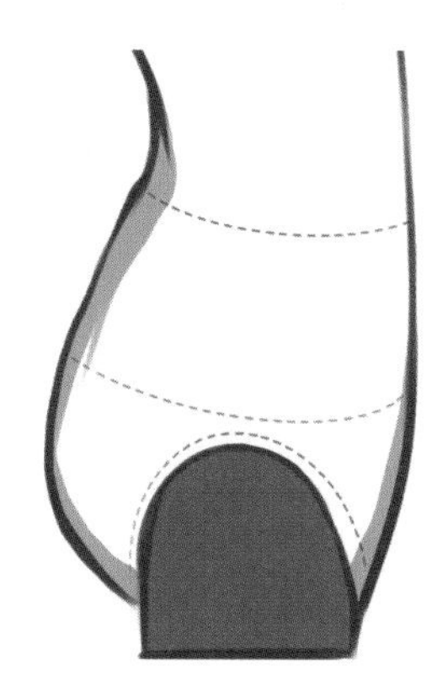
正侧面

## 胯线稿示范案例

### Procreate 下半身正面角度透视线稿画法

#### 01

**图层：**人体结构

新建 A4 画布，把“图层 1”重命名为“人体结构”，打开“绘图指引”—“编辑绘图指引”—“垂直对称”功能。用“技术笔”笔刷，在中轴线的位置画出脊柱线（用笔在屏幕上按住不动以画出直线），再画出下半身的结构。

胯的长度约等于一个头长。胯的 1/2 处是臀最宽的位置，与肩同宽。

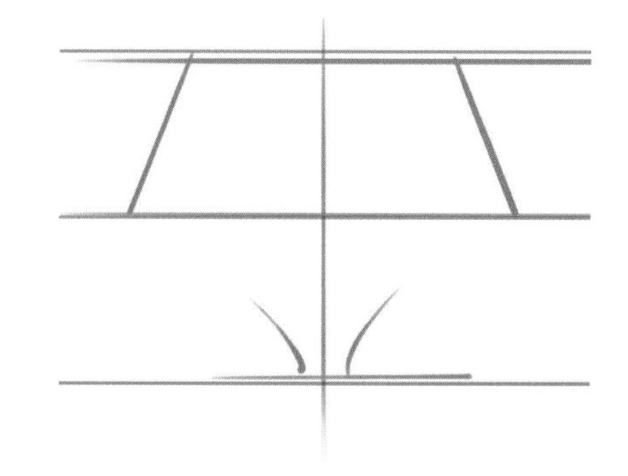

**02**

**图层：**人体线稿

将“人体结构”图层的“不透明度”调低至10%左右，在其上方新建“人体线稿”图层。将“技术笔”笔刷的画笔尺寸适当调小，用较柔和的线条画出下半身的线稿。注意骨盆结构肌肉较少，因此线条可以画得较平直。衔接大腿的截面用较窄的椭圆形表示。隐藏“人体结构”图层。

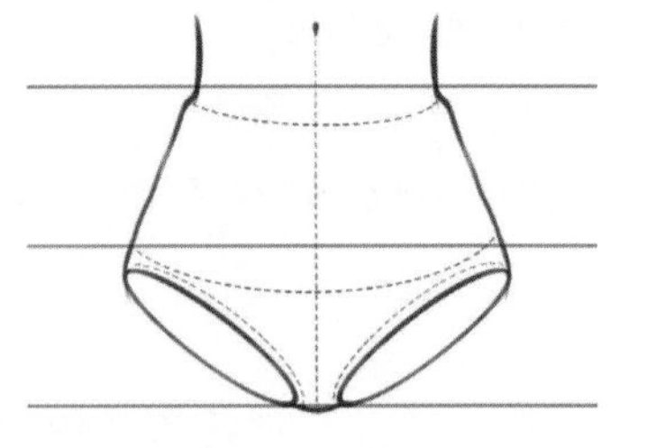

**03**

**图层：**人体阴影

在“人体线稿”图层上方新建“人体阴影”图层。画出下半身的阴影，如右图所示。胯的结构比较平整，只有腹部微凸，因此两侧的颜色偏暗。

## Procreate 下半身 3/4 侧面角度透视线稿画法

**01**

**图层：**人体结构

新建A4画布，把“图层1”重命名为“人体结构”，用“技术笔”笔刷画出下半身简化后的几何结构。

因3/4侧面角度产生了透视，与上半身3/4侧面角度的情况类似，脊柱线左右两个半身的宽度不一样（右图为左宽右窄）。

左胯宽约等于一个头宽，右胯宽略小于一个头宽。左胯侧面（黑色箭头位置）需增加厚度。

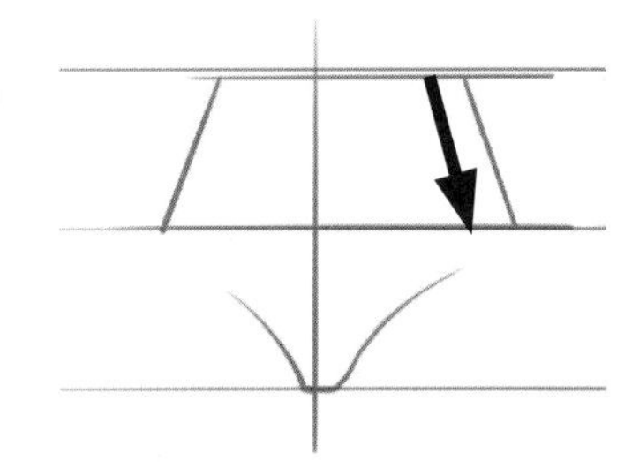

**02**

**图层：**人体线稿

将“人体结构”图层的“不透明度”调低至10%左右，在其上方新建“人体线稿”图层。将“技术笔”笔刷的尺寸适当调小，用较柔和的线条画出下半身的线稿。隐藏“人体结构”图层。

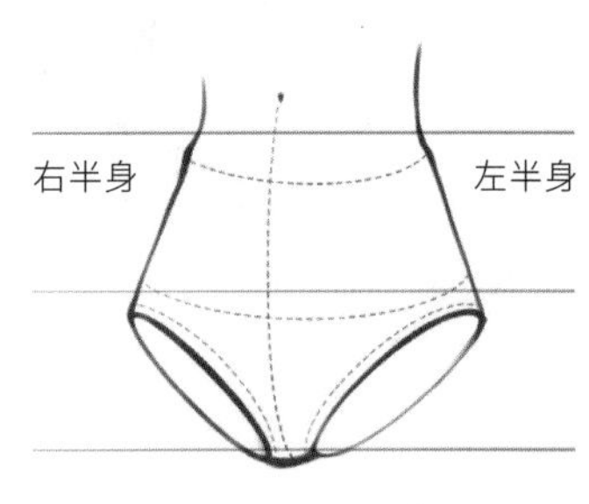


**03**

**图层：**人体阴影

在“人体线稿”图层上方新建“人体阴影”图层。画出下半身的阴影，如右图所示。胯的结构比较平整，只有腹部微凸，因此两侧的颜色偏暗。

## Procreate 下半身正侧面角度透视线稿画法

**01**

**图层：**人体结构

新建A4画布，把“图层1”重命名为“人体结构”，用“技术笔”笔刷画出下半身简化后的几何结构。

正侧面角度的胯廓形与正面角度的完全不同。正侧面角度的胯类似一个底部后倾的不规则椭圆形，大腿衔接处的截面用半个椭圆形表示。

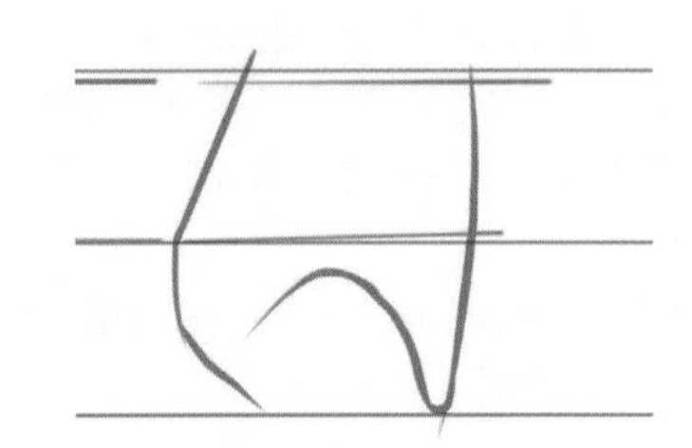

**02**

**图层：**人体线稿

将“人体结构”图层的“不透明度”调低至10%左右，在其上方新建“人体线稿”图层。将“技术笔”笔刷的尺寸适当调小，用较柔和的线条画出下半身的线稿。注意臀部的肌肉比较饱满，腹部微凸，因此要用曲线来进行描画。隐藏“人体结构”图层。

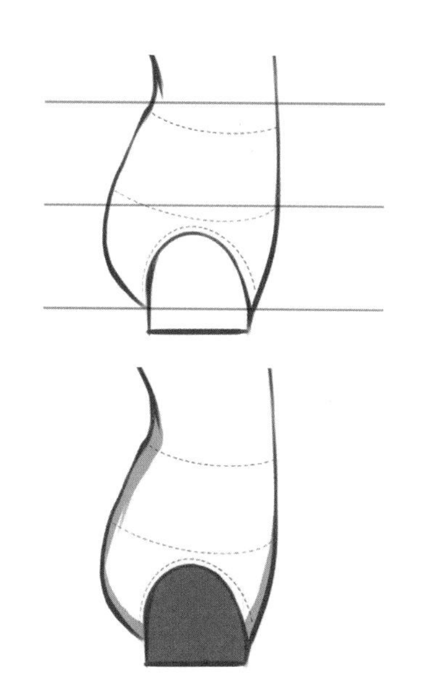

**03**

**图层：**人体阴影

在“人体线稿”图层上方新建“人体阴影”图层。画出下半身的阴影，如右图所示。臀部和腹部凸出，因此会形成阴影。

## 3.2.3 四肢透视画法

下面将介绍人体四肢的比例、结构及画法。

时装画中的人物姿势变化中最常见的是四肢的变化。认识人体骨骼，并掌握其运动引起的肌肉变化，才能找出四肢的运动规律，以画出不同姿势的四肢。

如手臂的弯曲或伸展会造成手臂肌肉的挤压或拉伸，展现出肌肉鼓起变粗或肌肉平展变细的效果，从而影响绘画时的廓形。手部的变化最为复杂，时装画中常见手拿包或者手插袋的动作，读者需要仔细观察，才能将手部描画得更细致、全面。

人体写实画法涉及的内容很多、很复杂，读者如果有一定的解剖学基础，可以尝试运用写实画法，但时装画中一般采用简化的画法。下面会讲解一些简单的四肢运动变化原理及四肢的画法，读者可从视频、海报、画册等渠道对模特的四肢进行多角度的观察，并通过大量的练习来熟悉四肢的画法。

### 1. 认识四肢运动变化原理

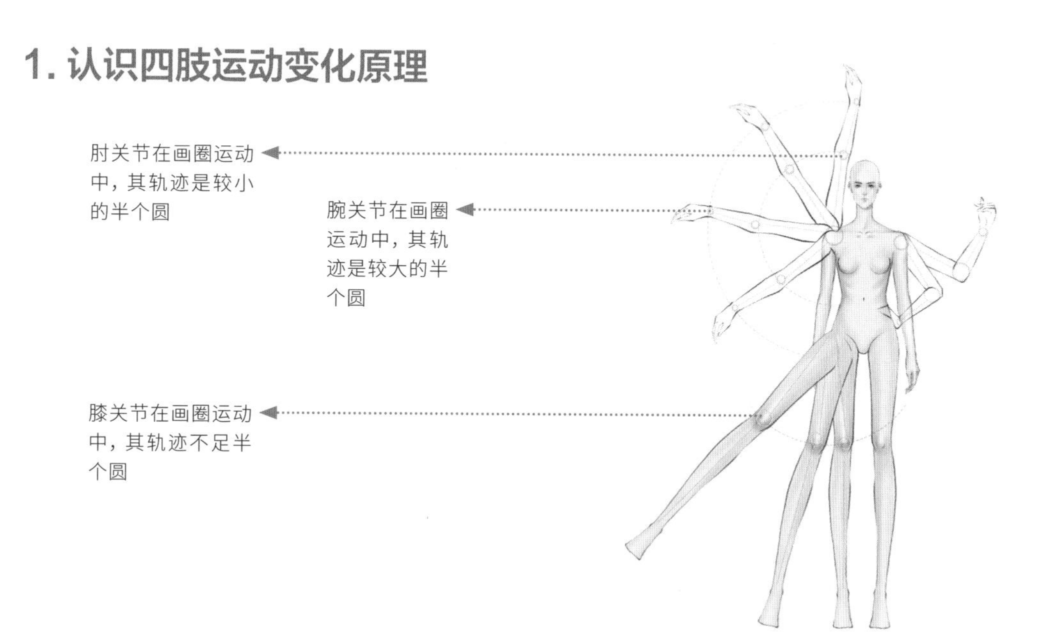

## 2. 上肢

建议读者养成一个良好的习惯，即在画图前对描绘的对象进行观察，以认清对象的比例和结构、整体与细节的关系等。在刻画四肢的过程中，这种观察至关重要。画上肢前要先确认手臂的整体结构，手的细节及比例、结构，再以全身的结构作为参照，确定上肢的位置和比例。

上肢与身体的比例关系如下图所示。

**上肢与身体的比例关系**

- **肩膀**：与锁骨相接，有三角肌。
- **上臂**：与前臂的长度相等。女性的上臂类似圆柱体，肌肉线条比较平缓；而男性的上臂肌肉更明显、更壮实。
- **肘**：在上臂与前臂的衔接处，与腰的最细处位于同一水平线上。肘的位置微凸，是一个关节。
- **手腕**：衔接手的关节，较窄。
- **手**：略短于一个头长。时装画中展现的手掌和手指都比较细长。

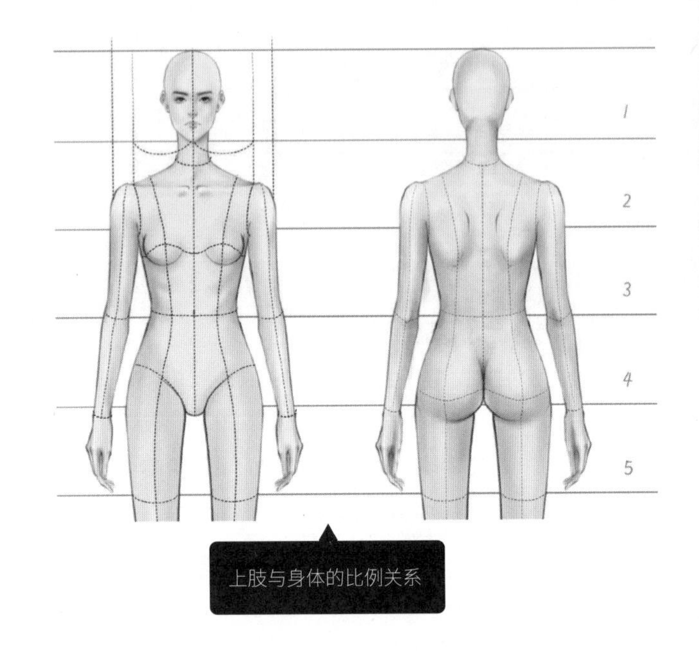


上肢与身体的比例关系

**上肢的结构**

上肢由上臂、前臂和手组成，包含肩关节、肘关节和腕关节，还有大大小小多个肌肉和骨骼。左、右上肢对称。

画图时，需着重刻画对廓形影响较大的肌肉，如三角肌、肱二头肌、肱桡肌、桡侧腕屈肌等，以及影响动态的骨骼，如肘关节、腕关节、肱骨、尺骨、桡骨等。只有认清肌肉和骨骼结构，才能在刻画细节时更准确地表现出立体感。

上肢的肌肉和骨骼结构

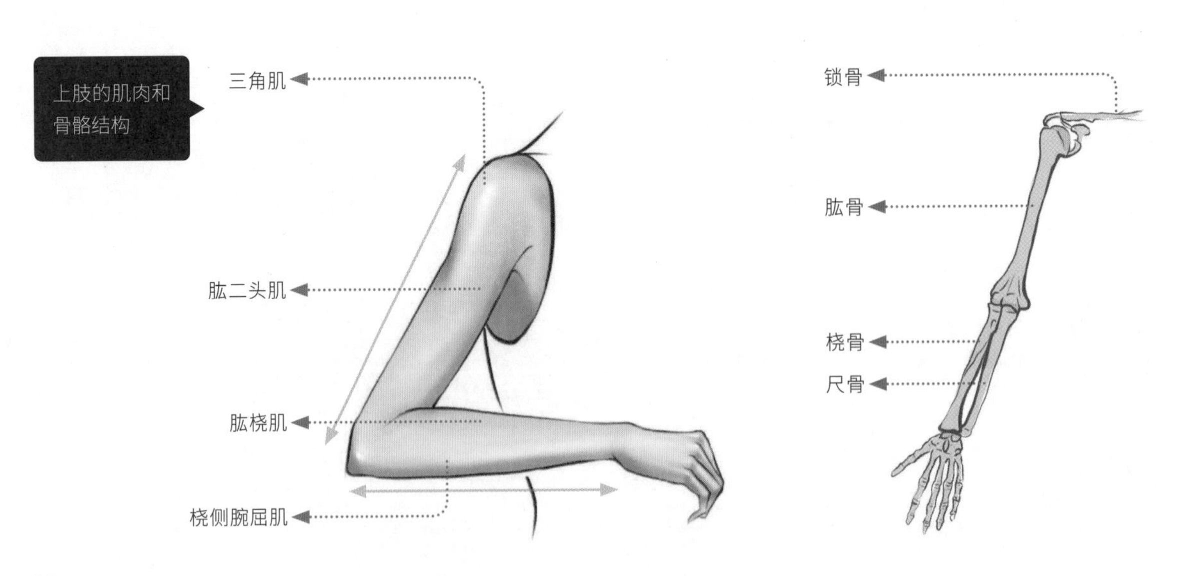

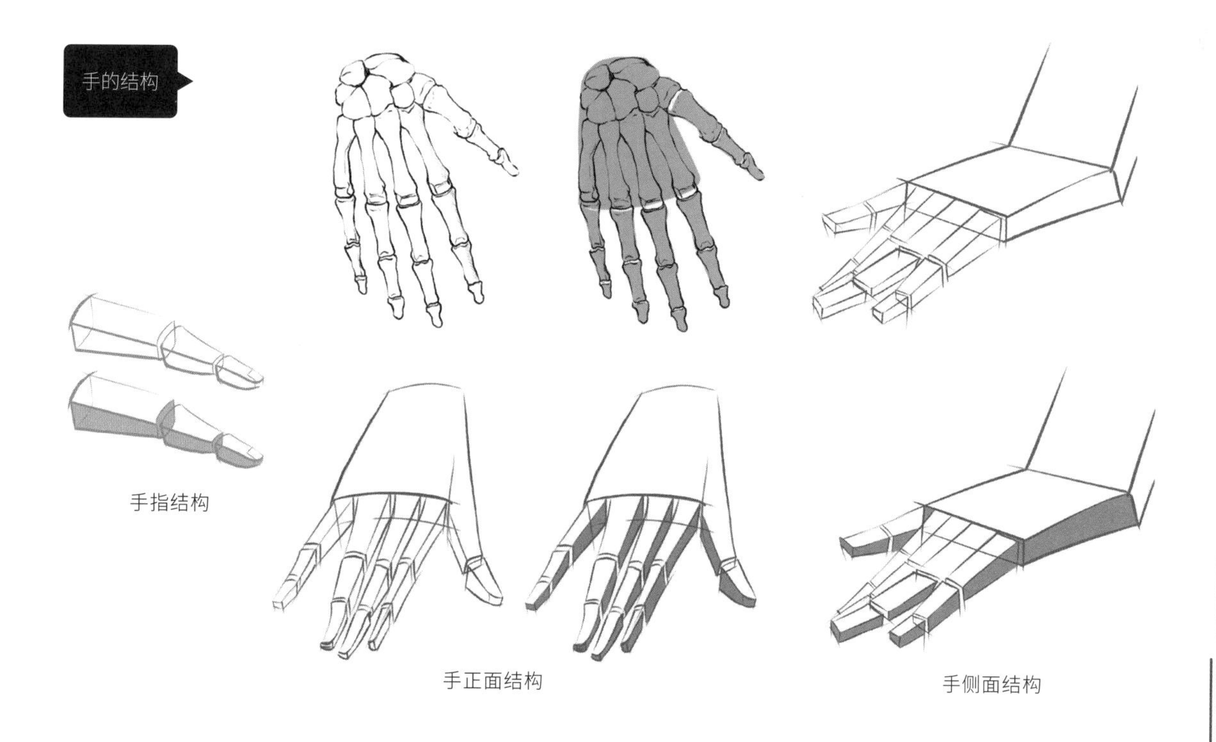


手指结构

手正面结构

手侧面结构

## 手线稿和上色示范案例

**01**

新建A4画布，把“图层1”重命名为“手结构”，选用“技术笔”笔刷，用线条表现出手的动作。要注意观察手指的空间关系，并用几何体表现出来。然后确定手指的暗面，填充灰色，体现出手的立体效果。

**02**

将“手结构”图层的“不透明度”调低至10%左右，在其上方新建“手线稿”图层，将“技术笔”笔刷的尺寸调小，画出手的线稿。隐藏“手结构”图层。

**03**

在“手线稿”图层下方新建“手底色”图层，填充最浅的肤色。再用“中等画笔”笔刷，选择比底色深的肤色，画出手的暗面。

**04**

在“手底色”图层上方新建“加深肤色”图层，用“中等画笔”笔刷，选择红棕色，在手指和手掌等的阴影处叠加，以强化立体效果。然后在手指关节处画出暗面。

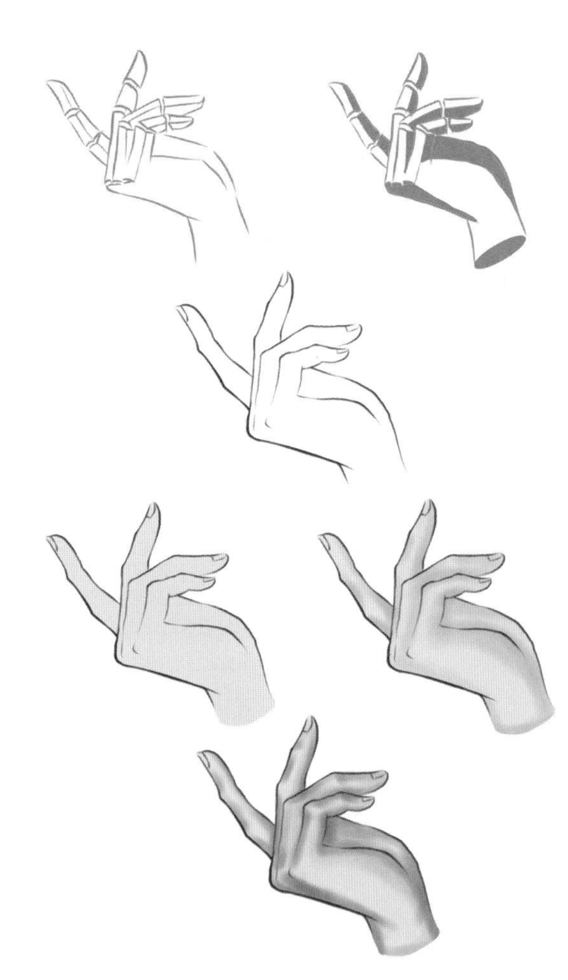

## 05

在“加深肤色”图层上方新建“粉紫色调”图层，用粉紫色在亮面处叠加，以表现出肤色的层次感。

## 06

配合使用“技术笔”笔刷和“中等画笔”笔刷，选择白色，在手指关节处等受光位置叠加，以提亮肤色。画出指甲的颜色。

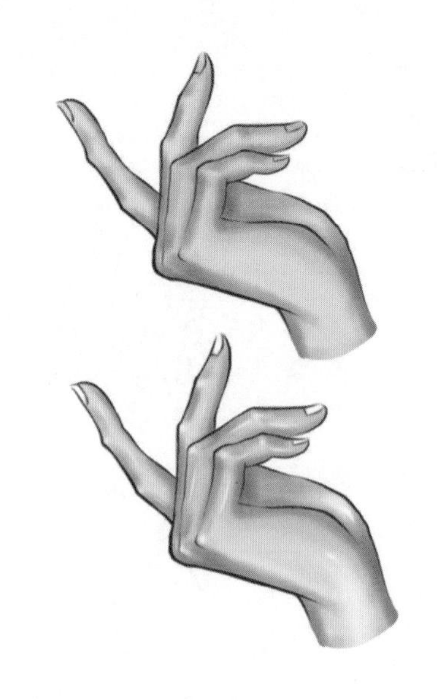

**TIPS**

每次在“手底色”图层上方新建图层叠加颜色时，都可打开“剪辑蒙版”，以防止上色的时候颜色超出肤色范围，影响画面效果。

**作业：根据上面的示范案例，独立完成以下练习。**

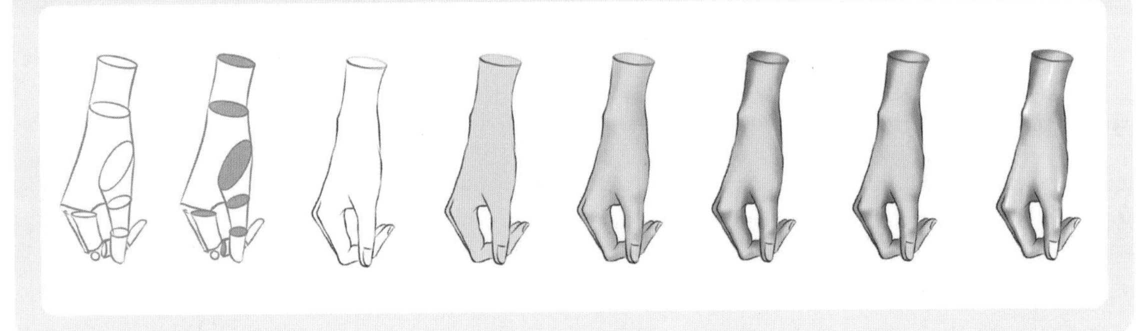

# 上肢线稿示范案例

## 01

新建A4画布，把“图层1”重命名为“上肢结构”，选用“技术笔”笔刷，用线条画出上肢的比例和结构。

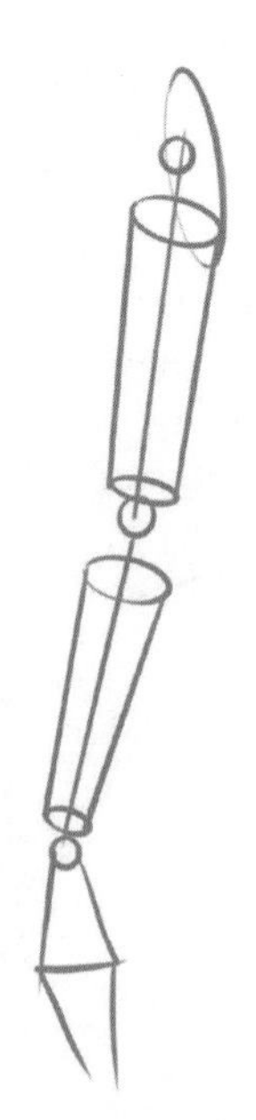

## 02

用灰色画出上肢的暗面，以展现出上肢的立体效果。此步骤可根据情况选画。

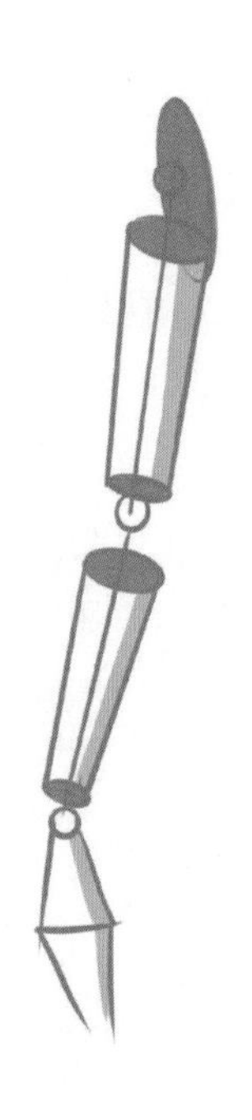

## 03

将“上肢结构”图层的“不透明度”调低至10%左右，在其上方新建“上肢线稿”图层。将“技术笔”笔刷的尺寸适当调小，画出手臂和手的线稿。隐藏“上肢结构”图层。

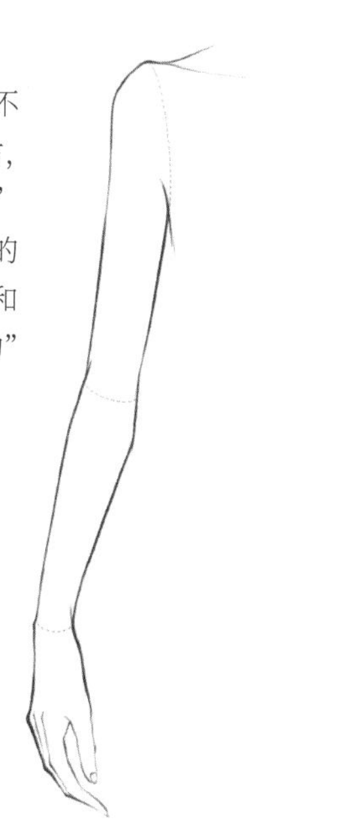

## 04

用“技术笔”笔刷画出暗面，以展现出立体效果。此步骤可根据情况选画。

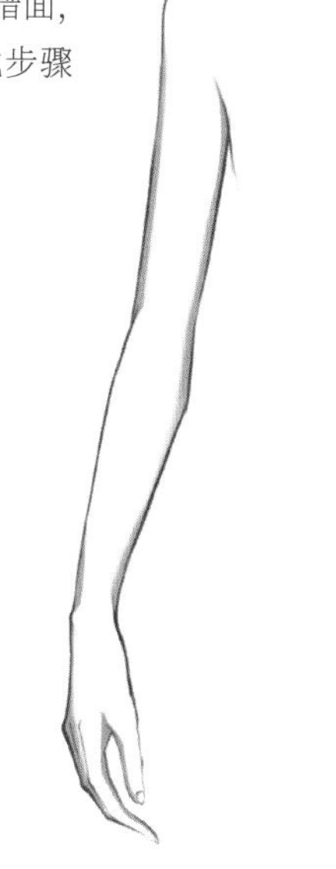

**作业：根据上面的示范案例，独立完成以下练习。**

上肢线稿练习一

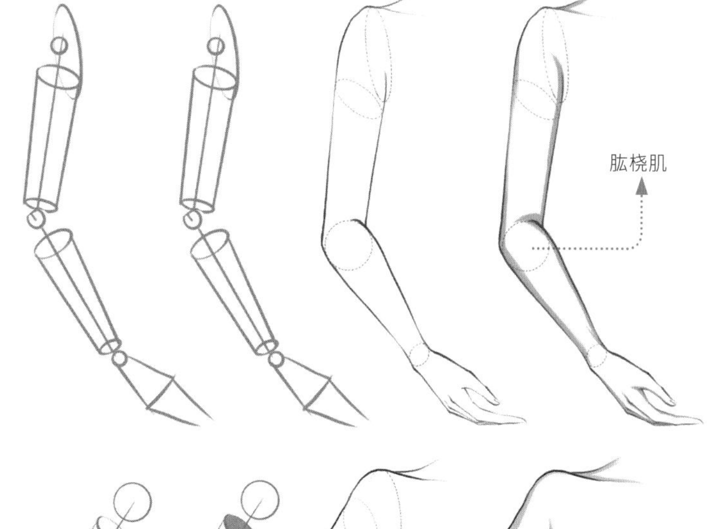

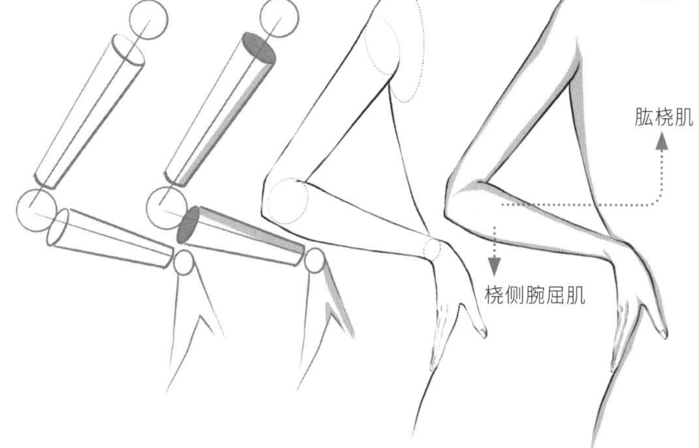


**TIPS**

肘关节弯曲时，肱桡肌和桡侧腕屈肌比较饱满，且男性的比女性的更饱满。

## 上肢线稿和上色示范案例

**01**

新建A4画布，把“图层1”重命名为“上肢结构”，选择“技术笔”笔刷，用线条画出上肢的动作。注意观察上肢的空间关系，并用几何体表现出来。确定上肢的暗面，填充灰色，以体现上肢的立体效果。

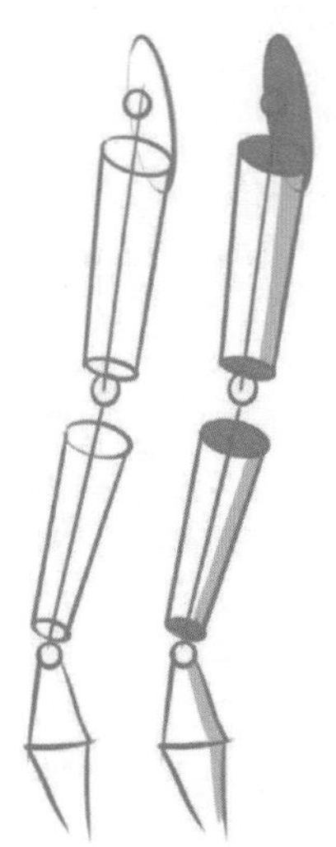

**02**

将“上肢结构”图层的“不透明度”调低至10%左右，在其上方新建“上肢线稿”图层。将“技术笔”笔刷的尺寸调小，画出上肢的线稿。隐藏“上肢结构”图形。

**03**

在“上肢线稿”图层下方新建“上肢底色”图层，填充最浅的肤色。再用“中等画笔”笔刷，选择比底色深的肤色，画出上肢和手的暗面。

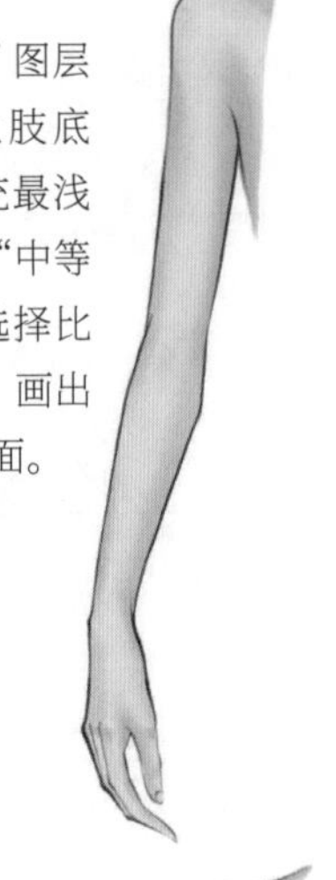

**04**

在“上肢底色”图层上方新建“加深肤色”图层，用“中等画笔”笔刷，选择红棕色，在手臂和手阴影处叠加，以强化立体效果。

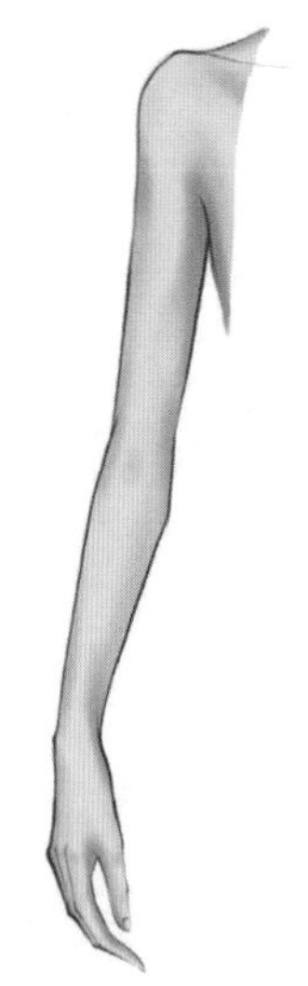

**05**

在“加深肤色”图层上方新建“粉紫色调”图层，用粉紫色在亮面处叠加，以表现出肤色的层次感。

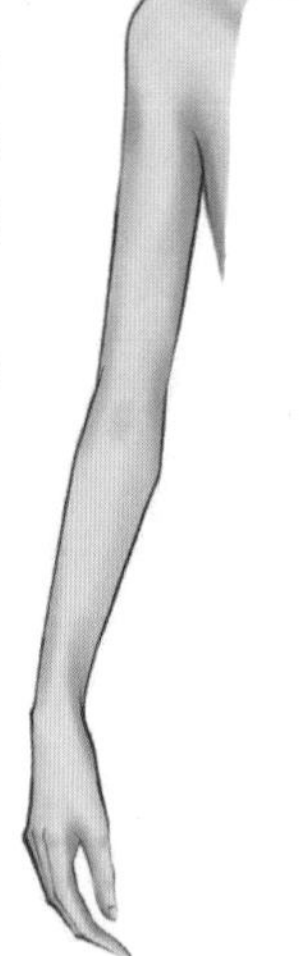

**06**

配合使用“技术笔”笔刷和“中等画笔”笔刷，选择白色，在手臂和手指等受光位置叠加，以提亮肤色。

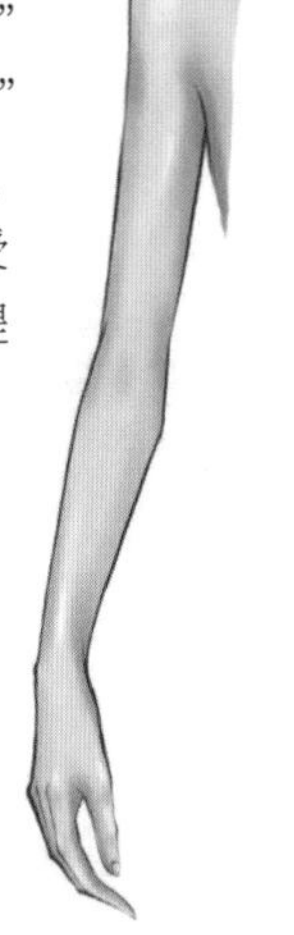

 **作业：根据上面的示范案例，独立完成以下练习。**

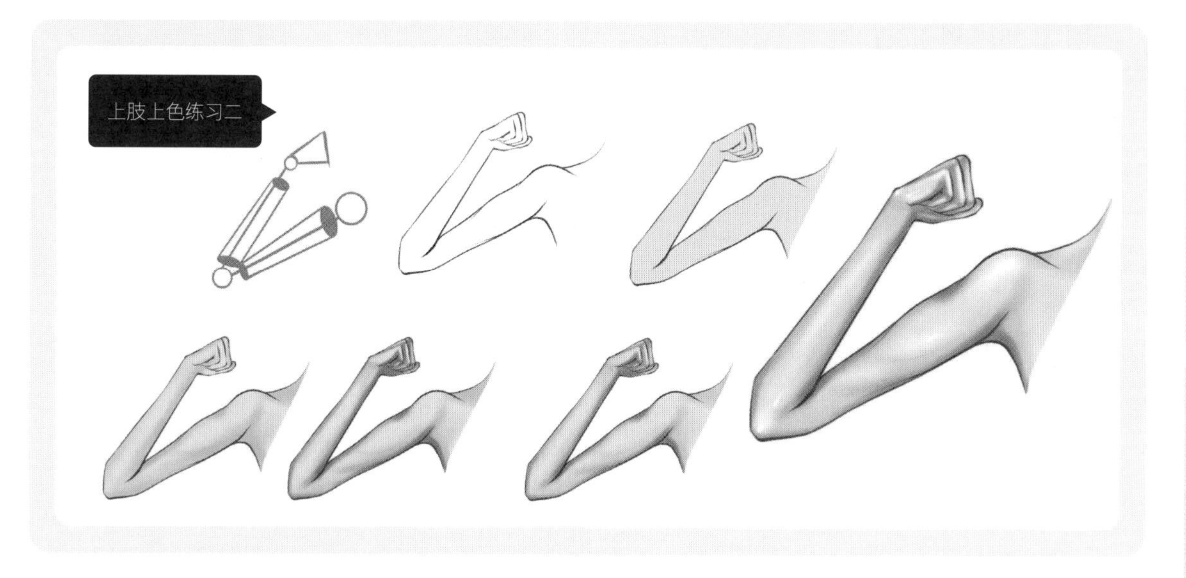


## 3. 下肢

下肢是与胯连接的结构，由大腿、小腿和脚 3 个部分组成，主要的关节有髋关节、膝关节和踝关节。左、右下肢对称。

下肢由很多大大小小的肌肉和骨骼组成，动态变化很多，画图时需要观察不同角度下的腿形变化。肌肉包括臀中肌、阔筋膜张肌、股外侧肌、股内侧肌、长收肌、股薄肌、缝匠肌、比目鱼肌、腓骨长肌、臀大肌、腓肠肌内侧头、腓肠肌外侧头等，骨骼包括股骨、腓骨、胫骨、髋关节、膝关节、踝关节等。

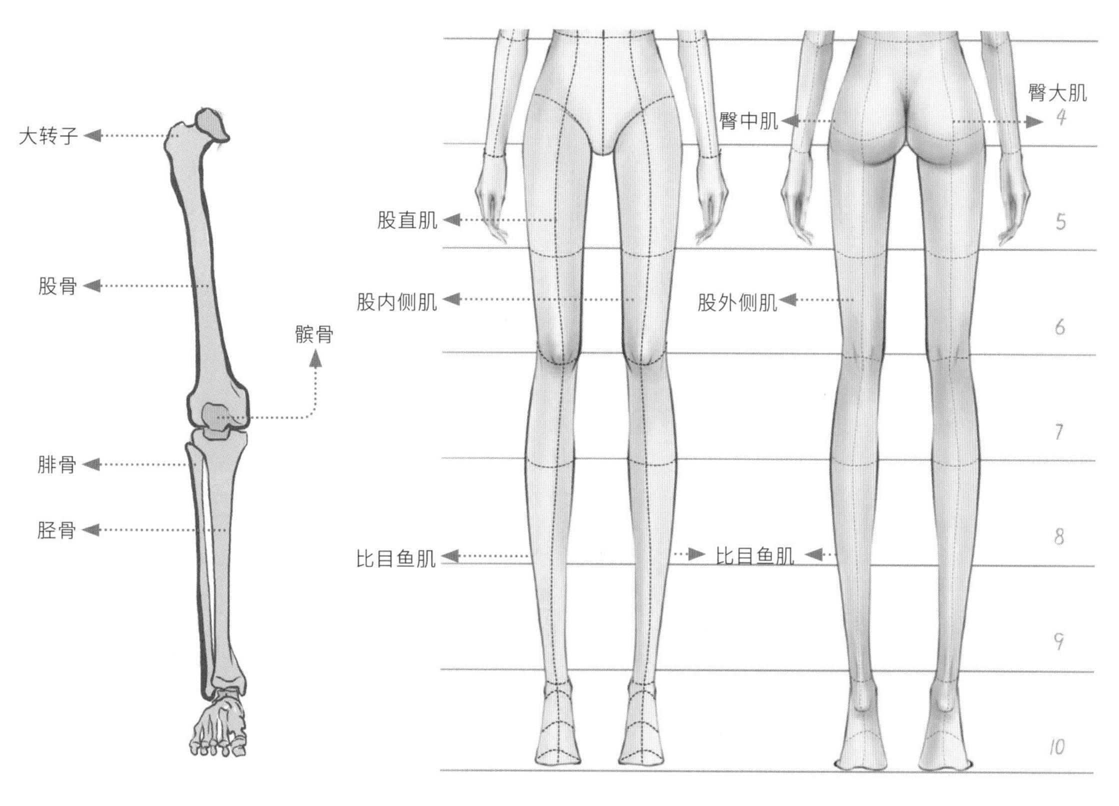

**认识下肢的比例和结构**

- **大腿**：位于第五等份至第六等份处。大腿肌肉较饱满，比小腿粗。
- **膝盖**：位于第六等份底部。膝盖处骨骼的廓形近似圆形。
- **小腿**：位于第七等份至第九等份处。
- **脚**：脚平放时小于一个头长，穿上高跟鞋时位于第十等份处。脚最宽位置与小腿最宽位置的宽度大约相等。

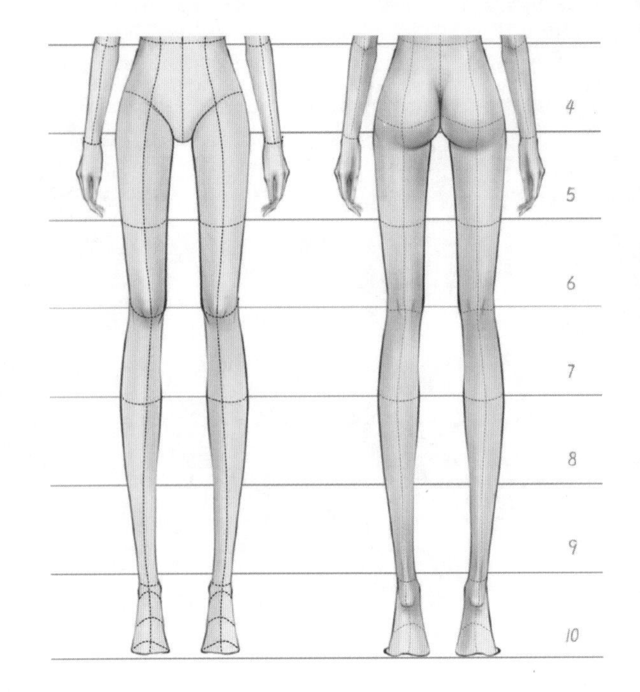


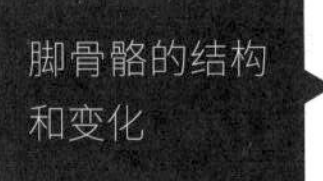


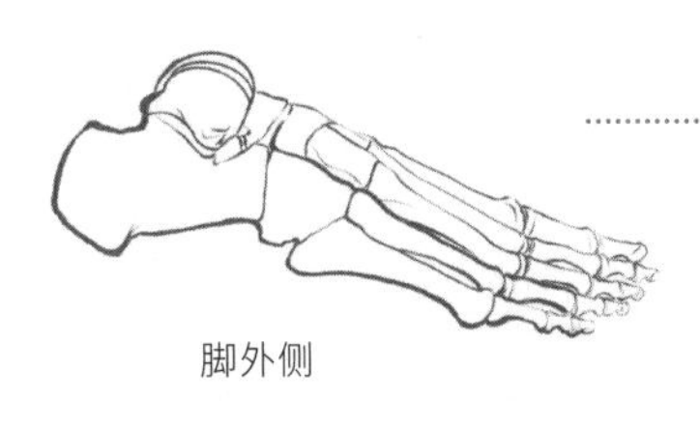
脚外侧

脚内侧

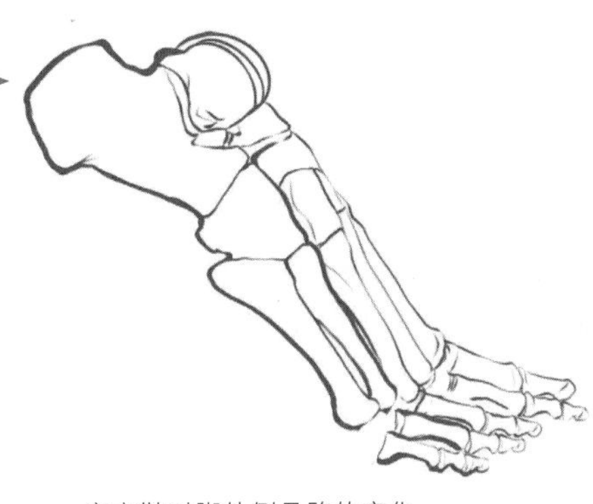
穿高鞋时脚外侧骨骼的变化

脚廓形的变化

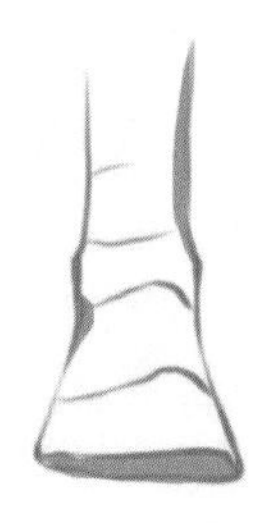
穿平底鞋时脚正面廓形

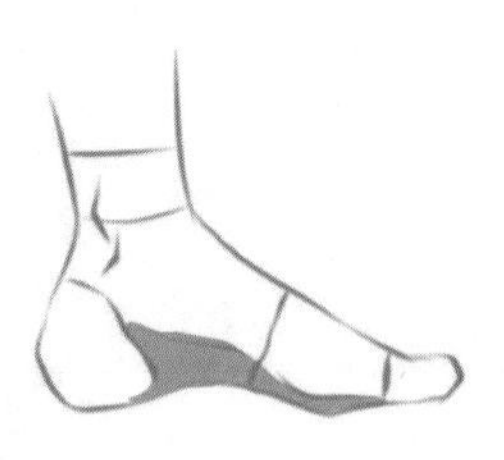
穿平底鞋时脚侧面廓形

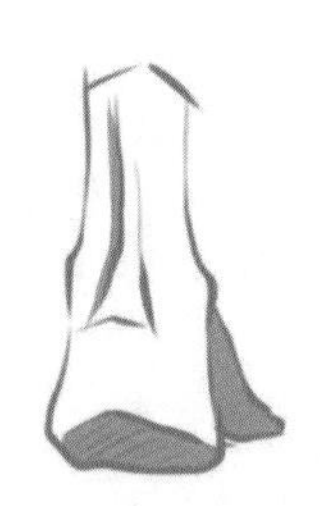
穿平底鞋时脚背面廓形

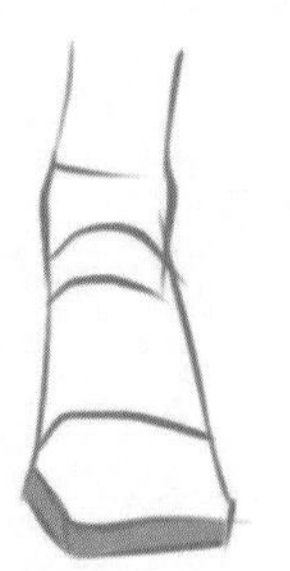
穿高跟鞋时脚正面廓形

穿高跟鞋时脚侧面廓形

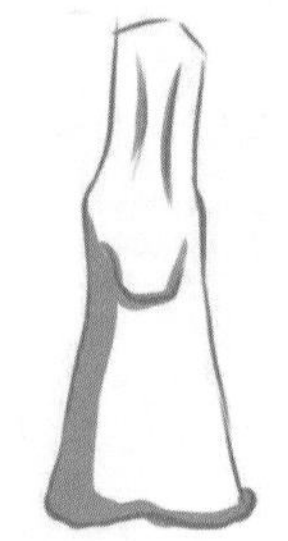
穿高跟鞋时脚背面廓形

## 脚线稿和上色示范案例

**01**

新建 A4 画布，把“图层 1”重命名为“脚结构”，选用“技术笔”笔刷，用线条画出脚的廓形。注意观察脚的空间关系。

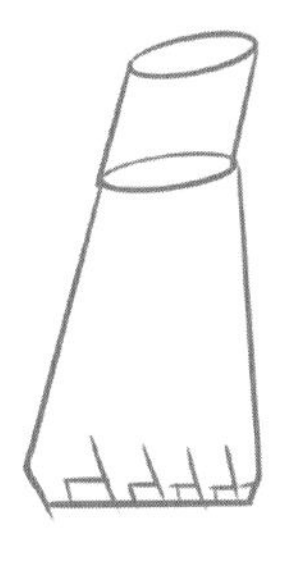

**02**

将“脚结构”图层的“不透明度”调低至 10% 左右，在其上方新建“脚线稿”图层。将“技术笔”笔刷的尺寸调小，画出脚的线稿。隐藏“脚结构”图层。

**03**

在“脚线稿”图层下方新建“脚底色”图层，填充最浅的肤色。再用“中等画笔”笔刷，选择比底色深的肤色，画出脚的暗面。

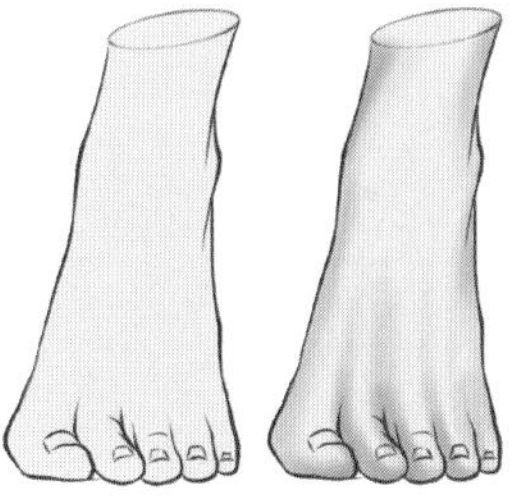

**04**

在“脚底色”图层上方新建“加深肤色”图层，用“中等画笔”笔刷，选择红棕色，在脚的阴影处叠加，以强化立体效果。然后在关节处画出暗面。

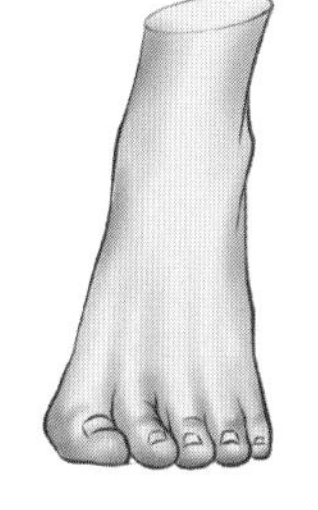

**05**

在“加深肤色”图层上方新建“粉紫色调”图层，用粉紫色在脚的亮面处叠加，以表现出肤色的层次感。

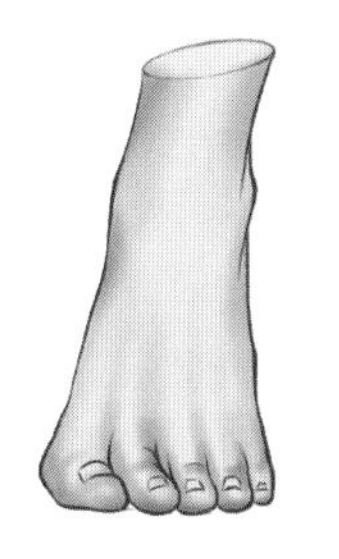

**06**

配合使用“技术笔”笔刷和“中等画笔”笔刷，选择白色，在受光位置叠加，以提亮肤色。画出指甲的颜色。

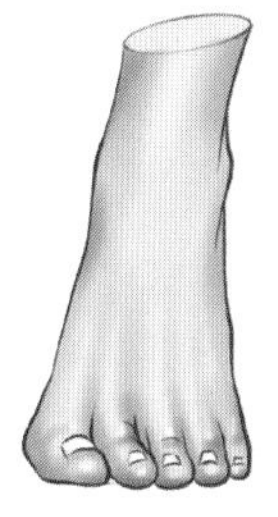

**作业：根据上面的示范案例，独立完成以下练习。**

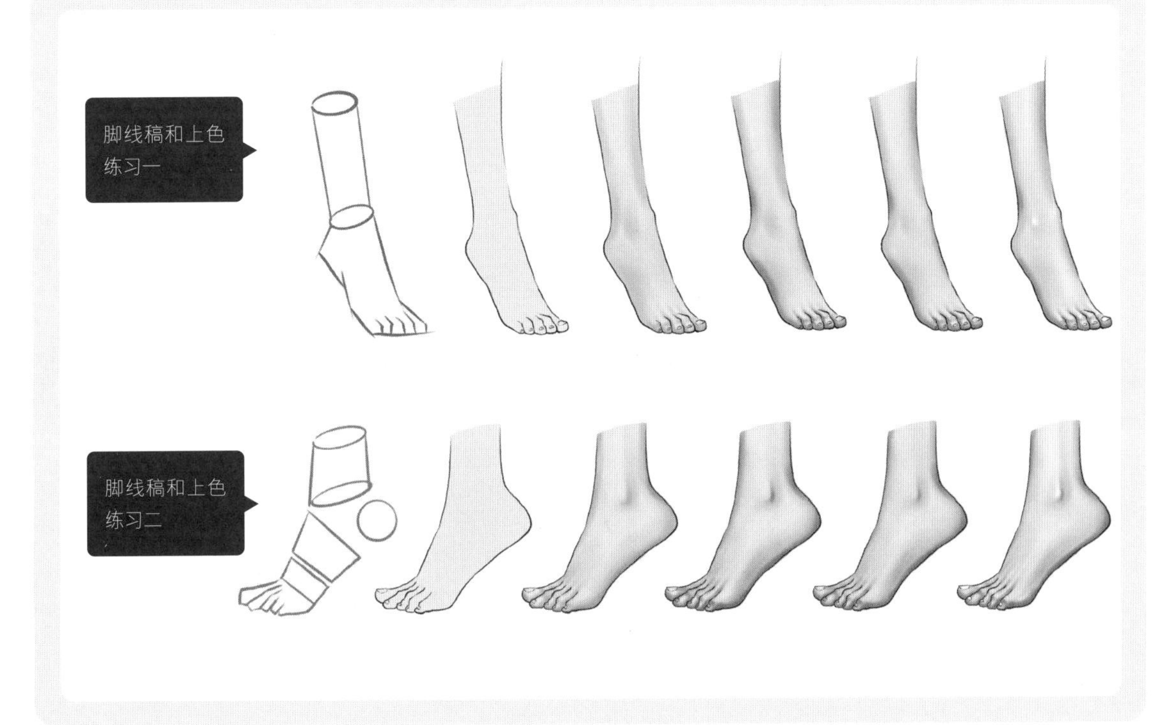

## 下肢线稿示范案例

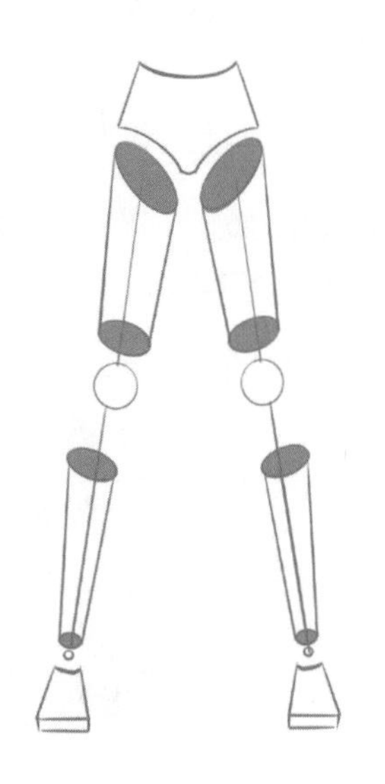

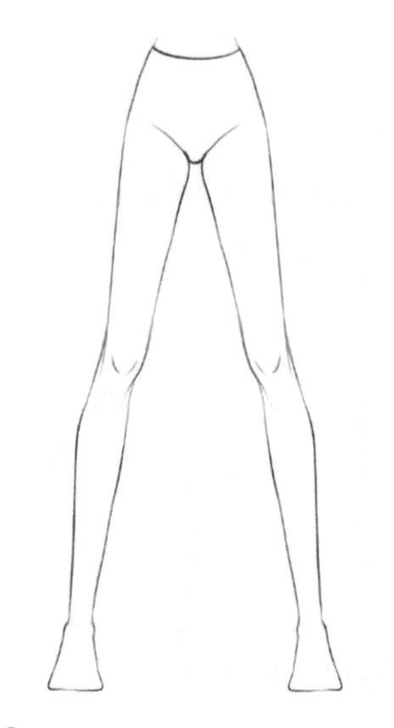

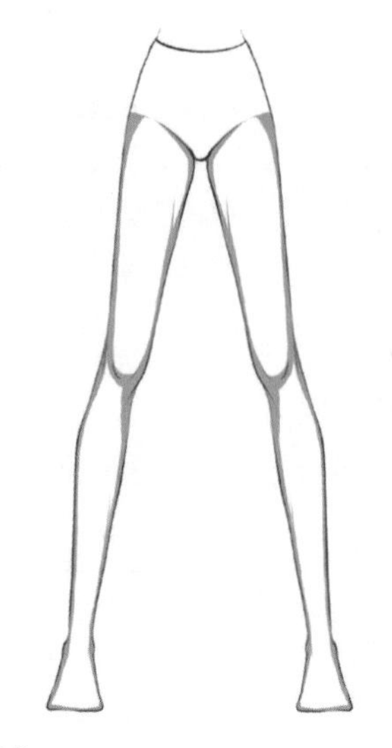

**01**

新建A4画布，把"图层1"重命名为"下肢结构"，选用"技术笔"笔刷，用线条画出下肢的比例和结构。可用圆形表示髋、膝盖、脚踝，再用几何体表示大腿和小腿。

**02**

将"下肢结构"图层的"不透明度"调低至10%左右，在其上方新建"下肢线稿"图层。将"技术笔"笔刷的尺寸适当调小，画出腿的线稿。隐藏"下肢结构"图层。

**03**

画出下肢的暗面，以展现下肢的立体效果。此步骤可根据情况选画。

**作业：根据上面的示范案例，独立完成以下练习。**

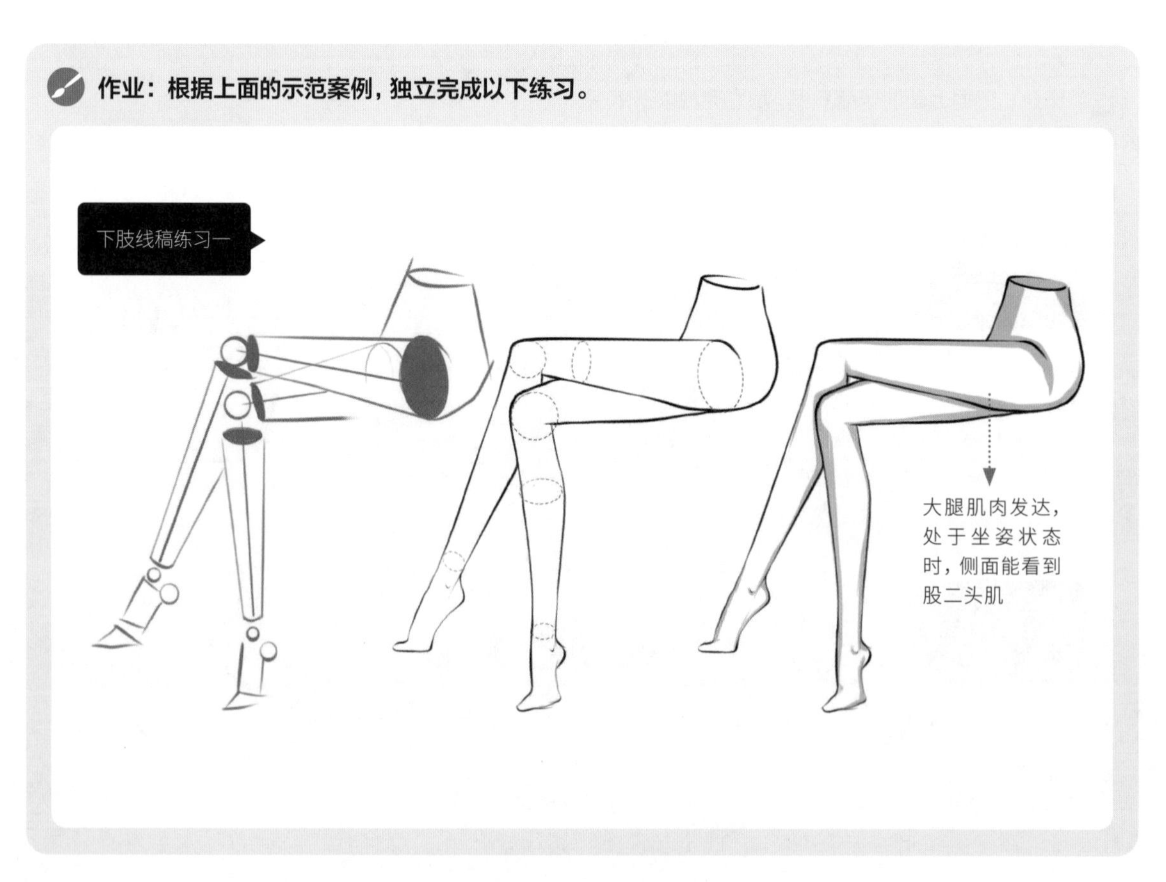

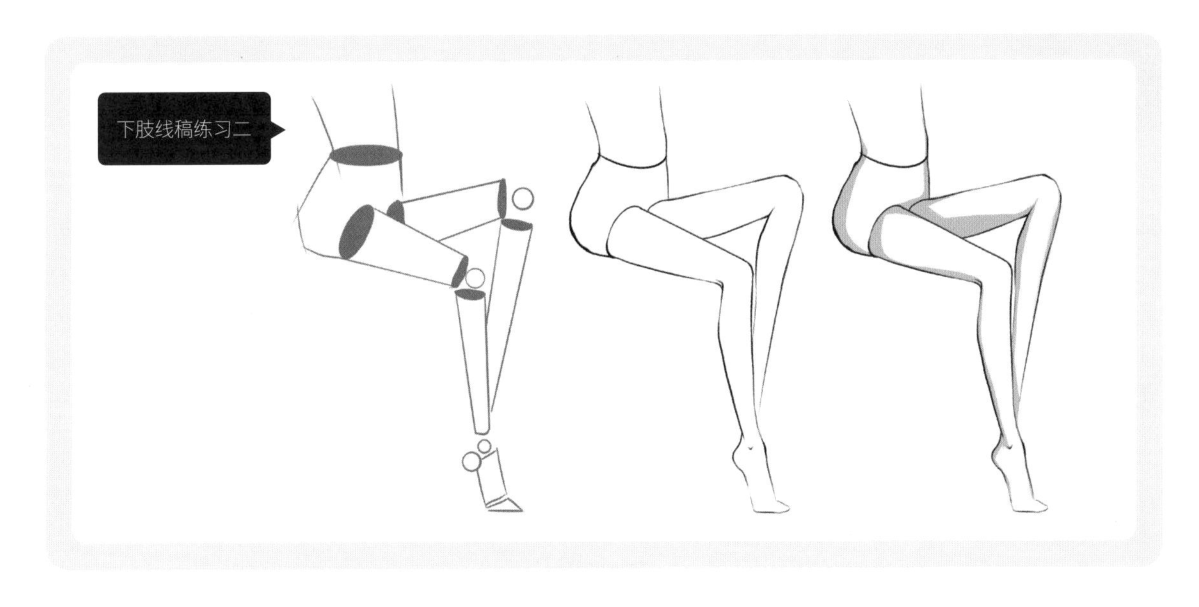


## 下肢线稿和上色示范案例

**01**

新建A4画布，把“图层1”重命名为“下肢结构”，选用“技术笔”笔刷，用线条画出下肢的廓形。注意观察下肢的空间关系。

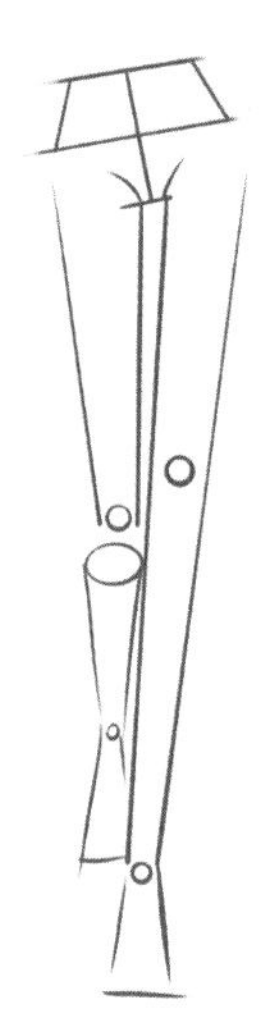

**02**

将“下肢结构”图层的“不透明度”调低至10%左右，在其上方新建“下肢线稿”图层。将“技术笔”笔刷的尺寸调小，画出下肢的线稿。隐藏“下肢结构”图层。

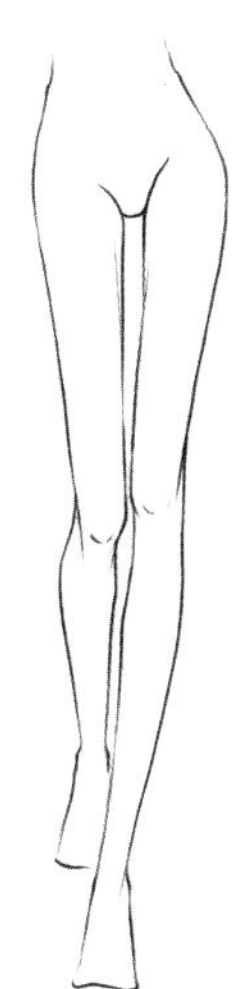

**03**

在“下肢线稿”图层下方新建“下肢底色”图层，填充最浅的肤色。再用“中等画笔”笔刷，选择比底色深的肤色，画出下肢的暗面。

**04**

在“下肢底色”图层上方新建“加深肤色”图层，用“中等画笔”笔刷，选择红棕色，在下肢的暗面叠加，以加强立体效果。

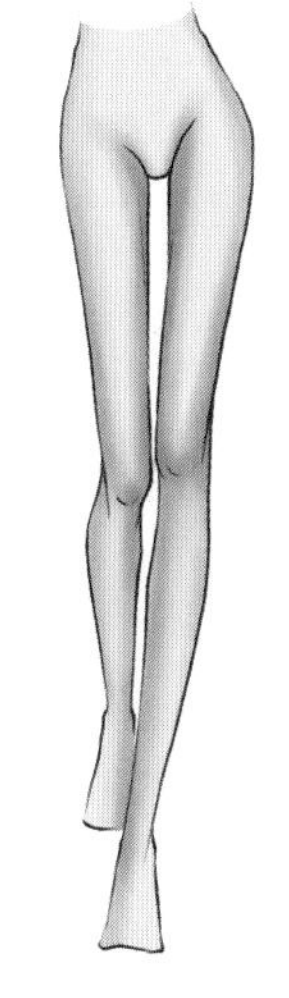

**05**

在“加深肤色”图层上方新建“粉紫色调”图层，用粉紫色在下肢的亮面叠加，以表现出肤色的层次感。
配合使用“技术笔”笔刷和“中等画笔”笔刷，选择白色，在下肢的受光位置叠加，以提亮肤色。

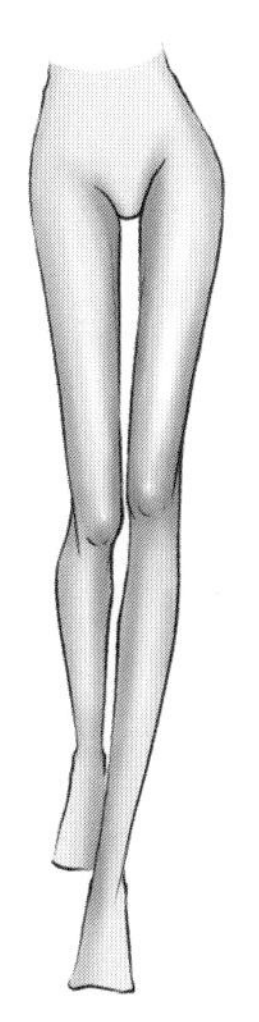

# 3.3 时装画人体完整绘画案例

绘画完整的人体是本章的重点内容。前两节讲解了人体的局部结构，本节需要从整体出发让读者认识和掌握人体的画法。时装画中常见的人体是每季新品发布会上的秀场模特，以及新品画册和宣传海报上静态的模特。设计师可以根据服装设计的需求，画出需要的人体动作。

## 3.3.1 正面站立人体绘画技巧

时装画中常见的是正面站立的对称人体。服装设计师为了快速地画出服装，通常会把正面站立的对称人体线稿手绘或者打印出来，在设计服装时，直接在线稿上进行绘画。

经过下面的学习，读者可以尝试建立自己的模特模型，方便以后在设计或者绘画时应用。下面先讲述正面站立人体的画法。

**10头身人体的主要结构线（以女性模特为例）**

- **肩线**：大致位于第二等份的1/2处，肩宽约等于两个头宽。
- **BP点**：其水平线大致位于第三等份的1/5处。
- **胸腔线**：大致位于第三等份的2/3处，胸腔宽约等于一个头长。
- **腰线**：位于第三等份底部，腰宽约等于一个头长。
- **臀围线**：大致位于第四等份的1/2处，臀宽约等于肩宽。
- **膝盖**：位于第六等份底部。
- **脚**：位于第十等份处。

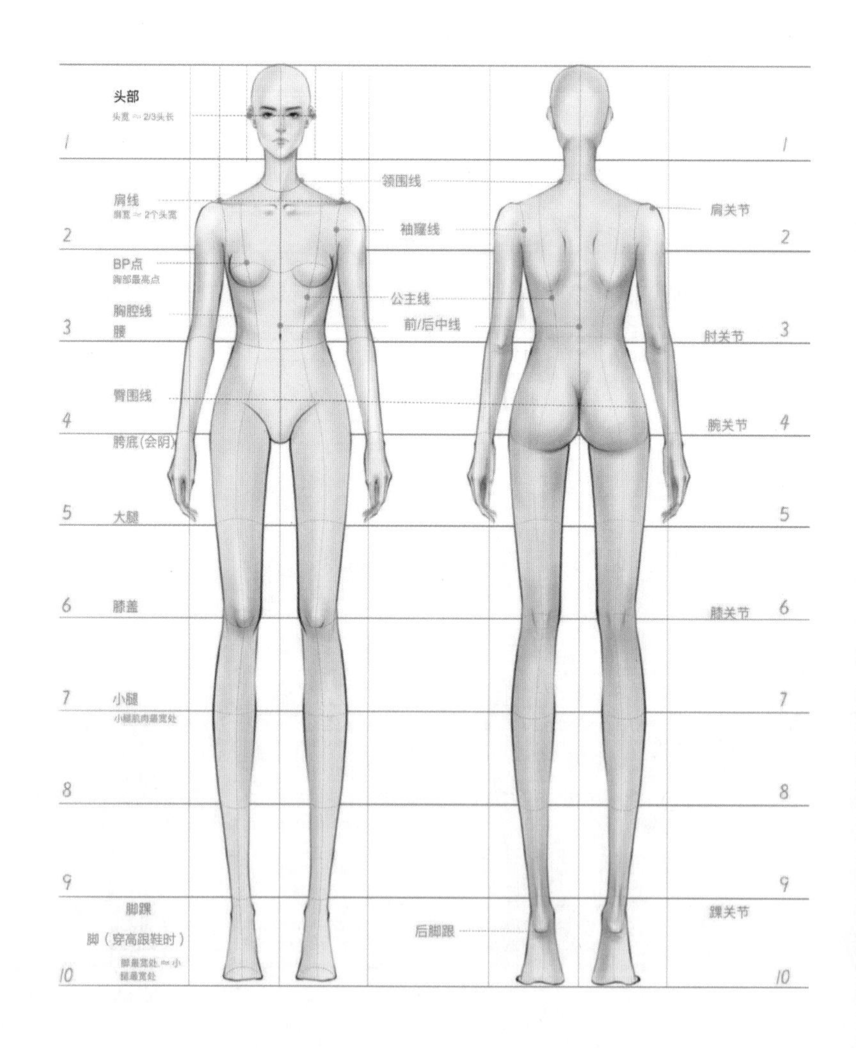

## 正面站立人体线稿和上色示范案例

### 01 画出上半身动态线及比例

图层：人体结构

新建A4画布，把“图层1”重命名为“人体结构”。打开“绘图指引”—“编辑绘图指引”—“2D网格”，将“网格尺寸”设置为“300px”，按10头身画出上半身动态线及比例。

- 头部：沿中轴线对称，正面角度。
- 结构线：根据前文的比例，用“技术笔”笔刷画出5根结构线，分别代表肩线、胸腔线、腰线、臀围线、胯底（会阴）所在的水平线。
- 脊柱线：5根结构线确定之后，沿头部中轴线向下画一条与肩线垂直的线至胯底（会阴），即为脊柱线。

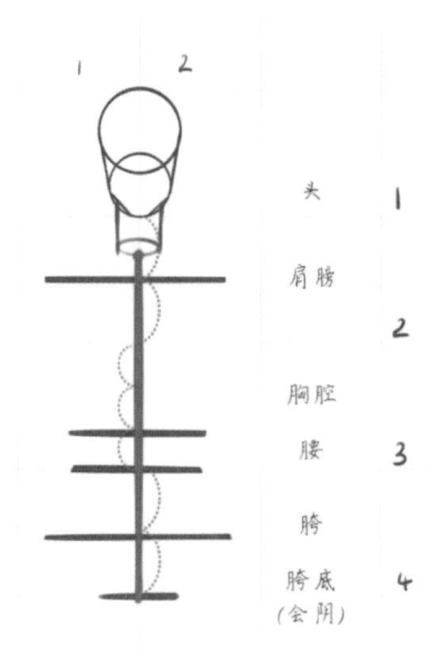


### 02 画出上半身宽度及比例

各结构以脊柱线为中轴对称。

- 肩宽约等于两个头宽。
- 胸腔宽约等于一个头长。
- 用“技术笔”笔刷把肩线和胸腔线连起来，形成一个倒梯形。
- 胯大约与肩同宽。

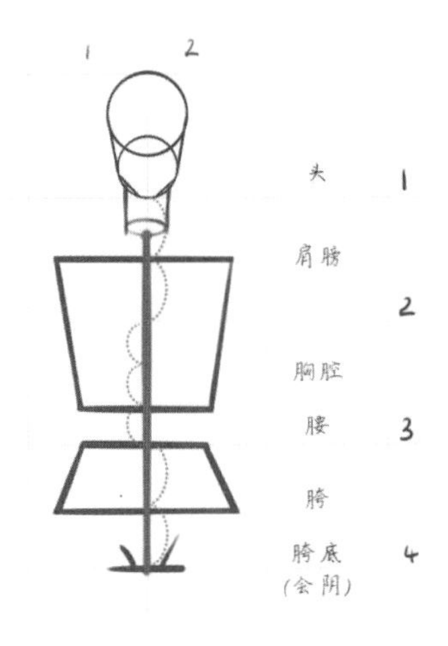


### 03 画出四肢的结构和比例

- 画出上肢的结构线。人体在正面站立、双手下垂的姿势下，肩膀到肘关节的长度约等于肘关节到腕关节的长度，手的长度小于一个头长。
- 画出腿部线条。双腿站直时，腿的形状可简化成上宽下窄的圆柱。在第六等份底部用圆形代表膝关节。在第九等份底部用圆形代表踝关节。
- 穿高跟鞋时，脚长约等于一个头长；穿平底鞋时，脚长小于一个头长。脚用梯形来表示。

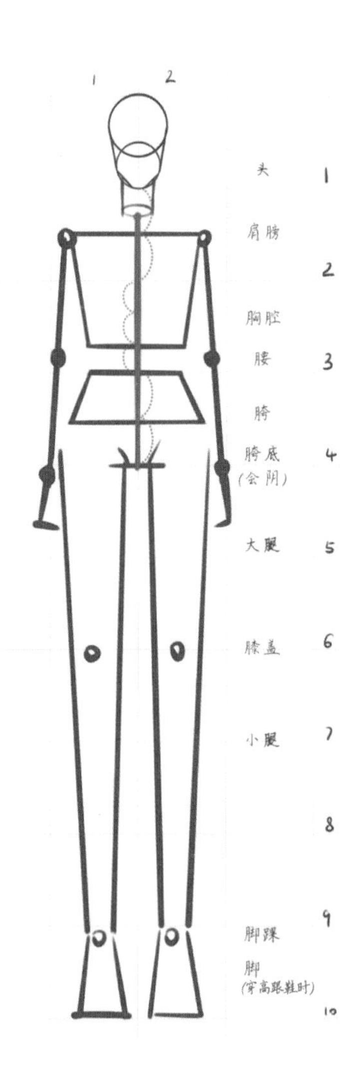

### 04 勾勒线稿细节

**图层：** 人体线稿

将“人体结构”图层的“不透明度”调低至“10%”左右，在其上方新建“人体线稿”图层，用“技术笔”笔刷，选择黑色，画出人体线稿。隐藏“人体结构”图层。

**TIPS**

- 可打开“对称”功能画出正面头部的线稿。
- 根据“三庭五眼”的比例来确定五官的位置。
- 根据结构线在同一位置一笔勾勒出线稿。如画错，撤销后再继续画，不要描线，这样才能画出干净的线条。勤加练习，胆大心细，才能更好地画出线稿。

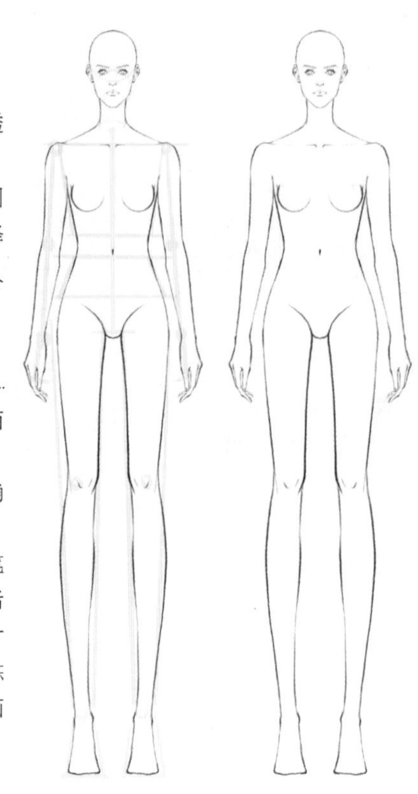

### 05 填充肤色

**图层：** 人体肤色

**颜色：**

在“人体线稿”图层下方新建“人体肤色”图层，选择最浅的肤色填充。

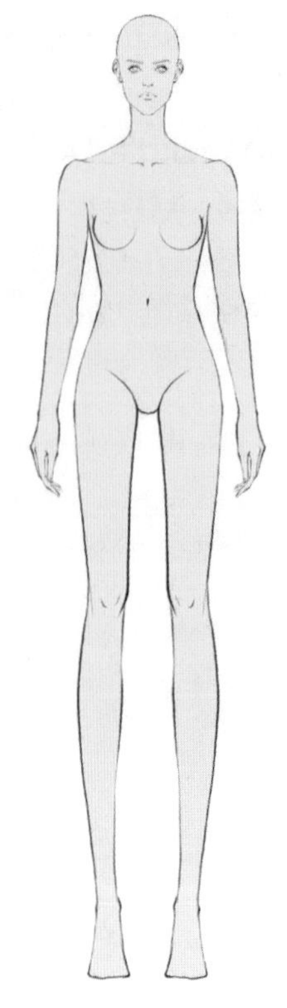

### 06 画出皮肤暗面

**图层：** 皮肤暗面

**颜色：**

在“人体肤色”图层上方新建“皮肤暗面”图层，打开“剪辑蒙版”。用“中等画笔”笔刷，选择深一点的肤色，在人体的暗面画出阴影效果。注意要根据光的方向来确定阴影的位置。

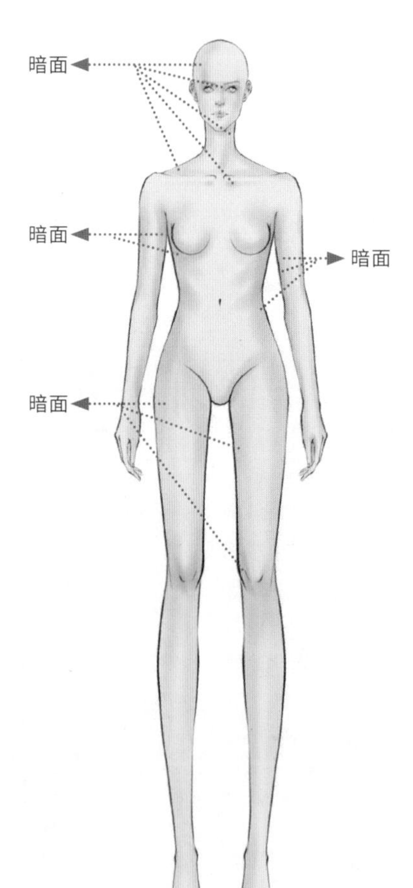


### 07 加深皮肤暗面

**图层：** 加深肤色

**颜色：**

在“皮肤暗面”图层上方新建“加深肤色”图层，打开“剪辑蒙版”。用“中等画笔”笔刷在阴影处用更深的肤色叠加，以加强立体感和层次感。

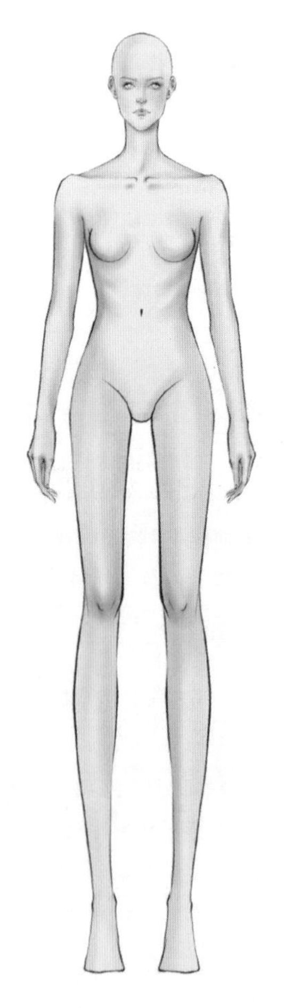

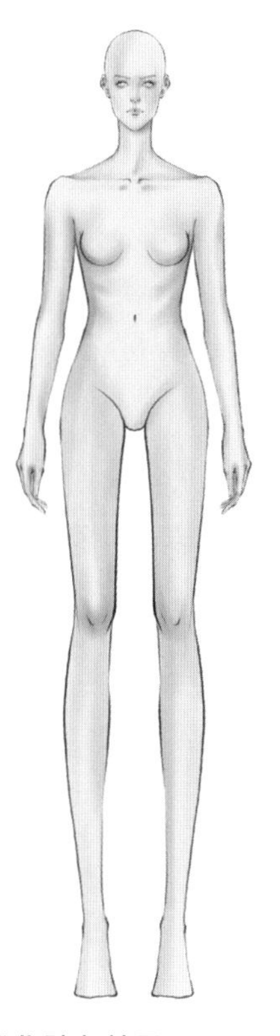

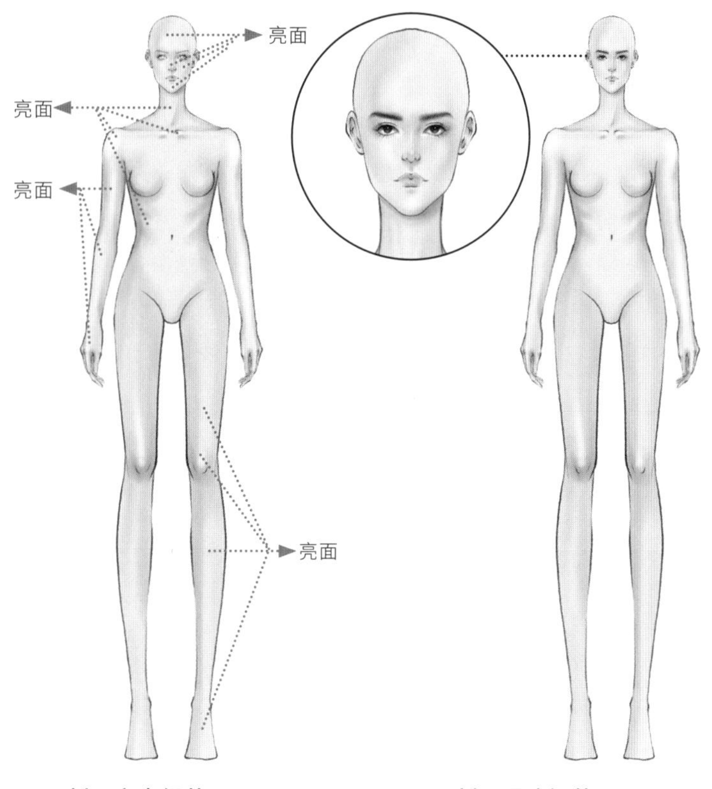


**08 优化肤色效果**

**图层：** 粉紫色调

**颜色：** ●

在“加深肤色”图层上方新建“粉紫色调”图层，打开“剪辑蒙版”。用“中等画笔”笔刷，选择粉紫色，轻柔地在暗面叠加，使肤色更有层次感。

**09 刻画高光细节**

**图层：** 高光细节

**颜色：** ○

在“粉紫色调”图层上方新建“高光细节”图层，打开“剪辑蒙版”。用“中等画笔”笔刷，选择白色，在亮面轻柔地画出高光细节。

**10 刻画眼睛细节**

**图层：** 眼睛细节

**颜色：** ● ● ● ●

在“高光细节”图层上方新建“眼睛细节”图层，用“技术笔”笔刷画出眼睛细节，并填充颜色。画出眉毛底色。

**作业：根据上面的示范案例，独立完成以下练习。**

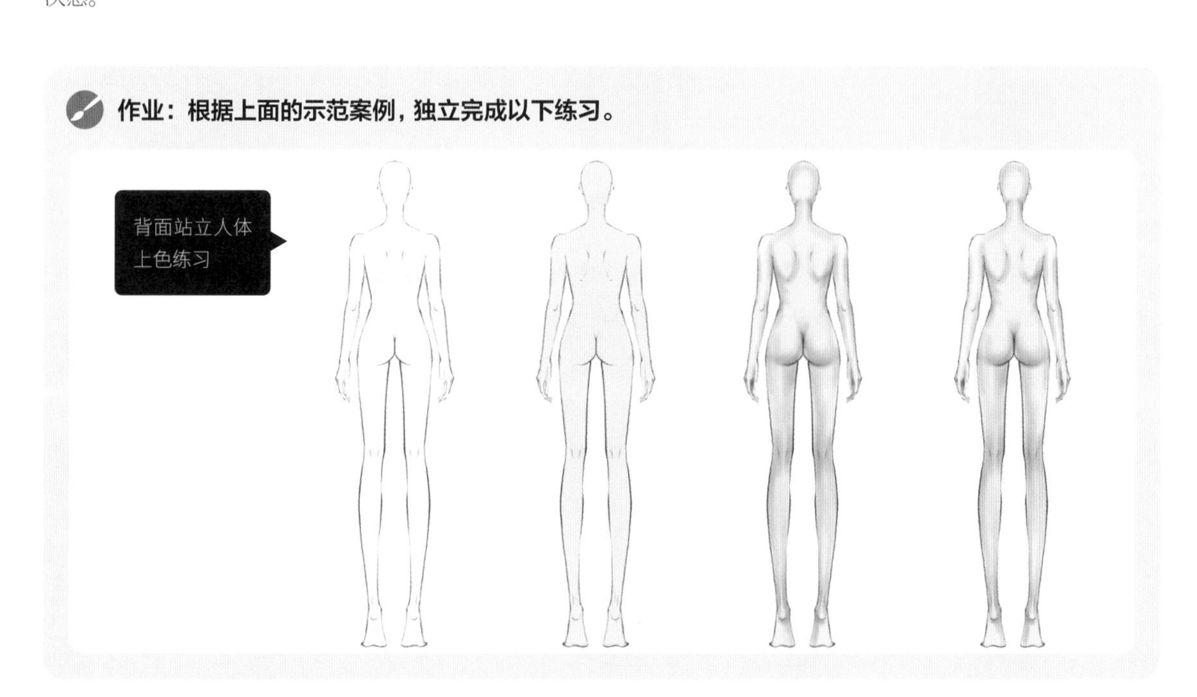

## 3.3.2 秀场猫步人体绘画技巧

相比于静态的动作，秀场动作更为复杂，而且在绘制时更注重对模特形象和动作的生动刻画，以表现出正在走秀的状态。绘制秀场动作除了要展现模特完美的身体曲线，还需要表现其优雅的体态。另外绘画时需要注意刻画出稳定的重心，否则模特容易呈现左倾右倒的姿态。模特只有姿态稳定，才能更好地展示服装。

读者可以通过对比正面站立人体和秀场猫步人体的结构和线稿，掌握两者之间的不同点，以学会如何更好地体现模特的立体感。

借助模特完美的身体曲线，时装画中的秀场动作可以更充分和生动地展示服装，也更能吸引读者的目光。因此不管是在服装展示中还是在服装企业的实际应用中，秀场动作时装画都是非常合适的服装展示方式。

通过以下内容，并加以大量的练习，读者可以认识秀场猫步动作中人体线条的更多变化，也可以更好地画出优美的时装画。

### 1. 胸腔和胯的动态原理

**秀场猫步动作中，动态线有哪些变化**

（1）**肩线：**可能发生往右倾、往左倾、保持平衡 3 种变化。读者在绘画前要观察好模特的肩线倾斜方向及倾斜的角度。当肩线倾斜角度很大时，展现的动态会比较夸张，富有个性；当肩线倾斜角度比较小时，展现的动态会比较优雅。

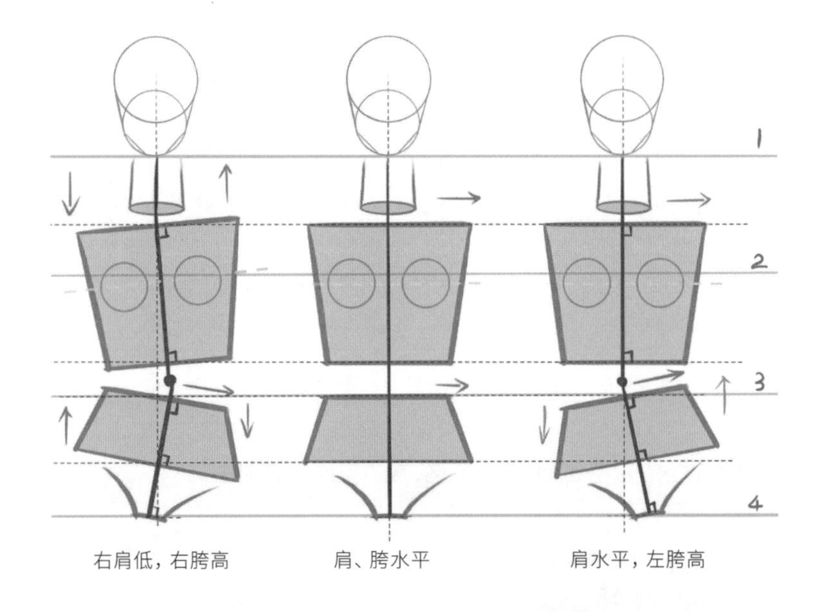


（2）**胸腔线：**与肩线保持平行。肩膀和胸腔骨骼是连在一起的，因此当肩线倾向一侧的时候，胸腔线也会跟着肩线变化。

（3）**胯线：**当肩线倾斜时，整个胯结构和胸腔结构的倾斜方向相反。同时胯线与胸腔线会形成一个夹角，角度为 20° ~30°。读者可目测角度的大小，并对动态线的变化多加观察。

（4）**臀围线：**胯结构中的一根动态线，臀围线的倾斜方向与胯的整体倾斜方向一致。

（5）**脊柱线：**脊柱连接头、脖子、胸腔和胯，并且可以弯曲、扭动。每一段脊柱线都要与胸腔线、胯线保持垂直。当胸腔线倾向一边时，腰以上的脊柱线与胸腔线保持垂直；同时，胯线向相反方向倾斜，腰以下的另一段脊柱线则会与胯线垂直。

# 2. 用 Procreate 画秀场猫步人体的步骤

## 秀场猫步人体线稿示范案例

### 01 画出上半身动态线及比例

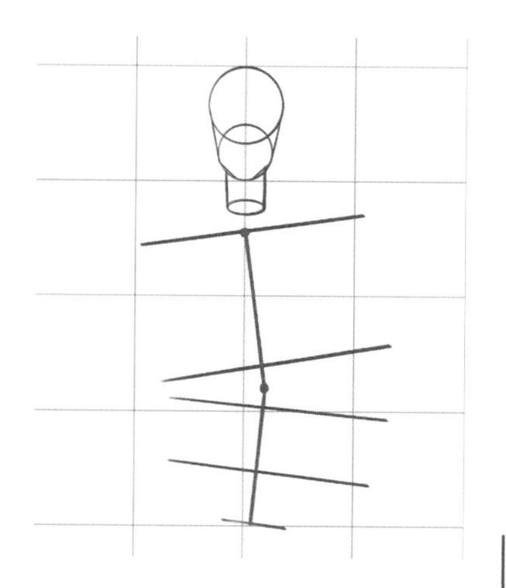

**图层：**人体结构

新建 A4 画布，把“图层 1”重命名为“人体结构”。打开“绘图指引”—“编辑绘图指引”—“2D 网格”，将“网格尺寸”设置为“300px”。用“技术笔”笔刷画出人体上半身的动态线及比例。

- 头部：沿中轴线对称，正面角度。确定上半身比例并用圆点进行标记。
- 结构线：根据各个标记点画出对应的结构线。胸腔向画面右侧倾斜，与胯线成约 20°的夹角。
- 脊柱线：5 根动态线确定之后，从肩线中点画出一条与肩线、胸腔线垂直的线，再以胸腔和胯的中间位置为起点画一条与胯线垂直的线。

### 02 画出身体宽度及比例

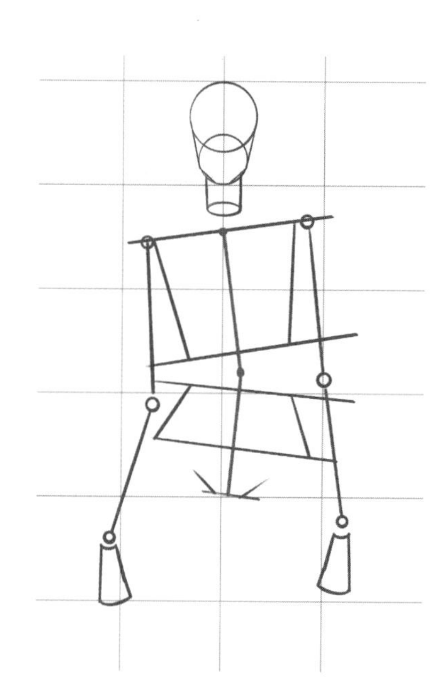

- 肩宽约等于两个头宽，左、右肩对称。
- 胸腔宽约等于一个头长，要以脊柱线为中轴线对称，而不是沿人体中轴线对称。
- 胯大约与肩同宽，并以脊柱线为对称轴。
- 上臂与前臂的长度大致相等，但注意肩膀低的一侧手臂需向后摆动，另一侧手臂需向前摆动，以避免形成同手同脚的效果。

### 03 画出下肢的结构和比例

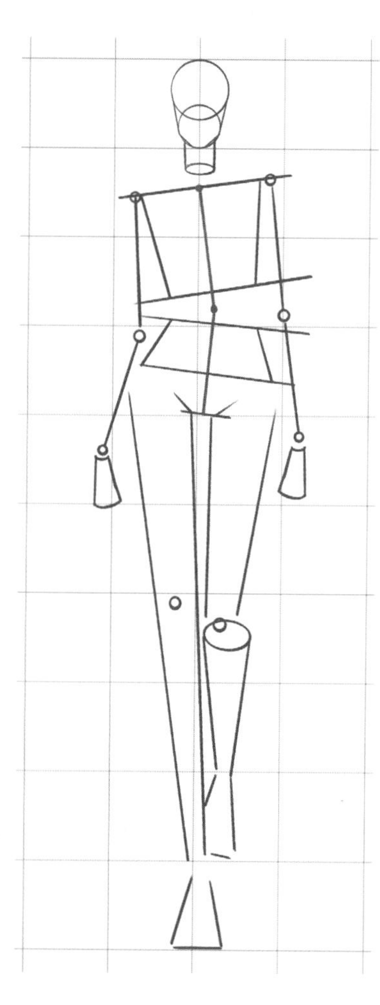

- 走路的时候，手与腿的方向是相反的，手向后摆的一侧腿向前，另一侧腿向后。向前的脚要踏在人体中轴线上，这样重心才稳。
- 向后的腿的膝盖比向前的腿的膝盖位置低一些，以形成前后有落差的视觉效果。向后的小腿因透视关系而变短，约等于两个头长，且形状上宽下窄；向前的小腿约等于三个头长。脚各约等于一个头长。

## 04 画出结构色块

**图层：**结构色块底色

在“人体结构”图层上方新建“结构色块底色”图层。

- 选择任意颜色，填充人体。
- 根据结构线画出四肢的结构色块，要展现出手臂前后摆动的效果和双腿的动态。要注意保持人体的重心稳定，整体动作优雅自然。如果出现重心不稳等问题，再进行微调。

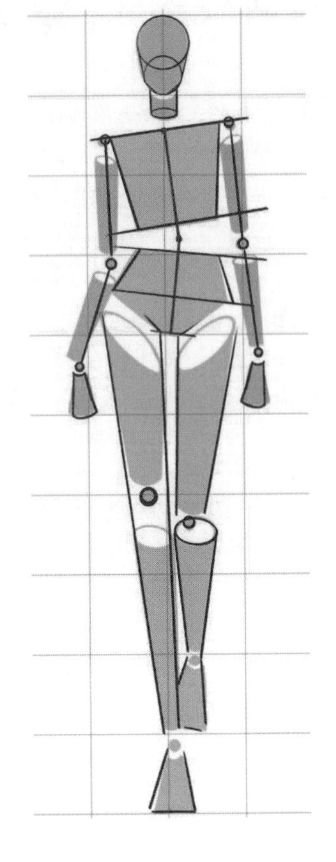

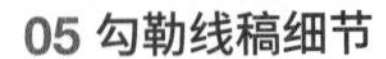

## 05 勾勒线稿细节

**图层：**人体线稿

在“结构色块底色”图层上方新建“人体线稿”图层。用“技术笔”笔刷勾勒出人体的线稿。隐藏“人体结构”图层和“结构色块底色”图层。

- 刻画肩膀时，注意找准斜方肌的位置，并保持线条圆润顺滑，避免出现变形的问题。
- 观察四肢动作，靠后的手臂靠近胯，靠后的脚被靠前的小腿挡住一部分。
- 靠前的腿线条平直，而且脚踝和脚都保持在人体中轴线上，脚尖偏向另一条腿的方向。靠后的小腿在视觉上较短，膝盖较低。

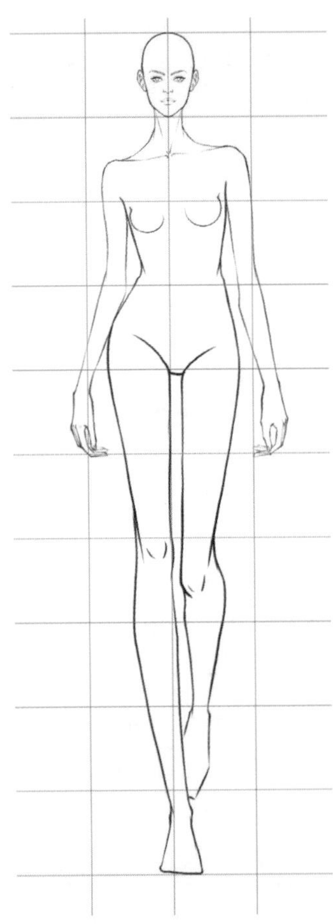

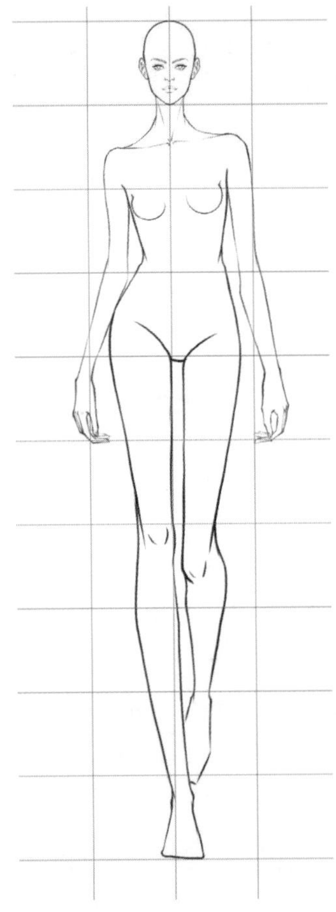

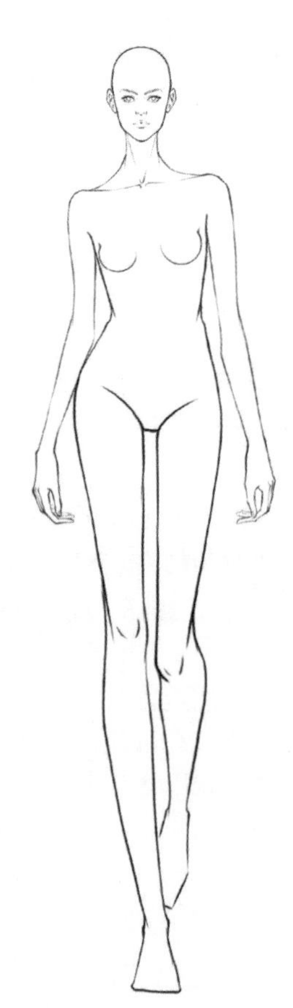

## 06 完成线稿

- 整体观察，确认重心是否稳定、整体比例是否均匀、线条是否整洁细致。
- 如果发现比例、结构、动态等有问题，可以用套索工具圈出要调整的部分，结合变换变形工具进行调整。
- 如果两边手大小不一，也可以用套索工具圈出手，用变换变形工具进行调整。
- 关闭“绘图辅助”功能。

## 秀场猫步线稿和人体上色示范案例

### 01 打结构，画线稿

**图层：** 人体结构、人体线稿

**颜色：** ●

**打结构：** 根据前面所学的内容确定人体的结构线和秀场猫步的动作。

**画线稿：** 将“人体结构”图层的“不透明度”调低至 10% 左右，在其上方新建“人体线稿”图层，用“技术笔”笔刷，选择黑色，勾勒出人体的线稿。隐藏“人体结构”图层。

- 绘制头部线稿时要根据“三庭五眼”的比例来确定五官的位置。可打开“对称”功能画出正面头部的线稿。
- 根据人体结构找准身体的比例关系，用笔要果断。建议读者勤加练习，画线稿时要胆大心细。

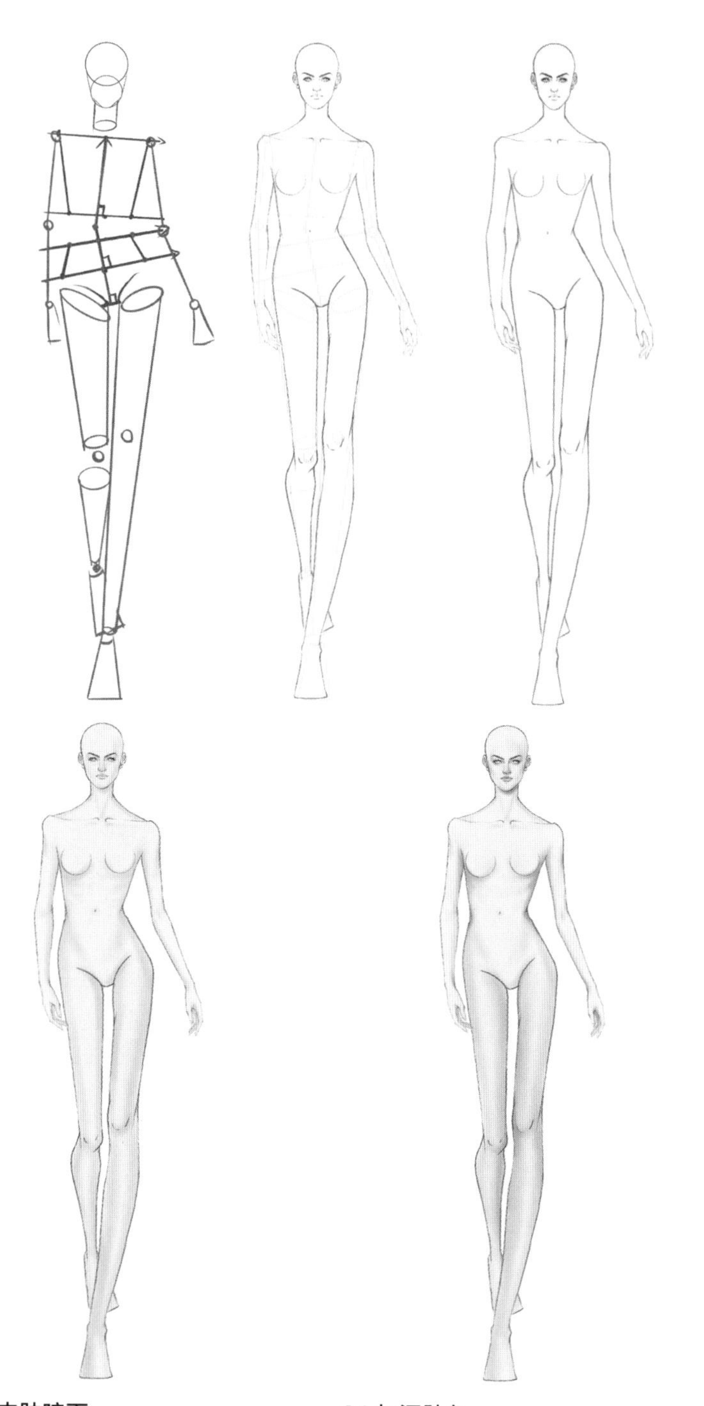

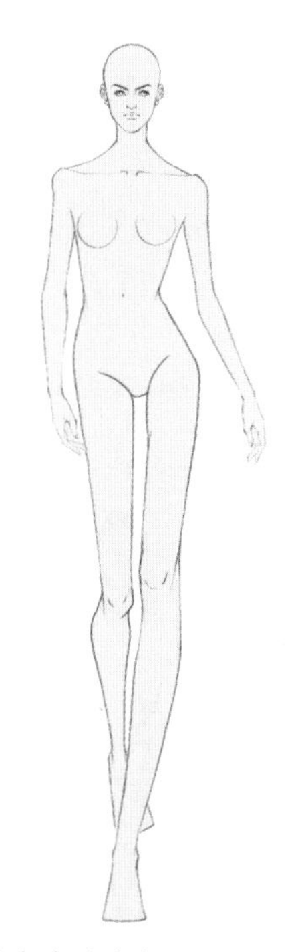

### 02 填充皮肤底色

**图层：** 皮肤底色

**颜色：**

在“人体线稿”图层下方新建“皮肤底色”图层，选择最浅的肤色，填充皮肤底色。

### 03 画出皮肤暗面

**图层：** 皮肤暗面

**颜色：** ●

在“皮肤底色”图层上方新建“皮肤暗面”图层，点击图层打开“剪辑蒙版”。用“中等画笔”笔刷，选择较深的肤色，在人体的暗面画出阴影效果。注意通过光的方向来确定阴影的位置。

### 04 加深肤色

**图层：** 加深肤色

**颜色：** ●

在“皮肤暗面”图层上方新建“加深肤色”图层，点击图层打开“剪辑蒙版”。用“中等画笔”笔刷在皮肤阴影处用更深的肤色叠加，以加强立体感。

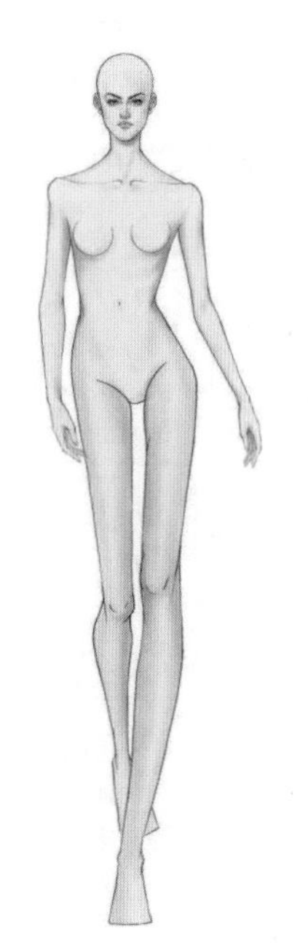

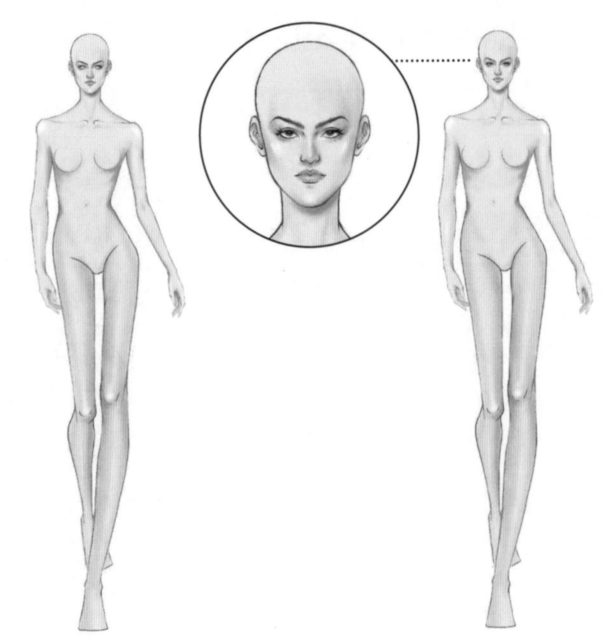

### 05 优化肤色效果

**图层：** 粉紫色调

**颜色：**

在“加深肤色”图层上方新建“粉紫色调”图层，点击图层打开“剪辑蒙版”。用“中等画笔”笔刷，选择粉紫色，轻柔地叠加在暗面的位置，使肤色更具层次感。

### 06 刻画高光细节

**图层：** 高光细节

**颜色：**

在“粉紫色调”图层上方新建“高光细节”图层，点击图层打开“剪辑蒙版”。用“中等画笔”笔刷，选择白色，在人体的亮面轻柔地画出高光细节。

### 07 刻画眼睛细节

**图层：** 眼睛细节

**颜色：**

在“高光细节”图层上方新建“眼睛细节”图层，用“技术笔”笔刷画出眼睛的细节，并填充颜色。

**作业：根据上面的示范案例，独立完成以下练习。**

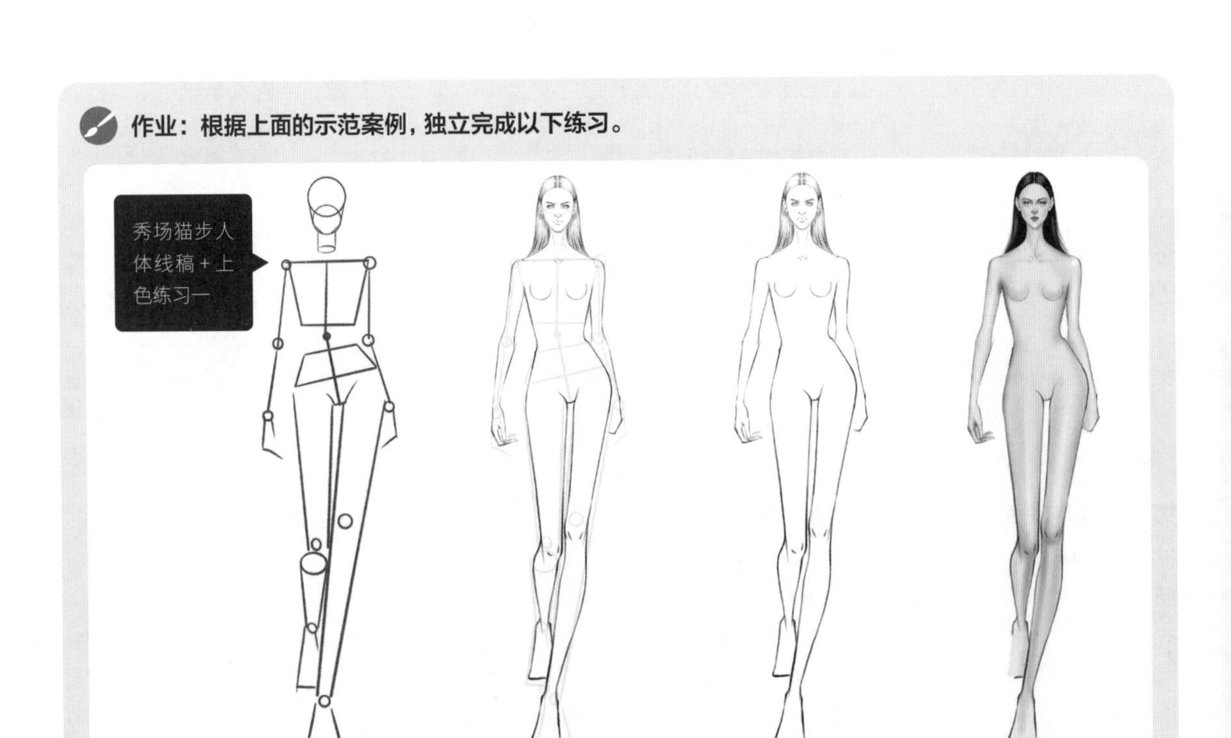

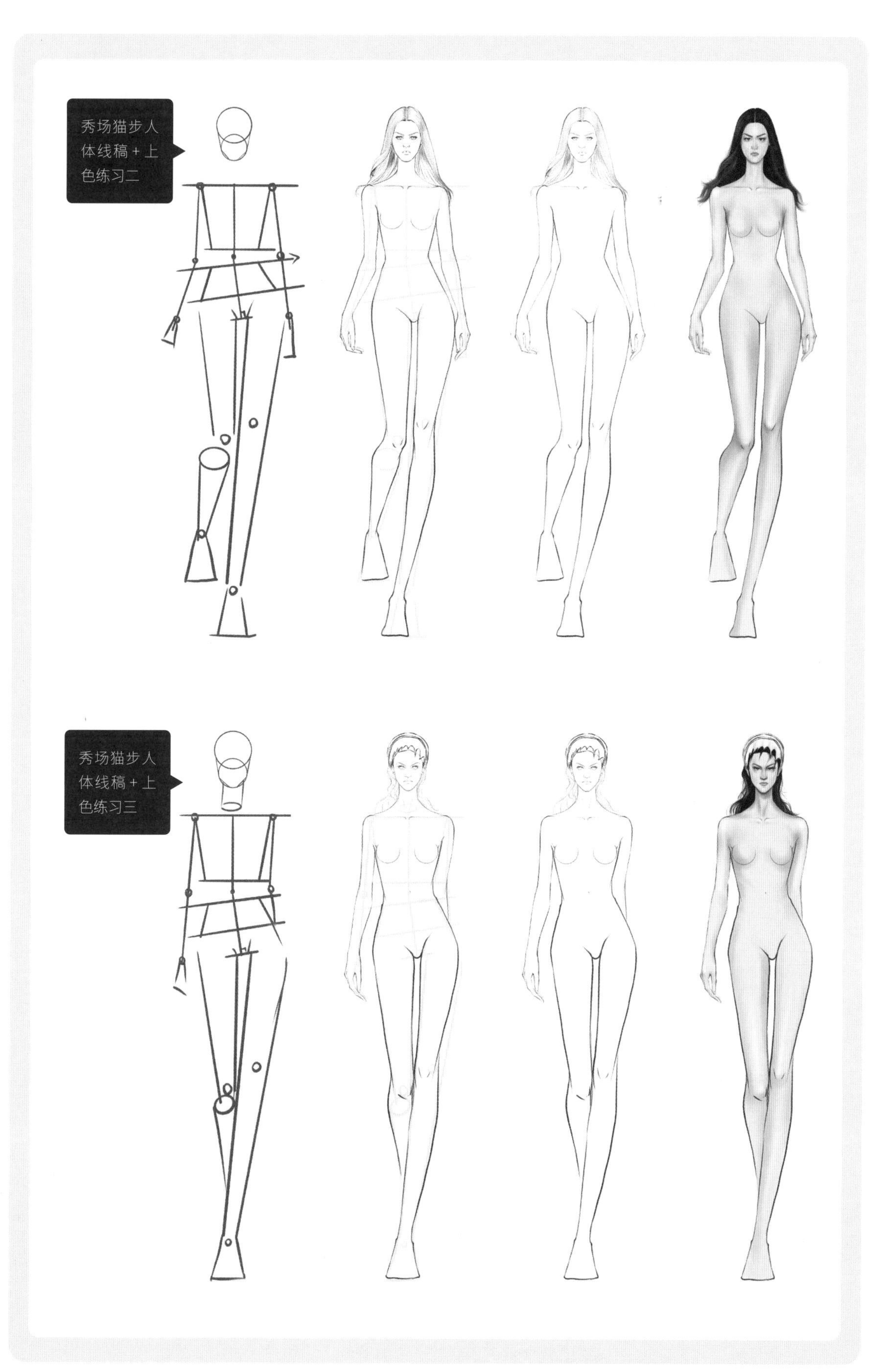
秀场猫步人体线稿+上色练习二
秀场猫步人体线稿+上色练习三

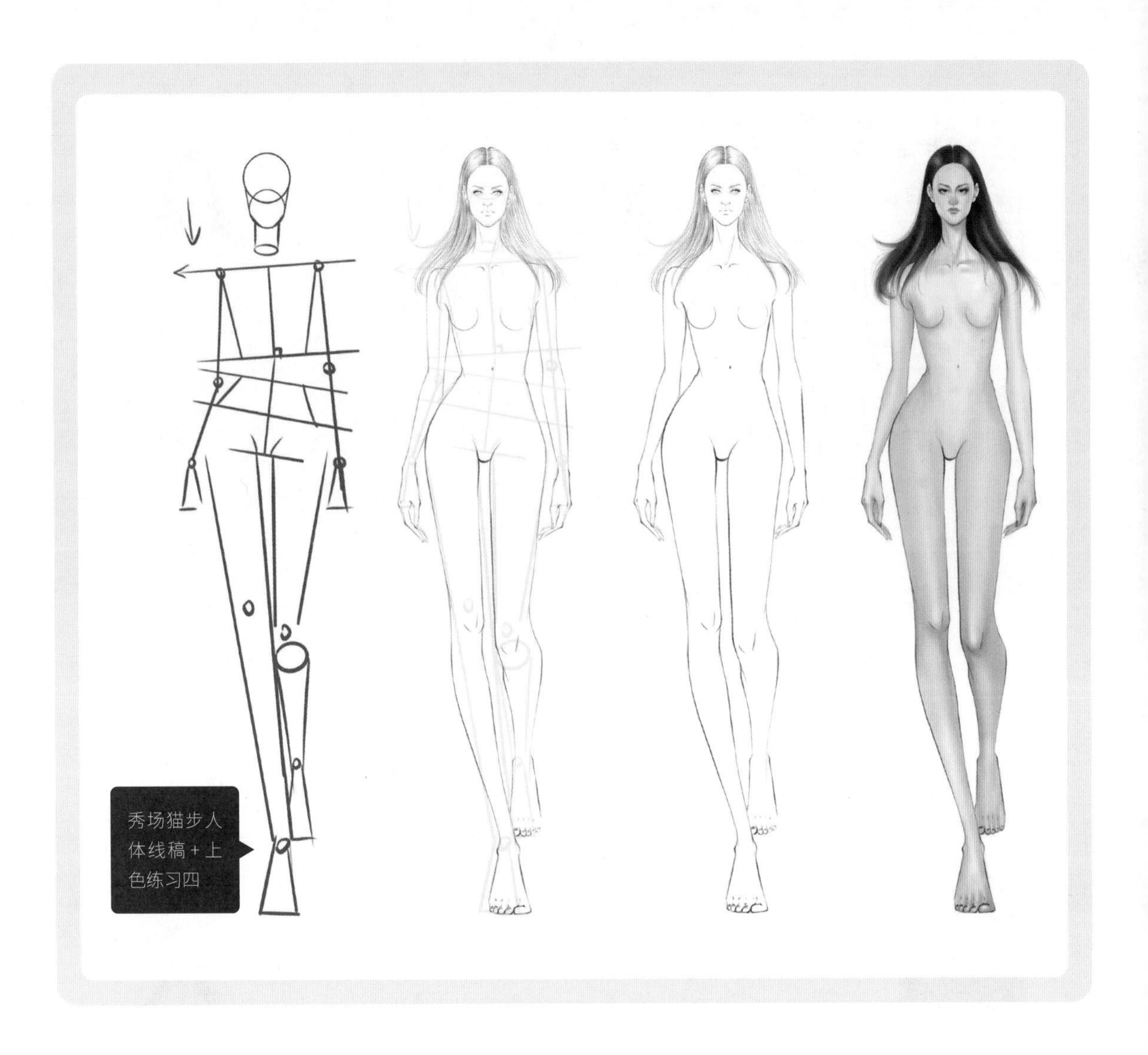


## 3.3.3 画册、海报人体绘画技巧

为了更好地展示服装，设计师会要求模特摆出各种各样的姿势。因此，在画册、海报等的时装画中会出现很多不同的人体动作和姿态。只有掌握了人体的动态原理，设计师才能轻松画出不同的人体动作和姿态。下面简单介绍在画册、海报等的时装画中人体动态线的变化。

（1）**肩线：**画册、海报中的人体常以3/4侧面、正侧面或正面等角度呈现，肩线应根据不同的角度进行调整，如正面或正侧面角度下，要水平描画肩线；3/4侧面角度下，需要考虑透视关系，即近处肩线更长，远处肩线相对短一点。如果忽略了透视关系，则很难将肩线画准确。

（2）**胸腔线**：常见的情况是与肩线平行，但当出现透视的情况时，与肩线的平行关系便会被打破。如在3/4侧面角度下，因为透视关系，远处肩线端点到胸腔线的距离比近处肩线端点到胸腔线的距离要短。如果延长这两根线，它们最终会相交于一点。

（3）**胯线：**不同的动作会引起胯线不同的变化，因此要学会观察与判断。

（4）**臀围线：**保持与胯线的整体方向一致。

（5）**脊柱线：**上下两段分别保持与胸腔线和胯线的垂直关系。

**作业：根据上面的示范案例，独立完成以下练习。**

画册、海报人体线稿练习一

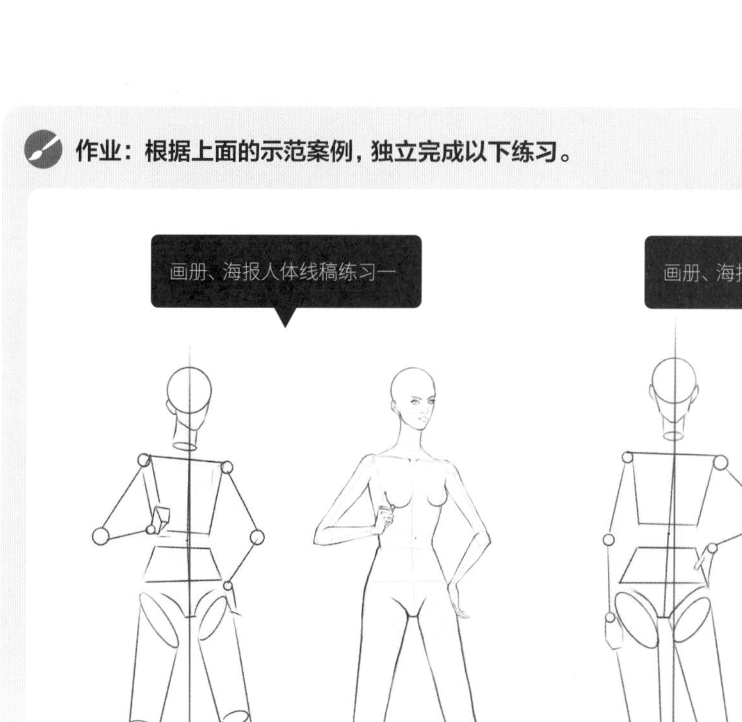

画册、海报人体线稿练习二

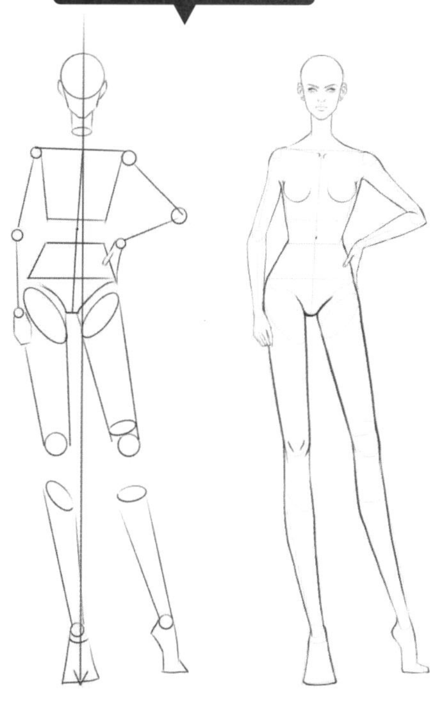

画册、海报人体线稿练习三

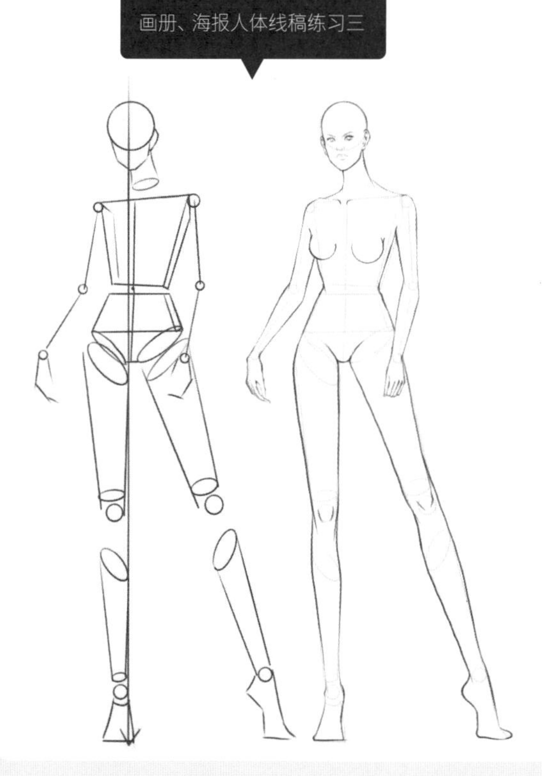

画册、海报人体线稿练习四

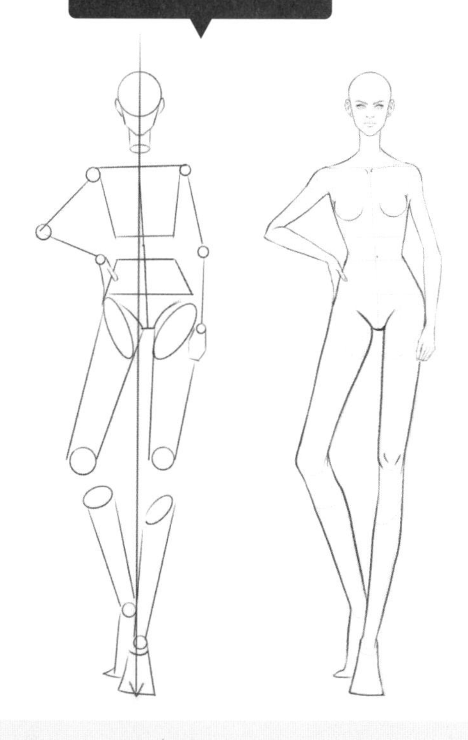

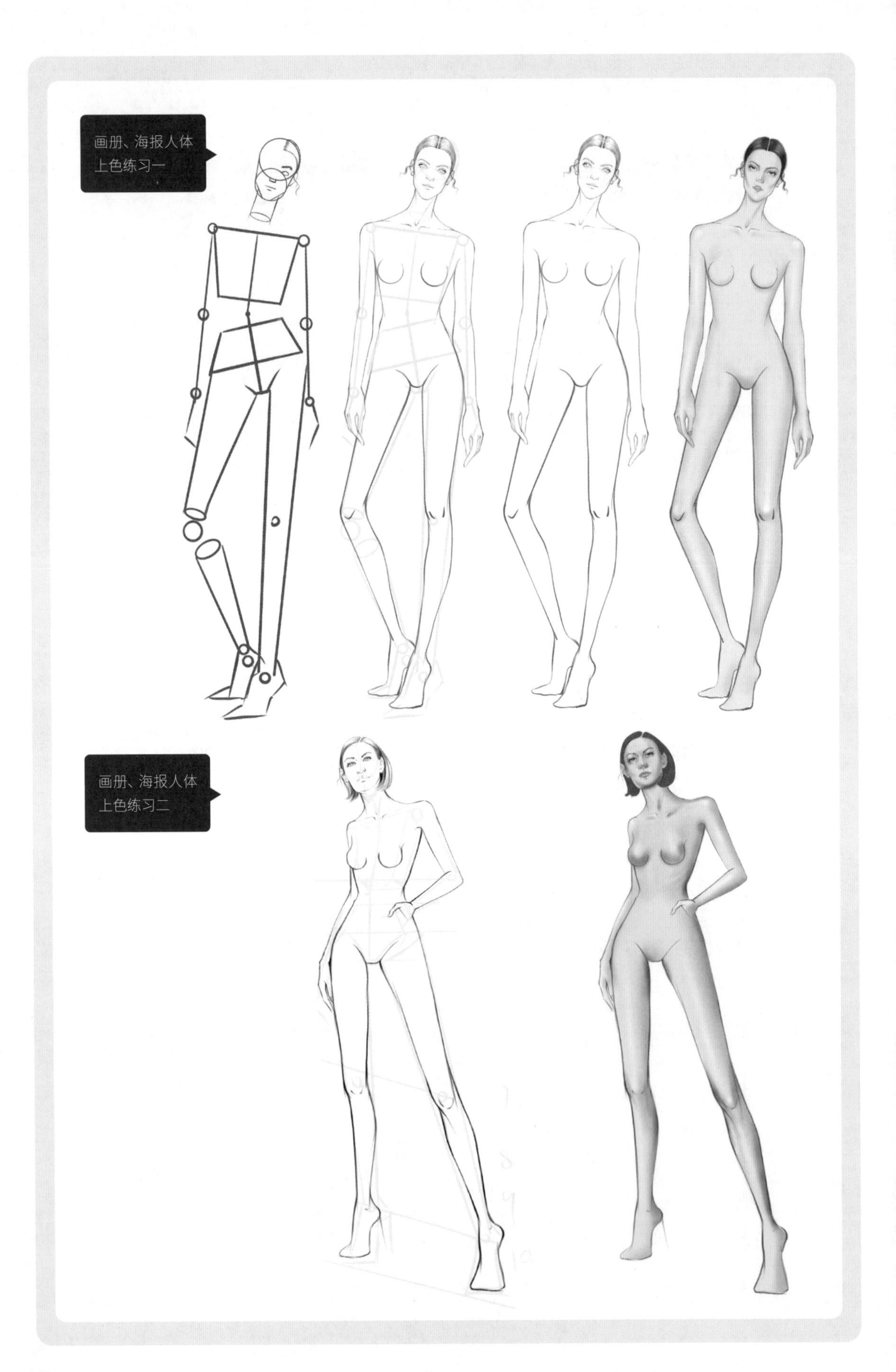
画册、海报人体
上色练习一
画册、海报人体
上色练习二

## 动态人体线稿

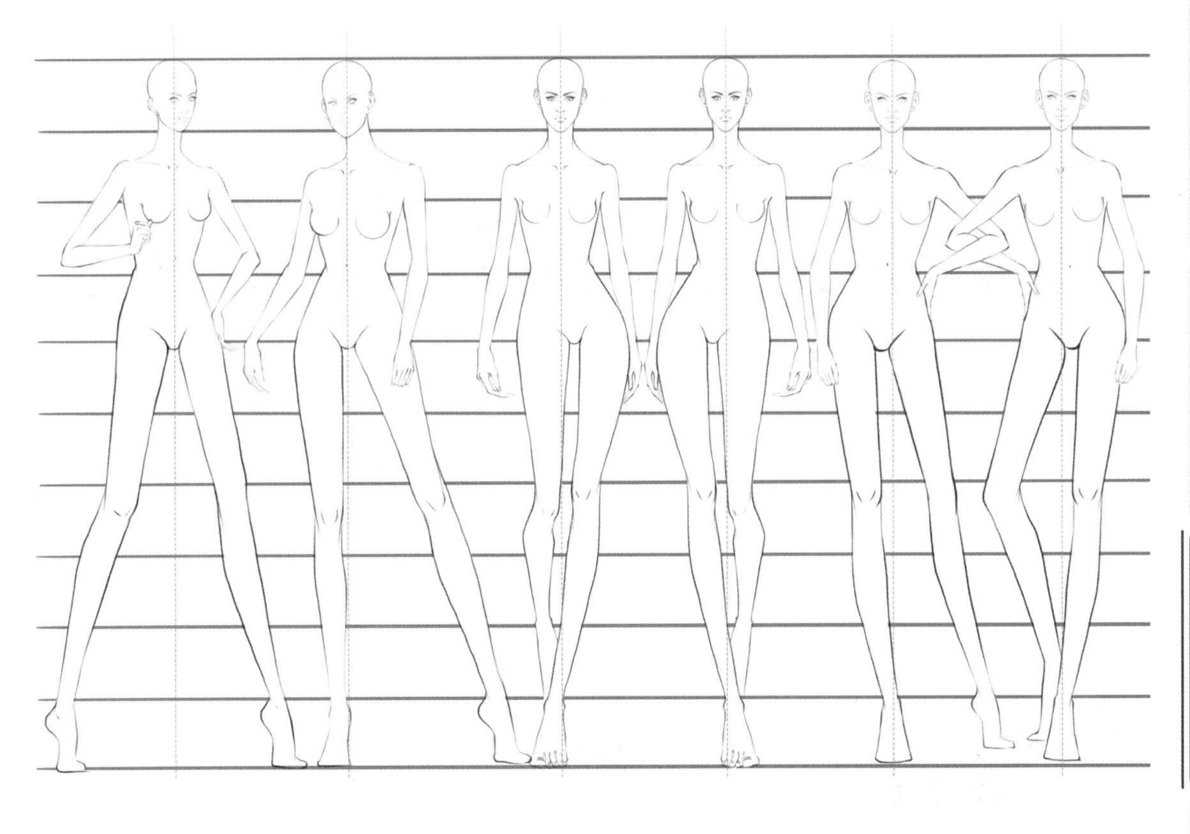

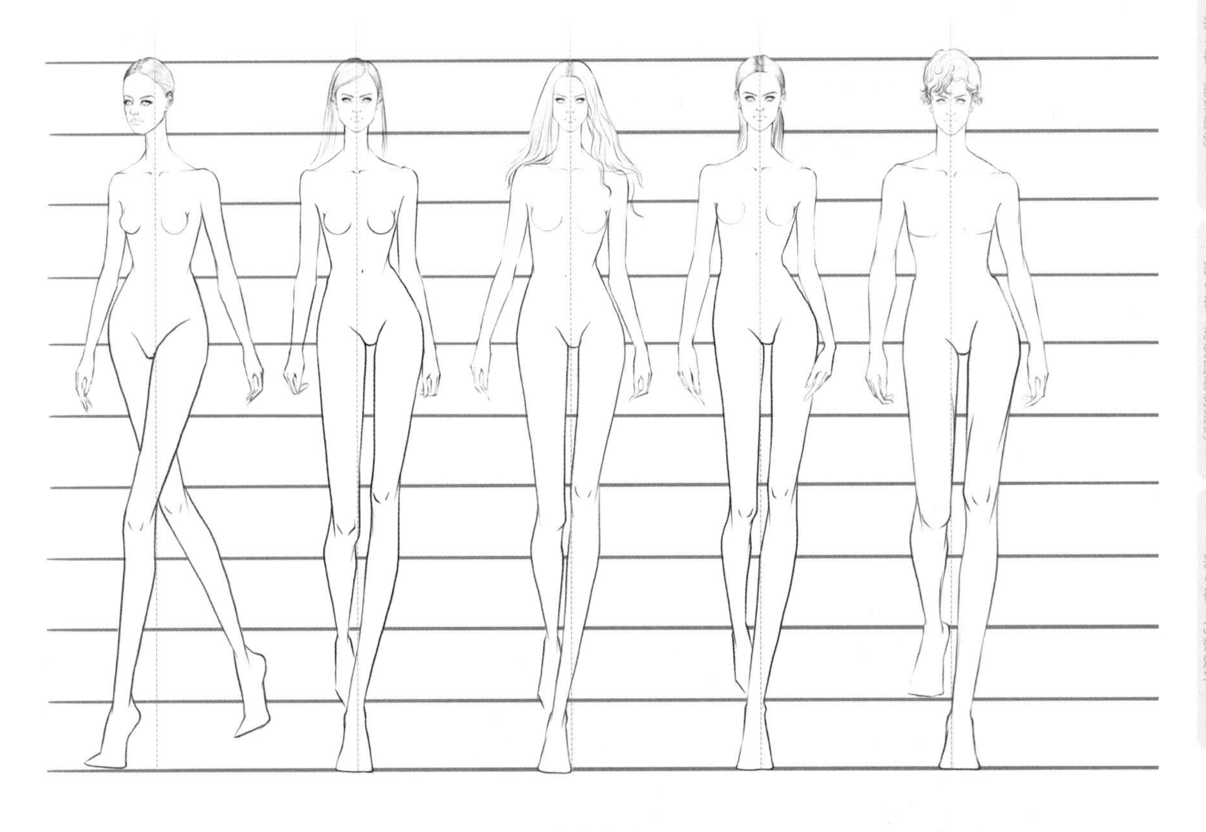

第 4 章

# 配饰绘制

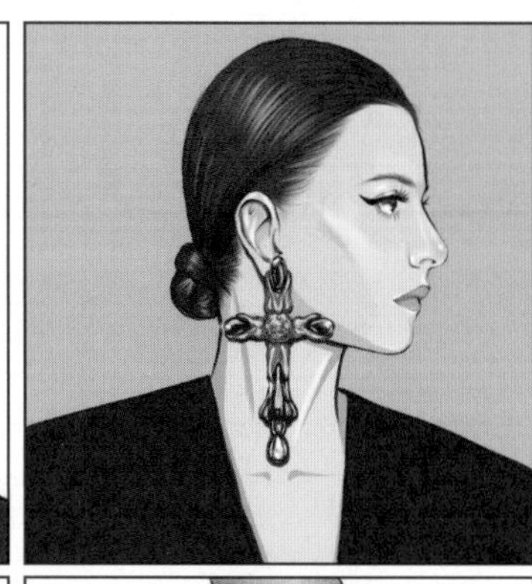

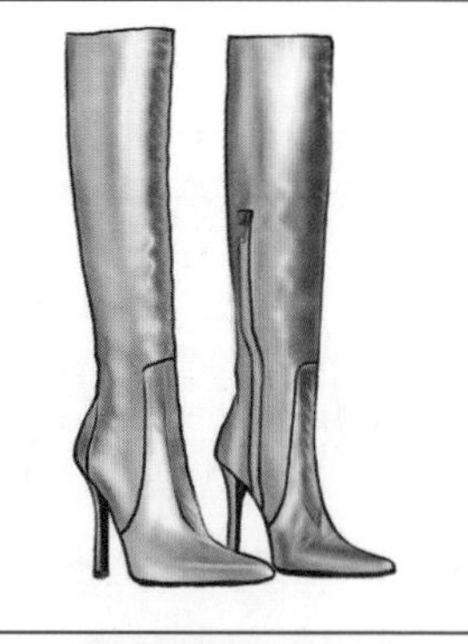

常见的服装配饰有帽子、耳环、手镯、鞋子、包包等，本章主要讲解这些配饰的画法。服装配饰除此之外还有眼镜、发饰、腰带、围巾等，布料、五金、皮革等材质常用于配饰，本章讲解的绘制方法也适用于其他配饰的绘制。

为了突出服装的风格和色彩等特点，设计师会根据需要为展示的服装选择合适的配饰。配饰时装画主要强调配饰的搭配，体现时装画的风格和当季的流行趋势，会简化对人物的表现。

为突显不同配饰的效果，本章人物的效果展示会更平面化，与强调写实效果的配饰形成鲜明的对比。

# 4.1 配饰绘制基础

用于制作配饰的材料主要分为面料和辅料，其中辅料包括纺织类、五金类和树脂类等。本节讲解简单的五金几何体的画法。

## 4.1.1 五金球体

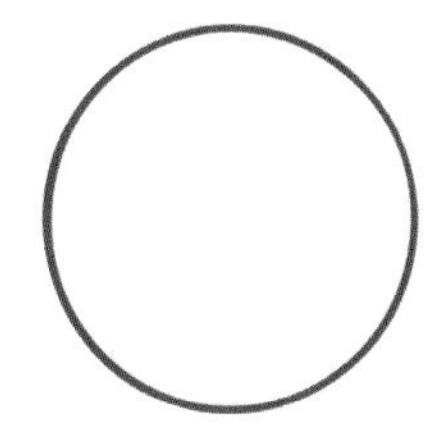

**01 画线稿**

新建一个名为“线稿”的图层，用“技术笔”笔刷，选择棕色画一个圆形。

**02 填充底色**

在“线稿”图层下方新建“底色”图层，并填充棕色。

**03 绘制金属亮面**

在“底色”图层上方新建“金属亮面”图层，并打开“剪辑蒙版”。用“中等喷嘴”笔刷，选择亮黄色在球体的边缘画出亮面。

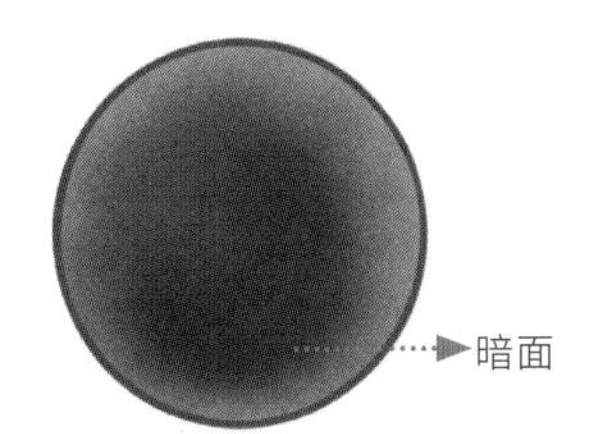


**04 绘制金属暗面**

在“金属亮面”图层上方新建“金属暗面”图层，并打开“剪辑蒙版”。用“中等喷嘴”笔刷，选择深棕色在球体中间画出暗面。

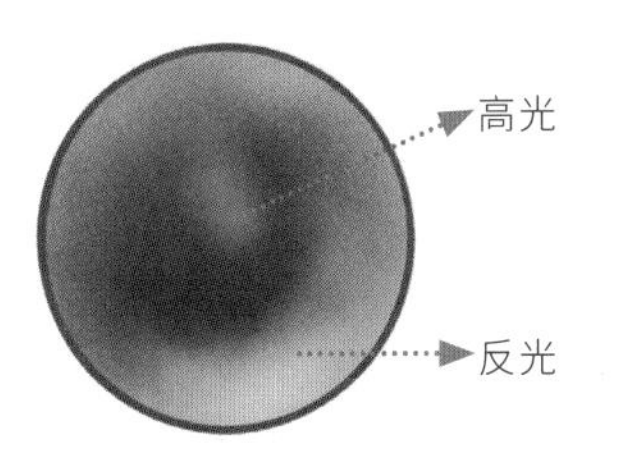


**05 绘制金属环境光**

在“金属暗面”图层上方新建“金属环境光”图层，并打开“剪辑蒙版”。用“中等喷嘴”笔刷，选择偏暖的橘黄色在球体暗面画出反光，在右下方重点描画。在球体中间用偏冷的淡黄色画出高光。

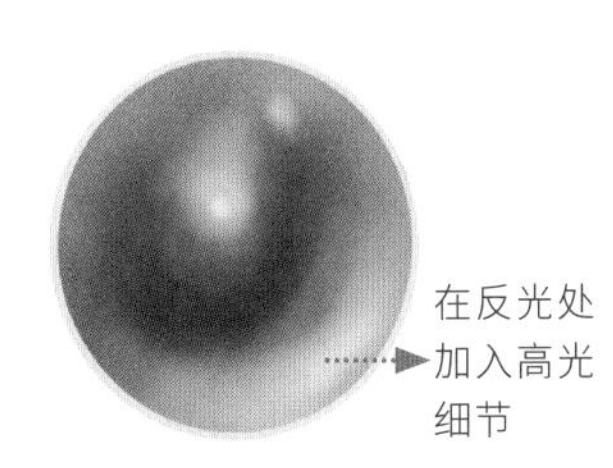


**06 刻画高光细节**

在“金属环境光”图层上继续画高光细节，可用“中等画笔”笔刷，选择白色画出高光。

## 4.1.2 五金长方体

**01 画线稿**

新建一个名为“线稿”的图层，用“技术笔”笔刷画一个圆角长方形。复制“线稿”图层，将复制的图形缩小，使之嵌套在大长方形中并居中对齐。再重复操作一次，得到3个长方形。

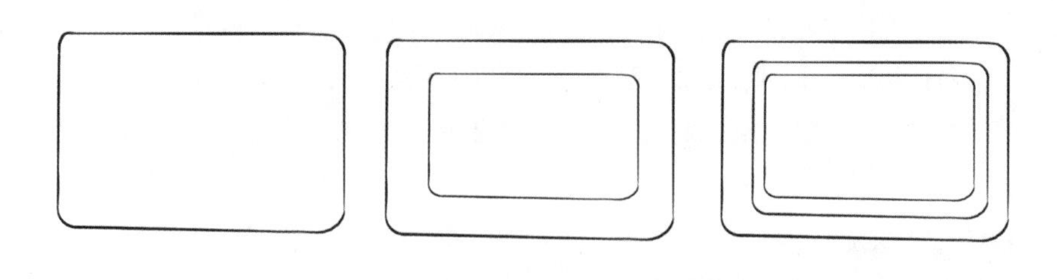

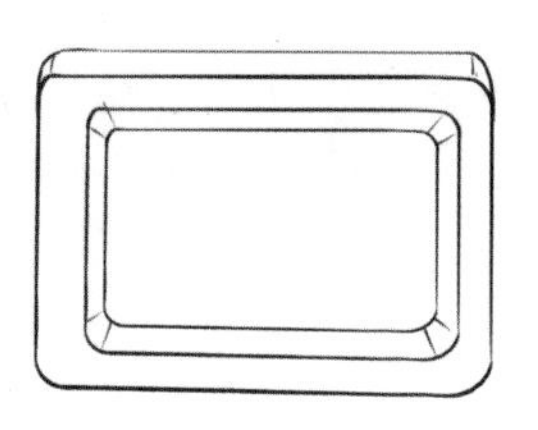

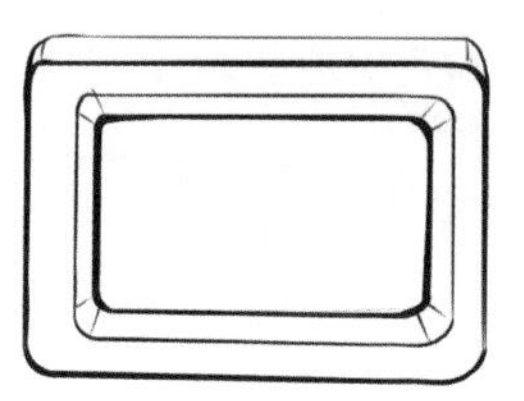

**02 画立体结构线稿**

画出长方体的立体结构，并加粗暗面的边缘线条。

**03 填充底色**

在“线稿”图层下方新建“底色”图层，并填充棕色。

**04 绘制金属暗面**

在“底色”图层上方新建“金属暗面”图层，并打开“剪辑蒙版”。选择“中等画笔”笔刷，用深棕色画出长方体的暗面，并在该图层打开“调整”—“杂色”，调整参数，使长方体产生金属颗粒感。

**TIPS**

金属的亮面、暗面、高光、反光的位置要根据实物图或光的方向调整。示例中的方法要灵活运用。

**05 绘制金属亮面**

在“金属暗面”图层上方新建“金属亮面”图层，并打开“剪辑蒙版”。选择“中等画笔”笔刷，用亮黄色在长方体边缘画出亮面。颜色对比要强烈，这样才能使金属质感更明显。

# 4.2 帽子

帽子是重要的服装搭配单品。

帽子的款式有很多，如鸭舌帽、棒球帽、礼帽等。进行搭配时，需要根据服装的风格和色彩挑选帽子。

不同款式的帽子在廓形、设计风格和材质上有很大的差别。帽子的材质多为布料，但为了支撑起帽子的廓形，也会用鱼骨、塑料或五金等材料。因此，画图前需要对帽子的结构、廓形和材质等进行仔细观察。

下面讲解贝雷帽的画法。贝雷帽无檐，属于软帽。它起源于法国牧羊人佩戴的圆形无檐软帽，后来被用在军队中，并通过不同的颜色对兵种进行区分。到了 21 世纪，贝雷帽开始发展成时尚又带有复古韵味的单品。



### 01 画线稿

颜色：●

新建一个名为“打结构”的图层。先画出头部的结构，然后在头部结构上画出贝雷帽的廓形。调低“打结构”图层的“不透明度”，在其上方新建“线稿”图层。用“技术笔”笔刷，选择黑色勾勒出线稿。

### 02 填充底色

颜色：●

在“线稿”图层下方新建“帽子底色”图层，并在帽子区域填充牛仔蓝色。

### 03 绘制面料的肌理

颜色：●

在“帽子底色”图层上方新建“牛仔肌理”图层，并打开“剪辑蒙版”。用赠送的“斜纹牛仔面料”笔刷，选择深蓝牛仔色画出面料的肌理效果。

### 04 画出帽子的阴影

颜色：●

在“牛仔肌理”图层上方新建“帽子暗面”图层，并打开“剪辑蒙版”。用“中等喷嘴”笔刷，选择偏黑的牛仔蓝色，在帽子的拼接缝处和帽子整体的暗面画出阴影。

### 05 画出帽子的亮面

颜色：● ○ ●

在“帽子暗面”图层上方新建“帽子亮面”图层，并打开“剪辑蒙版”。用“中等喷嘴”笔刷，选择亮蓝色画出帽子的亮面。面料表面粗糙，但在亮面处表现得不明显，因此绘制亮面时的运笔力度要稍轻一点。在“线稿”图层上，用“服装压线”笔刷，选择白色顺着拼接缝画出压线。衣领上用黑色画出双压线。在拼接缝上用白色点出面料的凹凸细节。

**06 绘制帽子的装饰**

颜色：● ●

在“帽子亮面”图层上方新建“刺绣图”图层，用“技术笔”笔刷画出字母“A”并涂上亮黄色。可用黑色粗线在字母周边画出立体的效果。把字母调节至合适的大小，并移动到帽子的适当位置处作为装饰。再多复制几个字母并移动至合适的位置。

**07 为人物上色**

颜色：● ● ● ● ● ○

在“帽子底色”图层下方新建“人物底色”图层。用浅肤色填充脸部、颈部区域，用棕色填充头发区域，用深蓝色填充衣服区域，用黑色填充领带区域。在“人物底色”图层上方新建“头部细节”图层，用“技术笔”笔刷选择较深的肤色画出皮肤的暗面和嘴唇的颜色。再用黑色画出眼珠的细节。最后选择白色在该图层上画出高光细节。

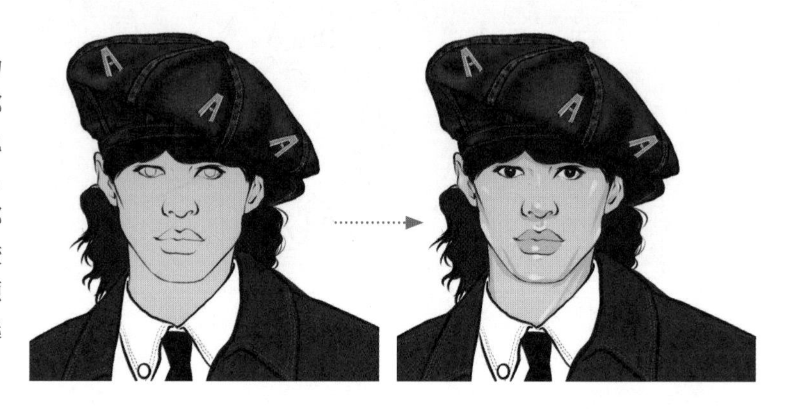

# 4.3 耳环、手镯

耳环、手镯也是服装搭配中常用的配饰：耳环是修饰头部的配饰，手镯是修饰手臂的配饰。

本节通过介绍耳环、手镯的绘制方法，帮助读者理解绘制配饰的原理和技巧。读者可以通过本节的练习，以及临摹更多的配饰来巩固所学的技巧。

## 4.3.1 绘制耳环的步骤

**01 打结构**

新建一个名为“打结构”的图层。先画出头部结构，然后在头部结构上画出头发和十字造型耳环的结构。

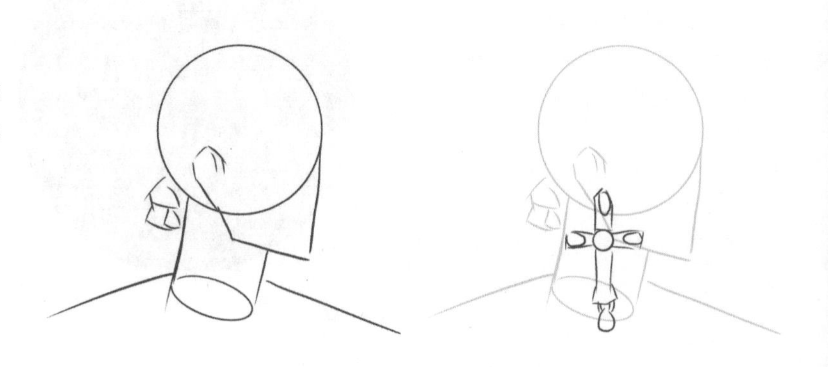

## 02 画线稿

调低"打结构"图层的"不透明度"，在其上方新建"头部线稿"图层。用"技术笔"笔刷，选择黑色勾勒出头部线稿。继续在上方新建"耳环线稿"图层，画出耳环的线稿。

## 03 填充底色

颜色：

在"耳环线稿"图层下方新建"耳环底色"图层，并在耳环区域填充黄棕色。在"耳环底色"图层下方新建"人物底色"图层，用浅肤色填充脸部、颈部等，用棕色填充头发，用黑色填充衣服。

## 04 刻画明暗关系

颜色：

在"人物底色"图层上方新建"人物平面化效果"图层，打开"剪辑蒙版"。用"技术笔"笔刷，选择较深的肤色分别画出皮肤的暗面和嘴唇的颜色，用黑色画出眼线和眼珠的细节，用红棕色画出耳朵的暗面和耳环在脖子上产生的阴影，用白色画出人物的高光细节。

用"技术笔"笔刷，选择亮黄色画出头发的亮面，用深棕色画出头发的阴影。在"耳环底色"图层上填充耳环的黑色部分。在"人物底色"图层对发根进行虚化处理，并画出一根根发丝的细节，用"调整"—"杂色"调出颗粒效果。

## 05 刻画耳环黑色部分

颜色：

在"耳环底色"图层上方新建"耳环黑色亮面"图层，打开"剪辑蒙版"。用"技术笔"笔刷，选择浅灰色画出亮面。

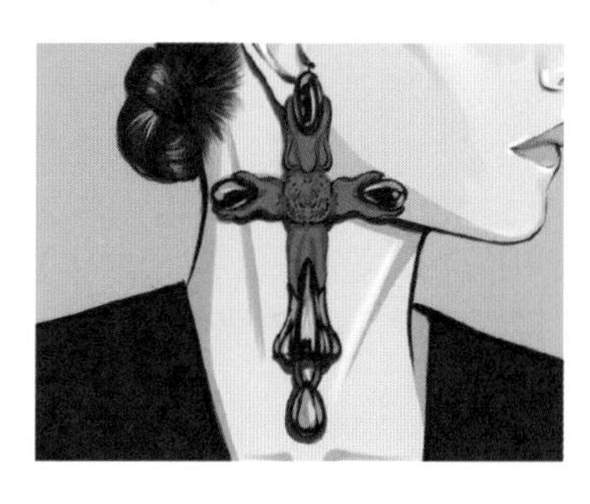

## 06 刻画耳环金色部分

颜色：

在"耳环黑色亮面"图层上方新建"耳环金色亮面"图层，打开"剪辑蒙版"。用"技术笔"笔刷，选择亮黄色画出耳环的金属细节。最后用白色画出耳环上的高光细节。

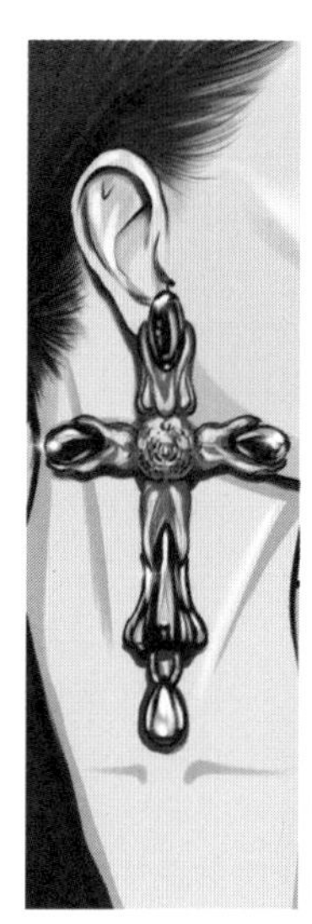

## 4.3.2 绘制手镯的步骤

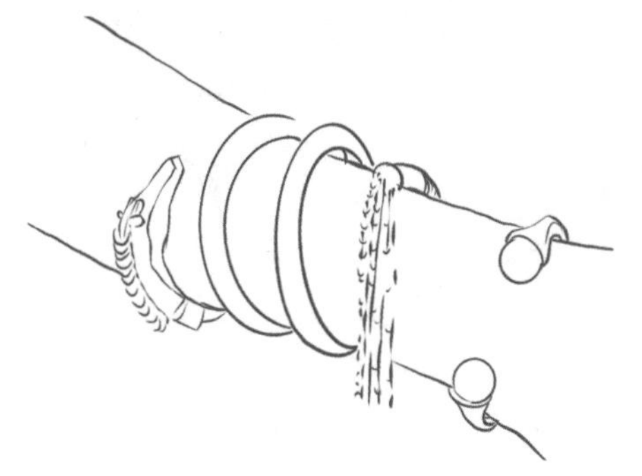

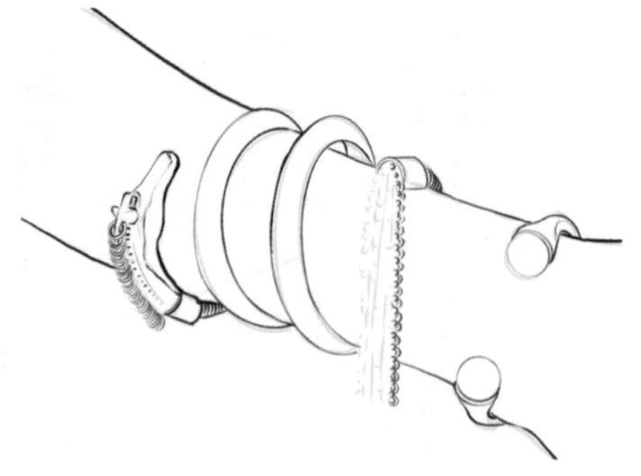

### 01 打结构

新建一个名为“打结构”的图层。先画出手臂的结构，然后围绕着手臂概括出手镯的廓形和结构。

### 02 画线稿

颜色：● ●

调低“打结构”图层的“不透明度”，在其上方新建“线稿”图层。用“技术笔”笔刷，选择黑色画出手臂和手镯的线稿。继续在上方新建“手镯链条线稿”图层，选择棕色，仔细勾勒出链条的线稿。

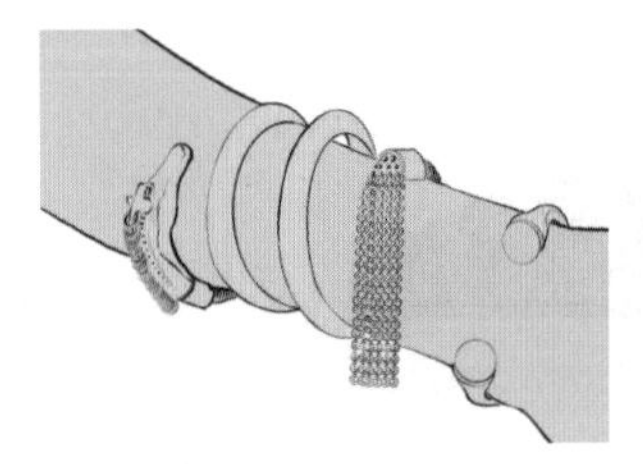

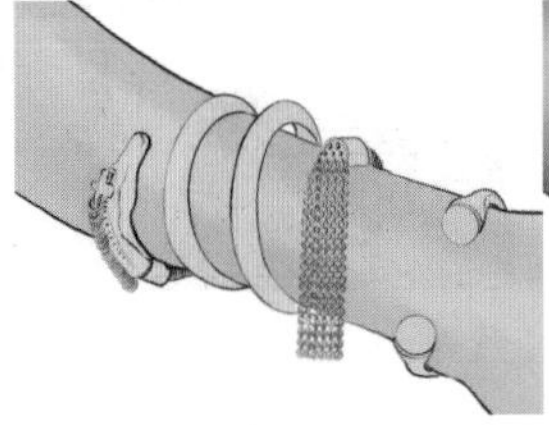

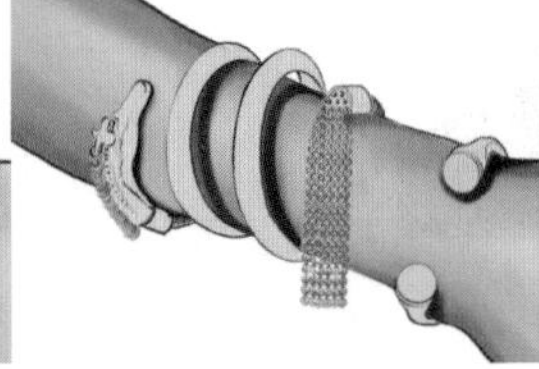

### 03 填充底色

颜色：● ● ●

在“线稿”图层下方新建“皮肤底色”和“手镯底色”图层，并填充相应的底色。手镯的珍珠部分用灰色填充。

### 04 刻画手臂肤色

颜色： ○

在“皮肤底色”图层上方新建“皮肤细节”图层，打开“剪辑蒙版”。用“中等画笔”笔刷，选择较深的肤色画出手臂的明暗关系。

用偏黑的红棕色画出手镯在手臂上产生的阴影。

用浅肤色和白色画出皮肤的高光细节。

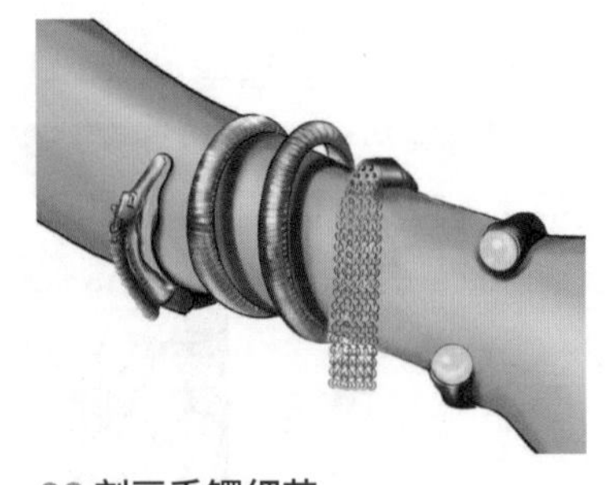

### 05 绘制手镯暗面

颜色：●

在“手镯底色”图层上方新建“手镯暗面”图层，打开“剪辑蒙版”。用“中等画笔”笔刷，选择深棕色画出手镯暗面的阴影。

### 06 刻画手镯细节

颜色：● ○

在“手镯暗面”图层上方新建“手镯细节”图层，打开“剪辑蒙版”。用“技术笔”笔刷，选择亮黄色画出手镯上雕刻的细纹。用白色画出珍珠的高光作为点缀。再用“微光”笔刷，选择白色画出闪光的细节。

### 07 刻画手镯链条细节

颜色：● ○

复制“手镯链条线稿”图层，移动形成两个图层错位的效果。打开复制图层的“阿尔法锁定”，用“技术笔”笔刷，选择亮黄色和白色画出链条的细节。

# 4.4 鞋子

鞋子是服装搭配中必备的配饰。鞋子的款式非常多，几乎在每个季度的新品发布会上都可以看到设计师们设计的别出心裁的时尚鞋子。不同款式的鞋子可以衬托出服装不同的时尚气质。

本节讲解男鞋和女鞋的绘制方法，包括高跟凉鞋、运动鞋和高筒靴。画图前需要掌握脚的结构，这样才能将鞋子的廓形画准确。

## 4.4.1 绘制高跟凉鞋的步骤

### 01 打结构

新建一个名为“打结构”的图层。先画出脚的结构，然后在脚的结构上画出鞋子的廓形和结构。

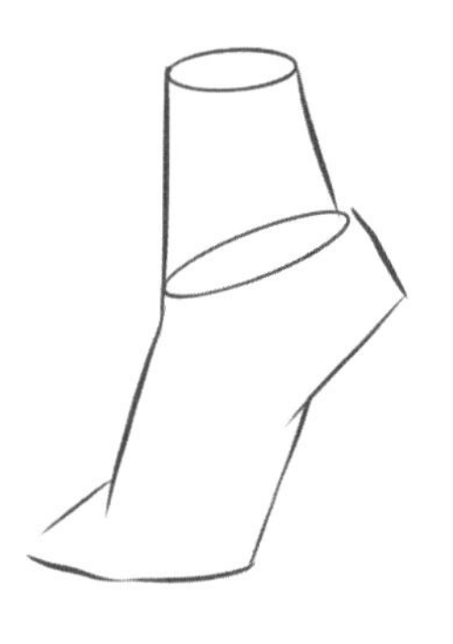

### 02 画线稿

调低“打结构”图层的“不透明度”，在其上方新建“线稿”图层。用“技术笔”笔刷，选择黑色，画出脚和鞋子的线稿。

### 03 填充底色

颜色：

在“线稿”图层下方新建“皮肤底色”和“鞋子底色”图层，并填充相应的底色。

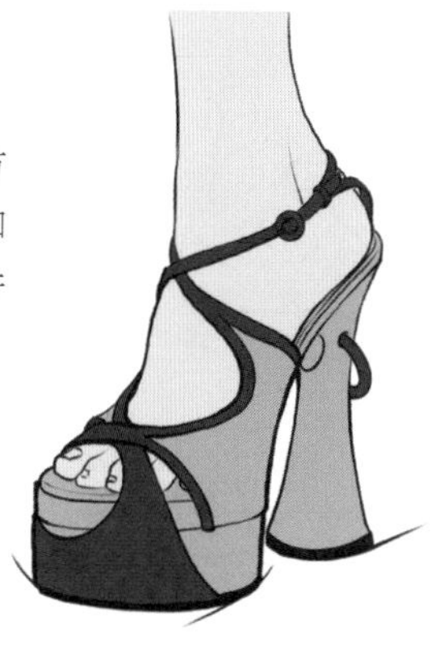

### 04 刻画脚的肤色

颜色：

在“皮肤底色”图层上方新建“皮肤细节”图层，打开“剪辑蒙版”。用“中等喷嘴”笔刷，选择偏黄的肤色画出脚的明暗关系。在该图层上用红棕色加深皮肤的阴影部分，并用浅肤色和白色画出皮肤的高光细节。

**05 绘制鞋子暗面**

颜色：●

在“鞋子底色”图层上方新建“鞋子暗面”图层，打开“剪辑蒙版”。用“中等喷嘴”笔刷，选择较深的紫红色（可以与底色形成强烈对比），在鞋子的暗面部分画出阴影效果，以表现出绸缎面料的质感。

**06 绘制鞋子亮面**

颜色：○

在“鞋子暗面”图层上方新建“鞋子亮面”图层，打开“剪辑蒙版”。用“中等喷嘴”笔刷，选择白色在鞋子的受光部分画出亮面。

**07 刻画鞋子酒红色拼接部分**

颜色：● ● ○

在“鞋子暗面”图层上，用“中等画笔”笔刷，选择较深的酒红色在酒红色拼接部分画出渐变的阴影效果。最后用粉红色和白色画出反光细节。

## 4.4.2 绘制运动男鞋的步骤

**01 打结构**

新建一个名为“打结构”的图层。先画出脚的结构，然后在脚的结构上画出鞋子的廓形和结构。

**02 画线稿**

调低“打结构”图层的“不透明度”，在其上方新建“线稿”图层。用“技术笔”笔刷，选择黑色画出脚和鞋子的线稿。

运动鞋的结构比较复杂，特别是系鞋带的款式，鞋面拼接的材质也比较多样。在“线稿”图层上方新建“鞋子压线”图层，用“服装压线”笔刷画出鞋面上的明线。

**03 填充底色**

颜色：● ● ● ○ ● ● ●

在“线稿”图层下方新建“皮肤底色”“袜子底色”“鞋子底色”图层，并填充相应的底色。

在“袜子底色”图层上，用“技术笔”笔刷，选择白色画出袜子上的花纹细节。

在“鞋子底色”图层上方新建“鞋子拼色”图层，打开“剪辑蒙版”，填充灰色拼接部分。为了区分鞋底、鞋带与鞋面的颜色，在“鞋子底色”图层上用“技术笔”笔刷，在鞋底和鞋带位置涂上荧光绿色，并在鞋舌位置涂上更深的灰色。

#### 04 刻画小腿肤色的明暗关系

颜色：

在“皮肤底色”图层上方新建“皮肤细节”图层，打开“剪辑蒙版”。用“中等喷嘴”笔刷，选择偏黄的肤色画出小腿的明暗关系。在该图层用红棕色加深皮肤的阴影部分，用浅肤色和白色画出皮肤的高光细节。在上方新建“腿毛”图层，用“材质”—“留茬”笔刷，选择深色画出腿毛的细节。

在“袜子底色”图层上使用“调整”—“杂色”工具，画出袜子上的针织颗粒纹理。

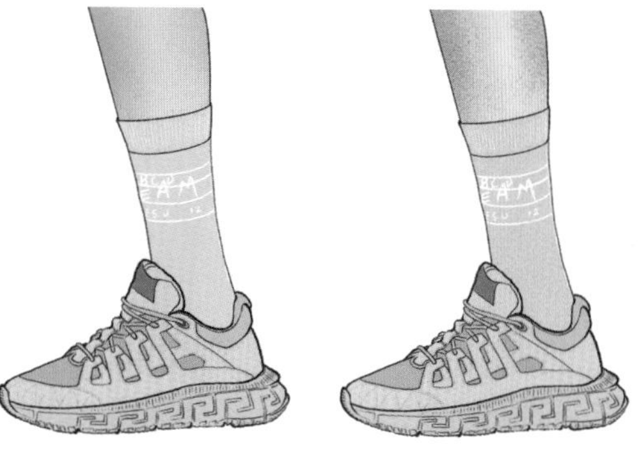

#### 05 刻画鞋子花纹

颜色：

在“鞋子拼色”图层上方新建“鞋子纹理”图层，打开“剪辑蒙版”。用“棋盘石”笔刷，选择白色画出鞋子上的花纹。在“鞋子底色”图层，用“中等画笔”笔刷，选择深灰色画出鞋舌上灰色标牌的暗面细节。

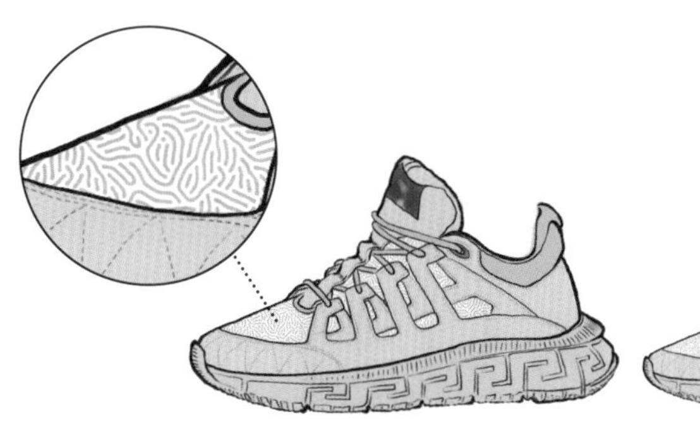

## 4.4.3 绘制金属女高筒靴的步骤

#### 01 打结构

新建一个名为“打结构”的图层，并画出靴子的结构。

#### 02 画线稿

调低“打结构”图层的“不透明度”，在其上方新建“线稿”图层，用“技术笔”笔刷，选择黑色画出靴子的线稿。

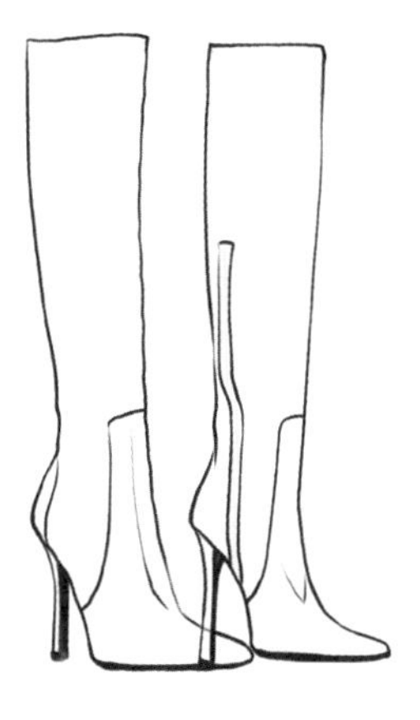

#### 03 填充底色

颜色：

在“线稿”图层下方新建“靴子底色”图层，选择浅棕色填充靴子的底色。

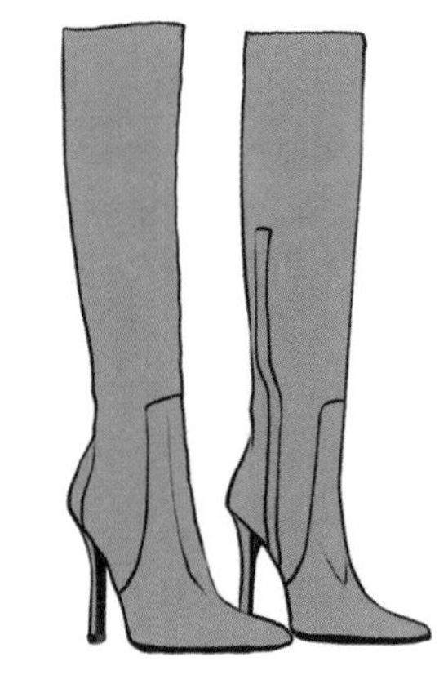

#### 04 绘制靴子暗面

颜色：

在“靴子底色”图层上方新建“靴子暗面”图层，打开“剪辑蒙版”。用“中等喷嘴”笔刷，选择深棕色画出靴子的暗面。

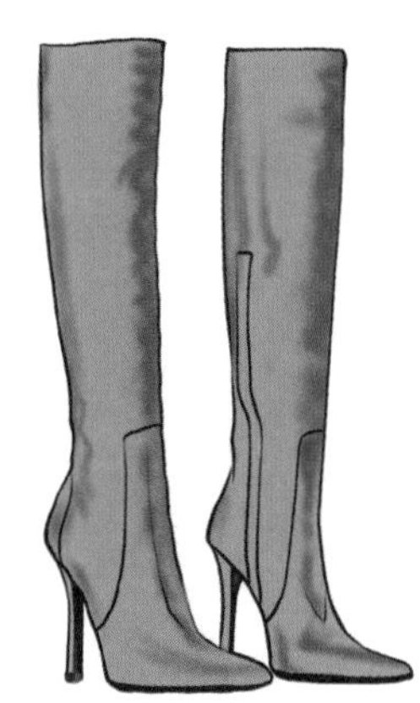

### 05 绘制靴子亮面

颜色：

在“靴子暗面”图层上方新建“靴子亮面”图层，打开“剪辑蒙版”。用“中等喷嘴”笔刷，选择亮黄色画出靴子亮面的金色效果。

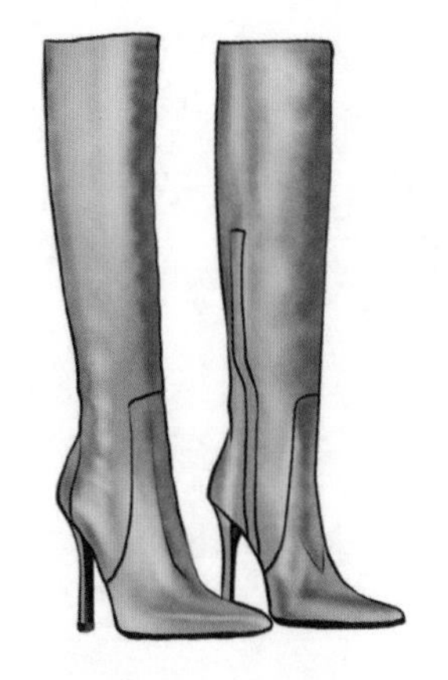

### 06 绘制靴子环境光

颜色：

在“靴子亮面”图层上方新建“靴子环境光”图层，打开“剪辑蒙版”。用“中等喷嘴”笔刷，选择暖橘黄色画出靴子的环境光，以表现光影的效果。用白色画出高光细节。

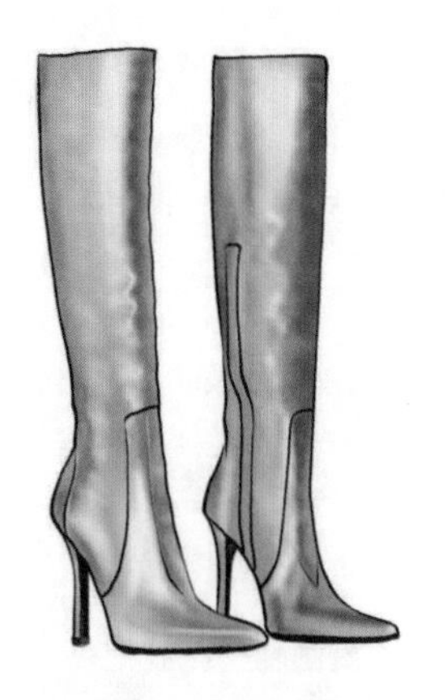

### 07 绘制靴子拉链及压线细节

颜色：

在“靴子环境光”图层上方新建“靴子拉链”图层，打开“剪辑蒙版”。用“金属长方形齿拉链”笔刷，选择白色画出拉链的细节。拉链头用灰色填充。用赠送的“压线”笔刷，选择白色，在拉链周边和靴子拼接缝的位置画出压线细节。

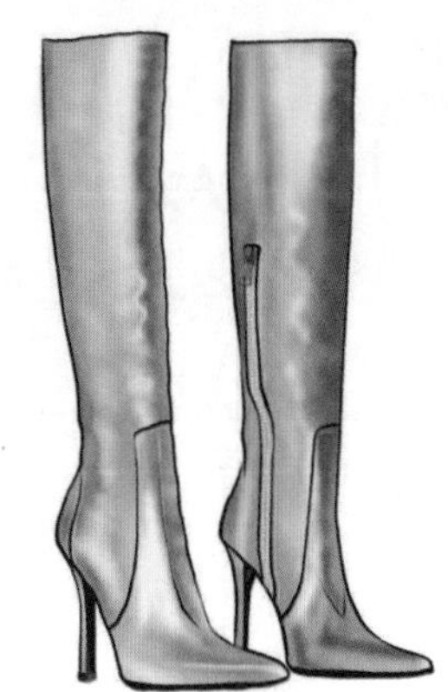

### 08 刻画靴子细节

颜色：

在“靴子环境光”图层上，用“中等喷嘴”笔刷，选择橘黄色，刻画靴面和靴筒上的反光、环境光和高光细节。

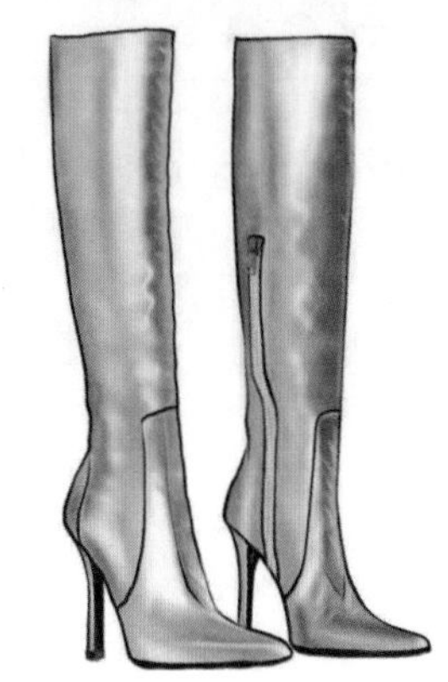

# 4.5 包包

包包是服装设计中，特别是女装设计中非常重要的配饰。包包的款式很多，而且设计师们几乎每个季度都会根据流行趋势推出各种款式的包包。

本节会讲解女挎包和大皮包的绘制方法。与其他配饰相比，包包的结构更为复杂，制作材料除了普通面料外，还有五金辅料。因此，绘制包包需要掌握前面讲解的面料和辅料的绘画技巧。

## 4.5.1 绘制女挎包的步骤

### 01 打结构

新建一个名为“打结构”的图层，并画出人体和包包的结构。

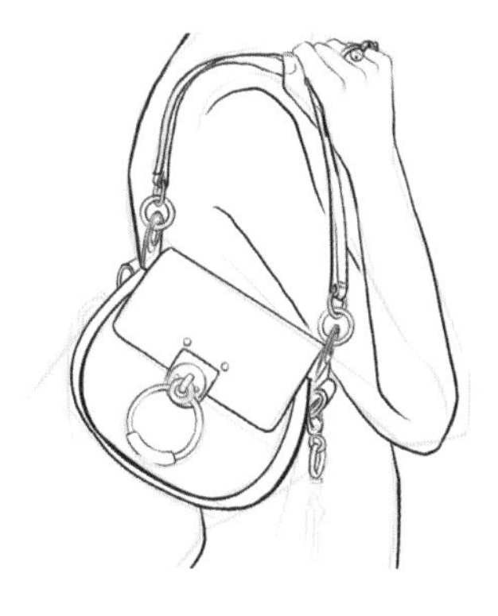

**02 画线稿**

调低“打结构”图层的“不透明度”，在其上方新建“人体线稿”图层。用“技术笔”笔刷，选择黑色画出人体的线稿。在上方新建“包包线稿”图层，用“技术笔”笔刷画出包包的线稿。在上方新建“包包纹理线稿”图层，用“技术笔”笔刷画出包包上的纹理，即不规则的方块。

**03 填充底色**

颜色：

在“人体线稿”图层下方新建“皮肤底色”图层，并填充皮肤的底色。在“包包线稿”图层下方新建“包包和戒指底色”图层，并填充包包的皮革和五金辅料的底色，并填充戒指的底色。

**04 刻画包包的明暗关系**

颜色：

在“包包和戒指底色”图层上方新建“包包明暗”图层，打开“剪辑蒙版”。用“中等画笔”笔刷，选择较深的红棕色，画出包包的暗面。再用浅粉色画出包包的亮面。

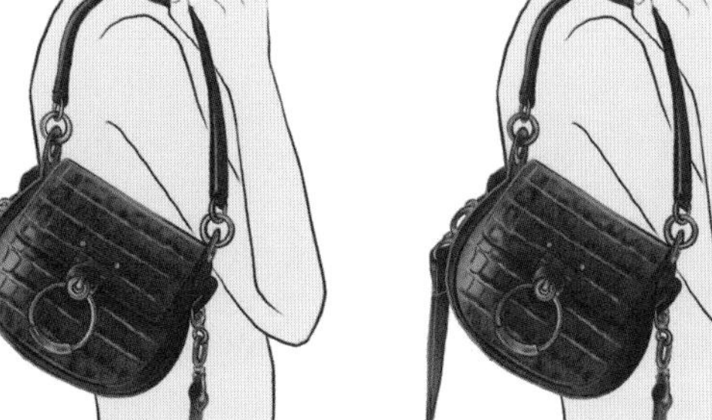

**05 刻画包包阴影**

颜色：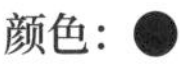

在“包包明暗”图层上方新建“包包阴影”图层，打开“剪辑蒙版”。用“技术笔”笔刷，选择黑色，画出包包的阴影。

**06 绘制皮革纹理亮面和五金辅料暗面**

颜色：

在“包包阴影”图层上，用“技术笔”笔刷，选择粉色，画出皮革纹理的反光细节。在“包包阴影”图层上方新建“五金辅料明暗”图层，打开“剪辑蒙版”。用“中等画笔”笔刷，选择深棕色，画出五金辅料的暗面。用亮黄色画出金属的光泽，以打造出金属的质感。

# 4.5.2 绘制大皮包的步骤

### 01 打结构

新建一个名为“打结构”的图层，并画出人体和包包的结构。

### 02 画线稿

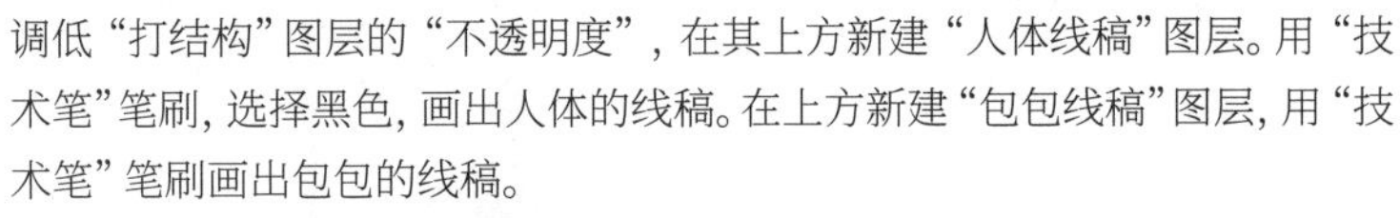

调低“打结构”图层的“不透明度”，在其上方新建“人体线稿”图层。用“技术笔”笔刷，选择黑色，画出人体的线稿。在上方新建“包包线稿”图层，用“技术笔”笔刷画出包包的线稿。

包包上的皮革是有压线的，需要在“包包线稿”图层上方新建“包包压线线稿”图层，用“服装压线”笔刷，将尺寸调至1%，画出菱格压线。注意压线的形态要随着包包的凹凸变化。

### 03 绘制铆钉线稿

在“包包压线线稿”图层上方新建“铆钉线稿”图层。用“技术笔”笔刷，选择黑色，画出铆钉的细节。由于铆钉所在的位置有凹凸变化，因此铆钉不能用复制的方法来绘制，而需要耐心地一个个画出来。

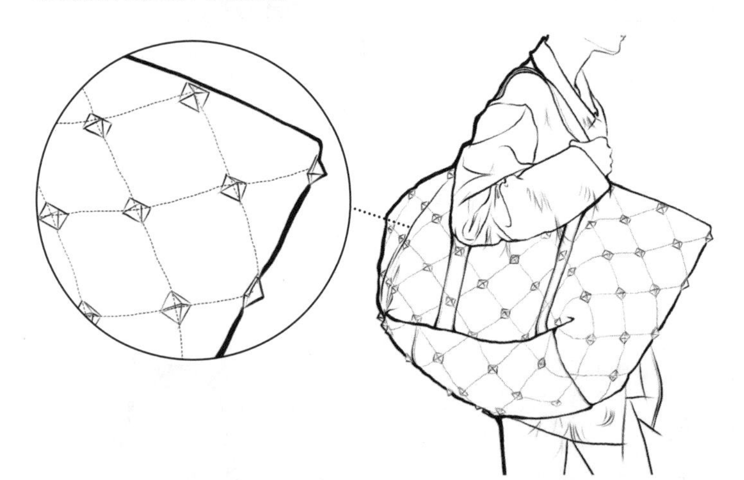

### 04 填充底色

颜色：

在“人体线稿”图层下方新建“人体肤色”和“衣服底色”两个图层，并填充相应的底色。

在“包包线稿”图层下方新建“包包底色”图层，填充包包的底色。

在“包包底色”图层上方新建“铆钉底色”图层，用“技术笔”笔刷，选择黄棕色，为每一个铆钉填充底色。

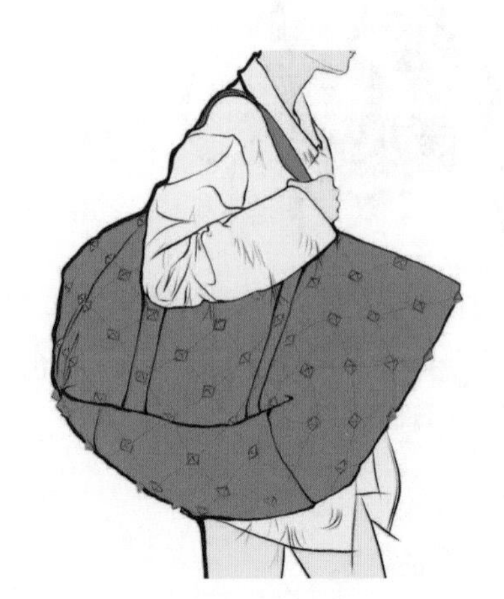

### 05 刻画人物的明暗关系

**颜色：**

在“人体肤色”图层上方新建“肤色明暗”图层，并打开“剪辑蒙版”。用“中等画笔”笔刷，选择粉色和深肤色，画出皮肤的阴影。再选择白色画出手背的高光细节。

在“衣服底色”图层上方新建“衣服阴影”图层，打开“剪辑蒙版”。用“技术笔”笔刷，选择深灰色，画出衣服的阴影。

在“包包底色”图层上进行“杂色”处理，以展现皮革的纹理。

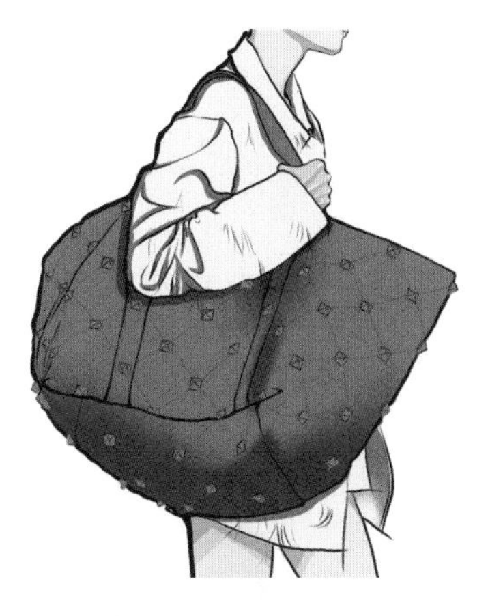

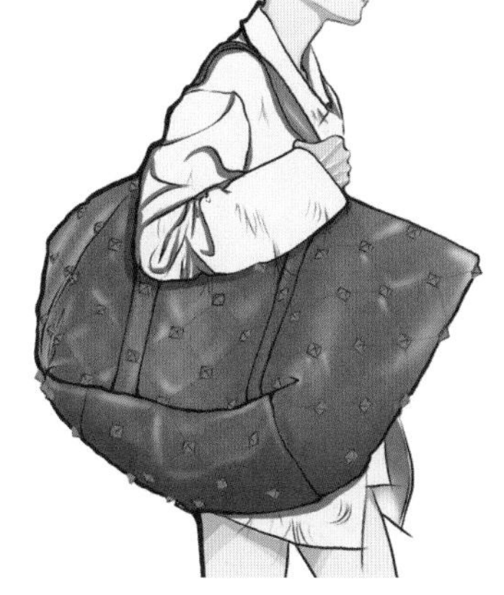

### 06 刻画包包的明暗关系

**颜色：**

在“包包底色”图层上方新建“包包暗面”图层，打开“剪辑蒙版”。用“中等喷嘴”笔刷，选择红棕色，画出包包的阴影。

在“包包暗面”图层，点击“调整”—“高斯模糊”，按住屏幕向右调节模糊参数至5%左右，形成上图（中）所示的效果。

### 07 绘制包包皮革上的高光

**颜色：**

在“包包暗面”图层上方新建“包包高光”图层，打开“剪辑蒙版”。用“中等画笔”笔刷，选择淡粉色，画出包包的高光细节。

### 08 刻画铆钉的明暗细节

**颜色：**

在“铆钉底色”图层上方新建“铆钉明暗细节”图层，并打开“剪辑蒙版”。用“技术笔”笔刷，选择深棕色，画出铆钉的暗面。

用亮黄色画出铆钉的反光。由于包包有角度变化，铆钉的明暗规律并不明显。

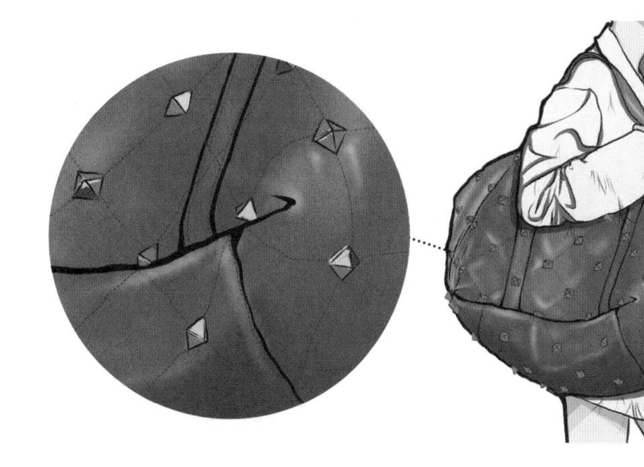

总结

本章主要讲解运用Procreate绘制配饰的方法。配饰讲究创意和与服装的搭配，因此在绘制时要注重表现配饰的材质和色彩。通过灵活运用本章讲解的绘画技巧并不断练习，读者可以掌握配饰的绘制方法，从而举一反三，画出更好的作品。

第 5 章

# 时装画绘制案例

服装的面料品类非常多，按组织结构来分，一般分为针织和梭织两大类；按成分来分，一般分为天然纤维和化学纤维两大类。

本章涵盖了针织、梭织和其他特殊面料服装的时装画内容，涉及的面料包括泳衣弹力面料、针织卫衣面料、毛衣面料、薄纱、印花衬衫面料、皮革、水洗牛仔面料、千鸟格纹西装面料、丝绒、羽绒、尼龙面料等。

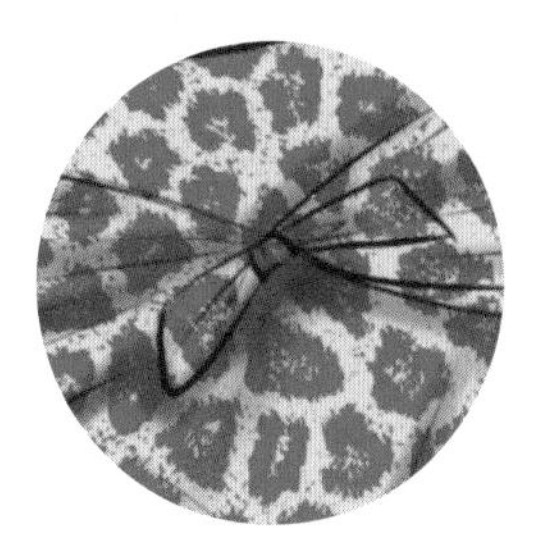

泳衣弹力面料

针织卫衣面料

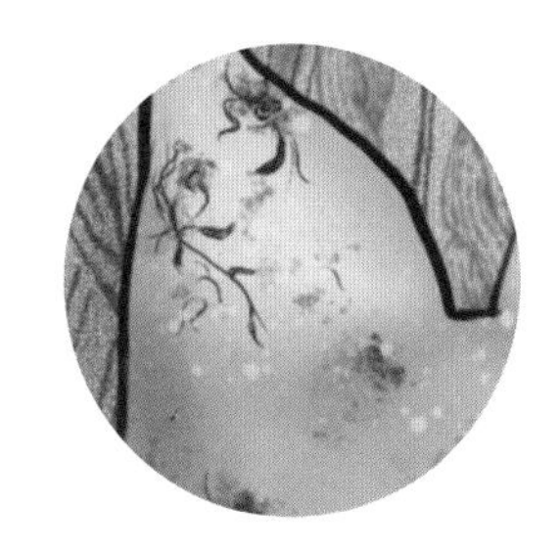
毛衣 + 缎面

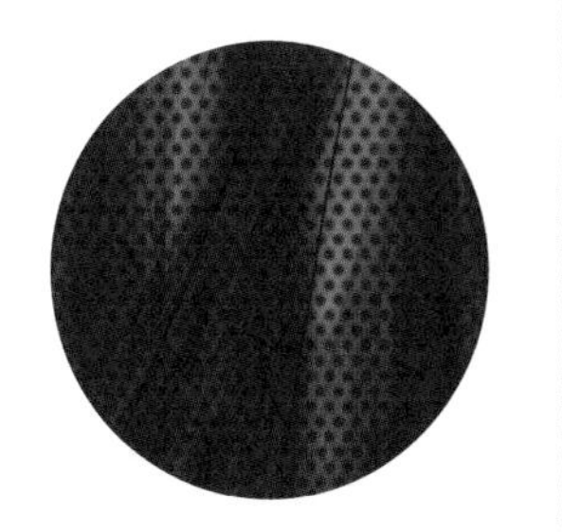
圆点网纱面料

印花衬衫面料

皮革

水洗牛仔面料

千鸟格纹西装面料

丝绒

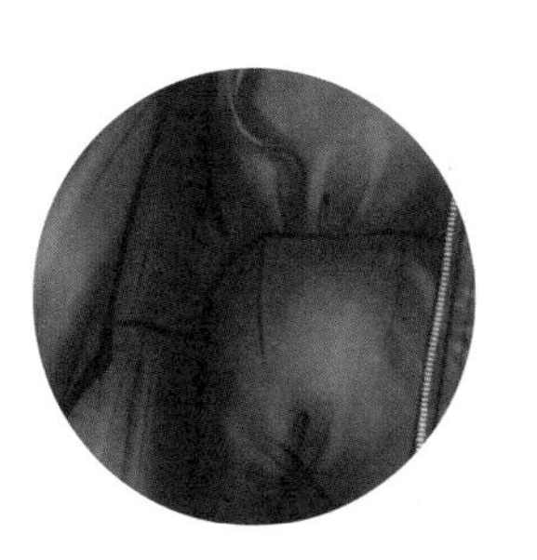
羽绒

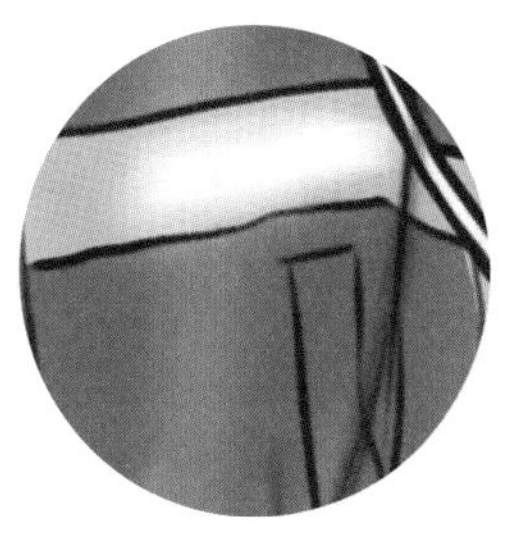
尼龙面料

本章一共展示了 11 个时装画案例，不仅通过详细的绘画步骤展示了多种面料的服装的画法，还详细展示了 Procreate 中图层的运用，以及取色和笔刷使用等技巧的应用。

# 5.1 印花泳衣套装时装画

**学习要点**

1. 人体肤色表现技法
2. 泳衣豹纹图案的画法
3. “剪辑蒙版”的用法

**使用的主要笔刷**

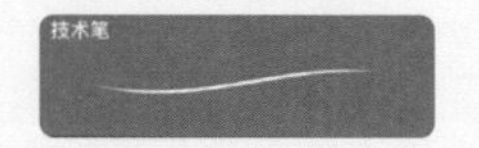


01 线稿

着墨—技术笔

02 皮肤

气笔修饰—中等画笔

03 头发

材质—短发

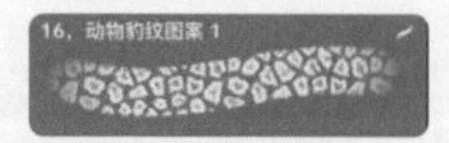


04 泳衣豹纹图案

赠送的“面料”—16号“动物豹纹图案 1”

## 5.1.1 线稿绘制

### 1. 人体结构

**笔刷：**着墨—技术笔

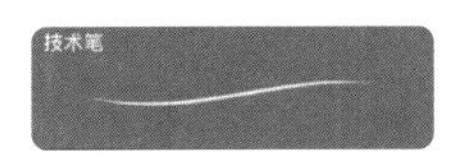


新建一个名为“人体打结构”的图层。运用第 3 章介绍的方法，画出 10 头身的人体结构。肩线向身体左侧压低，胯线向身体左侧提高。

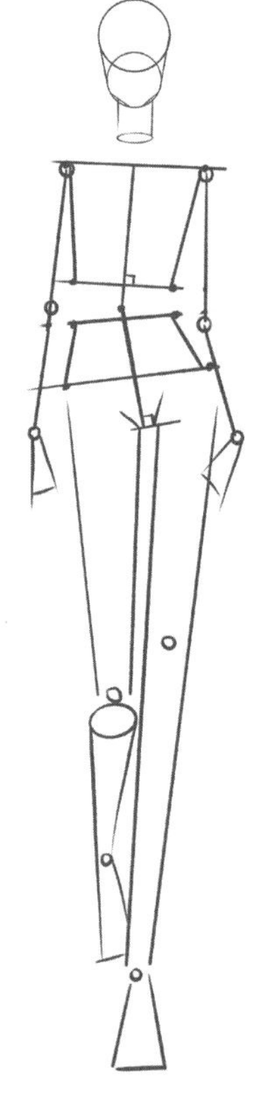

### 2. 服饰结构

**笔刷：**着墨—技术笔

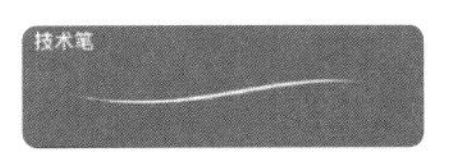


将“人体打结构”图层的“不透明度”调低至 10%。在“人体打结构”图层上方新建图层，并重命名为“服饰打结构”，在该图层上画出部分服饰的廓形。注意观察服饰的整体结构。

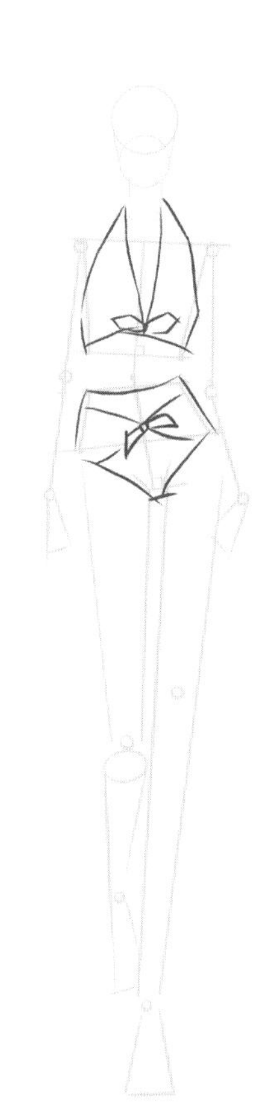

### 3. 人体和头发线稿

**笔刷：**着墨—技术笔

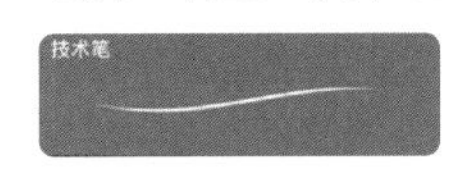


隐藏“服饰打结构”图层，并在“人体打结构”图层上方新建“头发线稿”和“人体线稿”两个图层，用“技术笔”笔刷分别画出头发和人体线稿。画头部时打开“绘图指引”—“对称”功能。

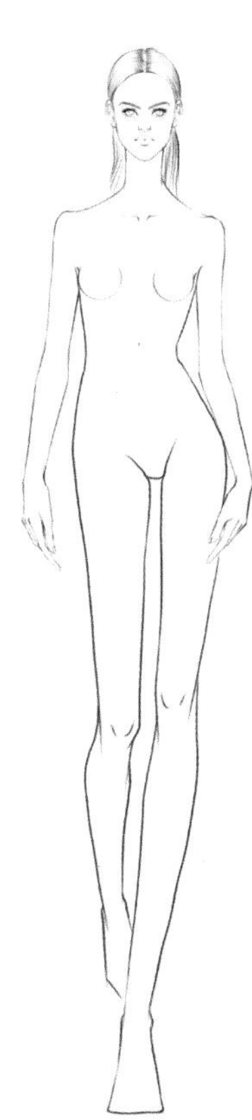

**TIPS**

- 头发的线条要简洁顺滑，营造出长直发自然的飘逸效果。
- 画人体线稿时要注意立体感与力量感的表达，尽量用直线，避免出现过多曲线。

### 4. 服饰线稿

**笔刷：**着墨—技术笔

取消隐藏“服饰打结构”图层，并在此图层上方新建“服饰线稿”图层。用“技术笔”笔刷画出全身服饰的线稿，注意外轮廓的线条要比内部褶皱的线条粗一些，以表现服饰丰富的层次。

**TIPS**

分析服饰的外轮廓，观察服饰的内部结构，特别是褶皱关系。因为泳衣一般结构简单、贴合人体、面料有弹性，所以产生的褶皱比较多。

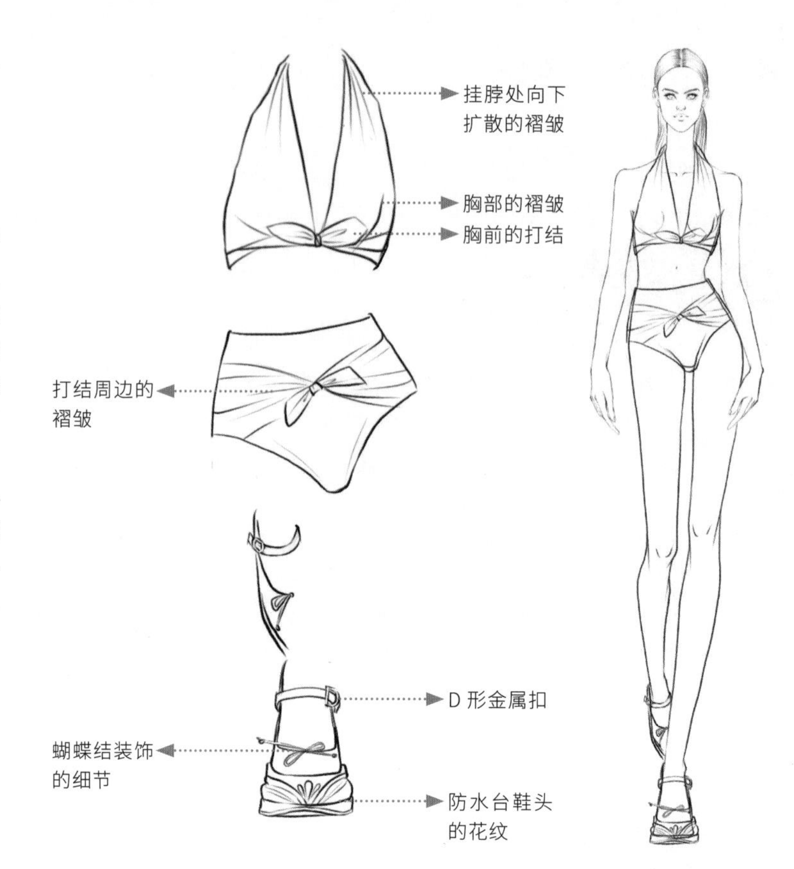


## 5.1.2 上色技巧

### 1. 底色

#### 01 填充人体肤色和头发底色

**颜色：**

在“人体线稿”图层下方新建“人体肤色”图层。用套索工具圈出人体肤色区域，选择浅肤色进行填充。新建“头发底色”图层，用深棕色填充头发底色。

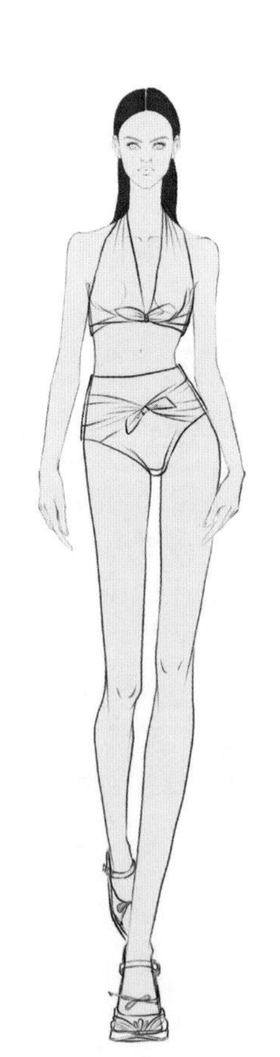

#### 02 填充泳衣底色和鞋子底色

**颜色：**

在“服饰线稿”图层下方新建“泳衣底色”图层，在泳衣区域填充粉色。在“泳衣底色”图层下方新建“鞋子底色”图层，在鞋子区域填充蓝色。

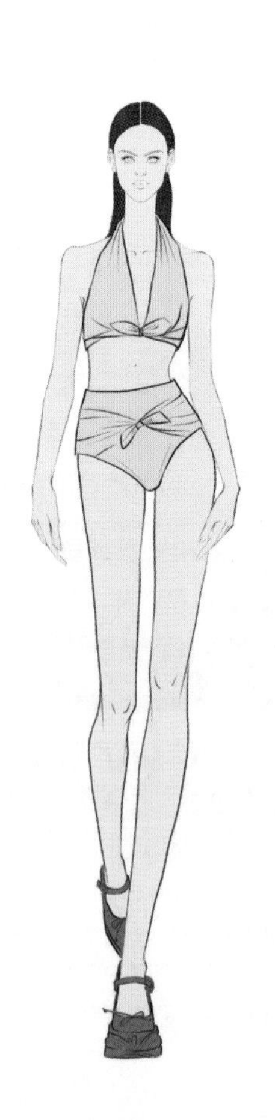

## 2. 肤色细节

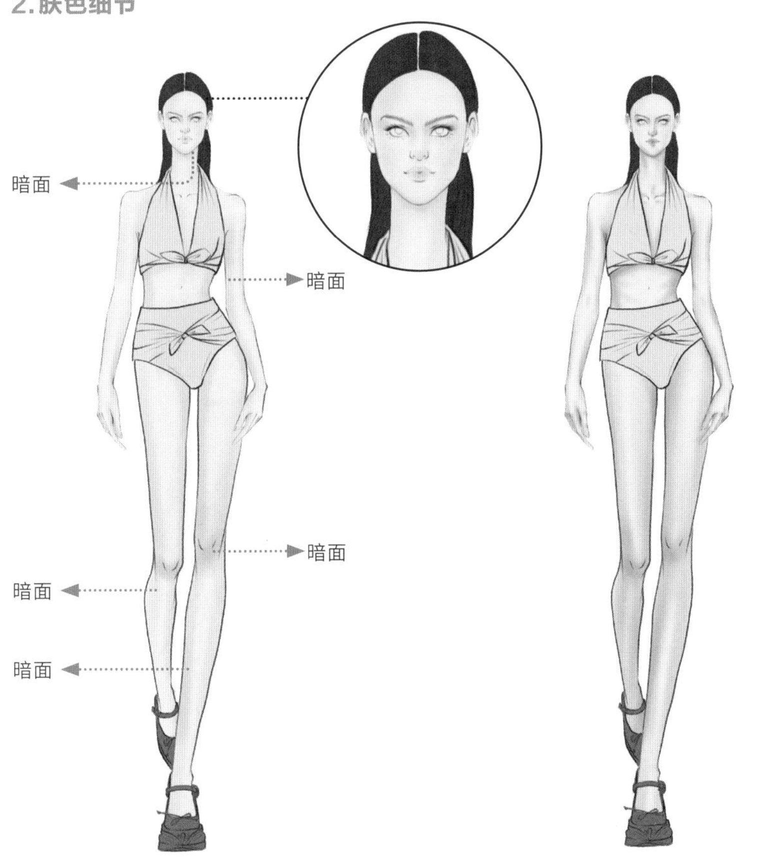


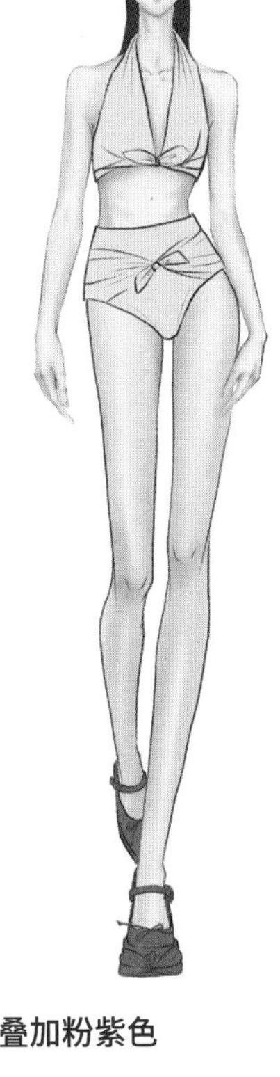

### 01 确定皮肤的明暗关系

**颜色：**

在"人体肤色"图层上方新建"皮肤明暗关系"图层。用"中等画笔"笔刷在皮肤的暗面画出阴影效果。注意根据光的方向确定阴影的位置。

### 02 加深肤色

**颜色：**

在"皮肤明暗关系"图层上方新建"加深肤色"图层。用更深的肤色进一步刻画暗面，并加深嘴唇颜色，使人物整体更自然、生动。

### 03 叠加粉紫色

**颜色：**

在"加深肤色"图层上方新建"皮肤粉紫色"图层。将粉紫色轻柔地叠加在暗面位置，使人物更立体。

## 3. 妆容细节

### 01 刻画眉毛

**颜色：**

在"加深肤色"图层上，选用"中等画笔"笔刷，用与头发底色相同的颜色画出眉毛的底色。

### 02 刻画眼睛和嘴唇

**眼睛颜色：**

**嘴唇颜色：**

在"加深肤色"图层上，用"中等画笔"笔刷，选择对应的颜色，刻画眼睛和嘴唇的细节。

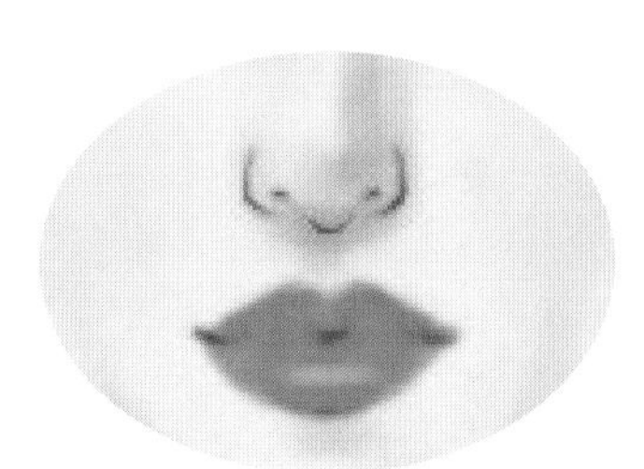

TIPS

每个步骤都用“中等画笔”笔刷叠加不同色调的颜色，注意绘制时要根据不同的部位调整用笔力度和笔刷尺寸。用力过大会使颜色的对比过于强烈。如果想让脸部肤色过渡更加自然，就要注意控制用笔力度。

## 4. 头发细节

### 01 刻画头发暗面

颜色：●

在“头发底色”图层上方新建“头发暗面”图层，并打开“剪辑蒙版”。选择较深的棕色，用“短发”笔刷表现出阴影的层次。

### 02 刻画头发亮面

颜色：●

在“头发暗面”图层上方新建“头发亮面”图层，并打开“剪辑蒙版”。选择淡黄色，用“短发”笔刷画出亮面。

### 03 刻画头发细节

颜色：● ○

在“头发亮面”图层上方新建“头发细节”图层，用“短发”笔刷在头发边缘画出发丝细节。用“技术笔”笔刷画出飘逸的发丝，选取发丝周边的颜色即可。在耳朵附近用“技术笔”笔刷补充发丝细节。

TIPS

“短发”笔刷比较软，使用时要稍微用力一点，同时注意根据刻画的不同位置选择合适的笔刷尺寸。可以根据头发的动态，在头发外侧画出自然的曲线，以体现发丝轻盈、飘逸的效果。

## 5.1.3 服饰表现

### 1. 绘制泳衣花型和指甲颜色

**笔刷：**

赠送的“面料”—16 号“动物豹纹图案 1”

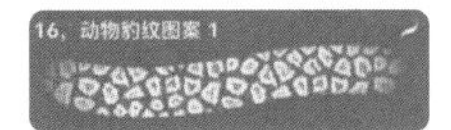


着墨—技术笔

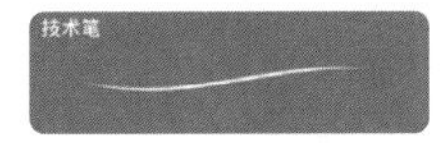


**颜色：**● ○

在“泳衣底色”图层上方新建“泳衣花型”图层，打开“剪辑蒙版”。在画笔库中找到赠送的“动物豹纹图案 1”笔刷，选择红色画出泳衣的豹纹图案。如果想设置图案的大小，可以点击所选的笔刷，设置“画笔工作室”—“颗粒”—“纹理化”—“比例”，数值越大图案越大，反之图案越小。用白色画出指甲颜色。

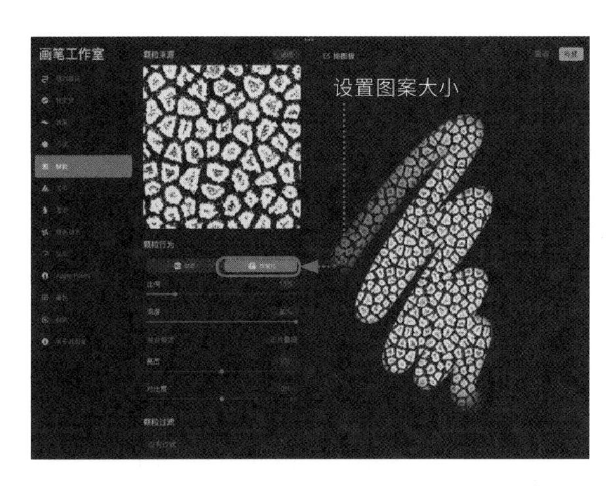


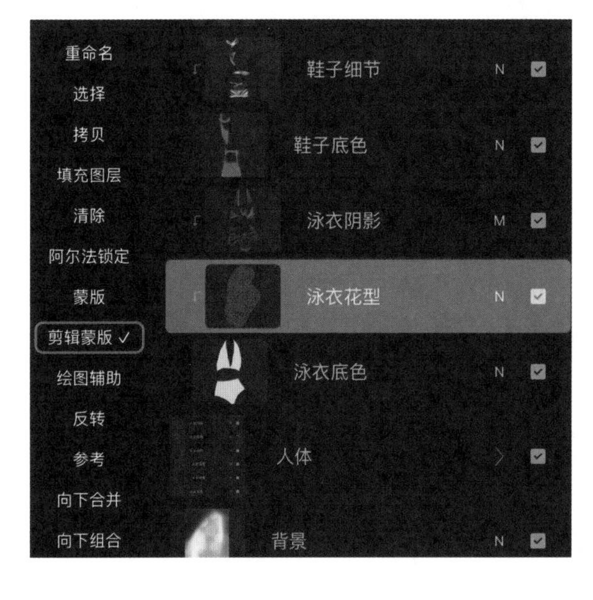

## 2. 绘制泳衣阴影

**笔刷：**气笔修饰—中等画笔

**颜色：**●

在“泳衣花型”图层上方新建“泳衣阴影”图层，打开“剪辑蒙版”和“正片叠底”。用“中等画笔”笔刷选择暗红色，画出泳衣的阴影（一般褶皱下方会产生阴影）。

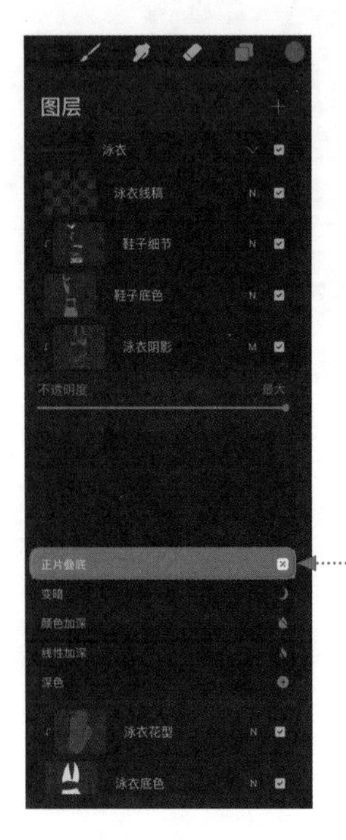


**TIPS**

打开“正片叠底”的方式：
点击所选图层右侧的“N”，在弹出的列表中勾选“正片叠底”即可。

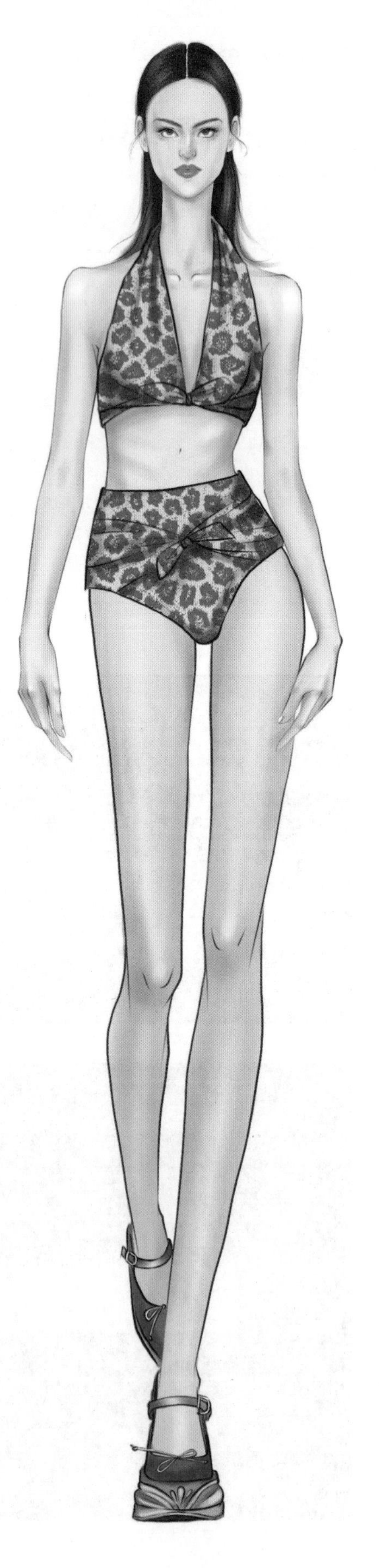

## 3. 刻画鞋子细节

**笔刷：**着墨—技术笔

**颜色：**○

在“鞋子底色”图层上方新建“鞋子细节”图层，打开“剪辑蒙版”。用“技术笔”笔刷，选择白色，画出反光，以体现鞋子的立体感。

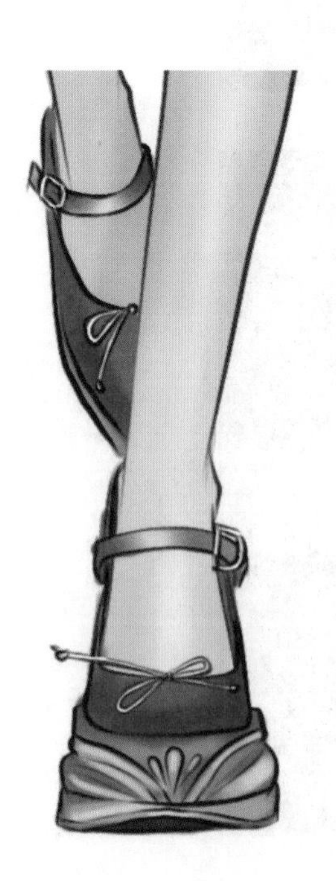

完成稿可以导出为PNG格式，设置成双人排版。

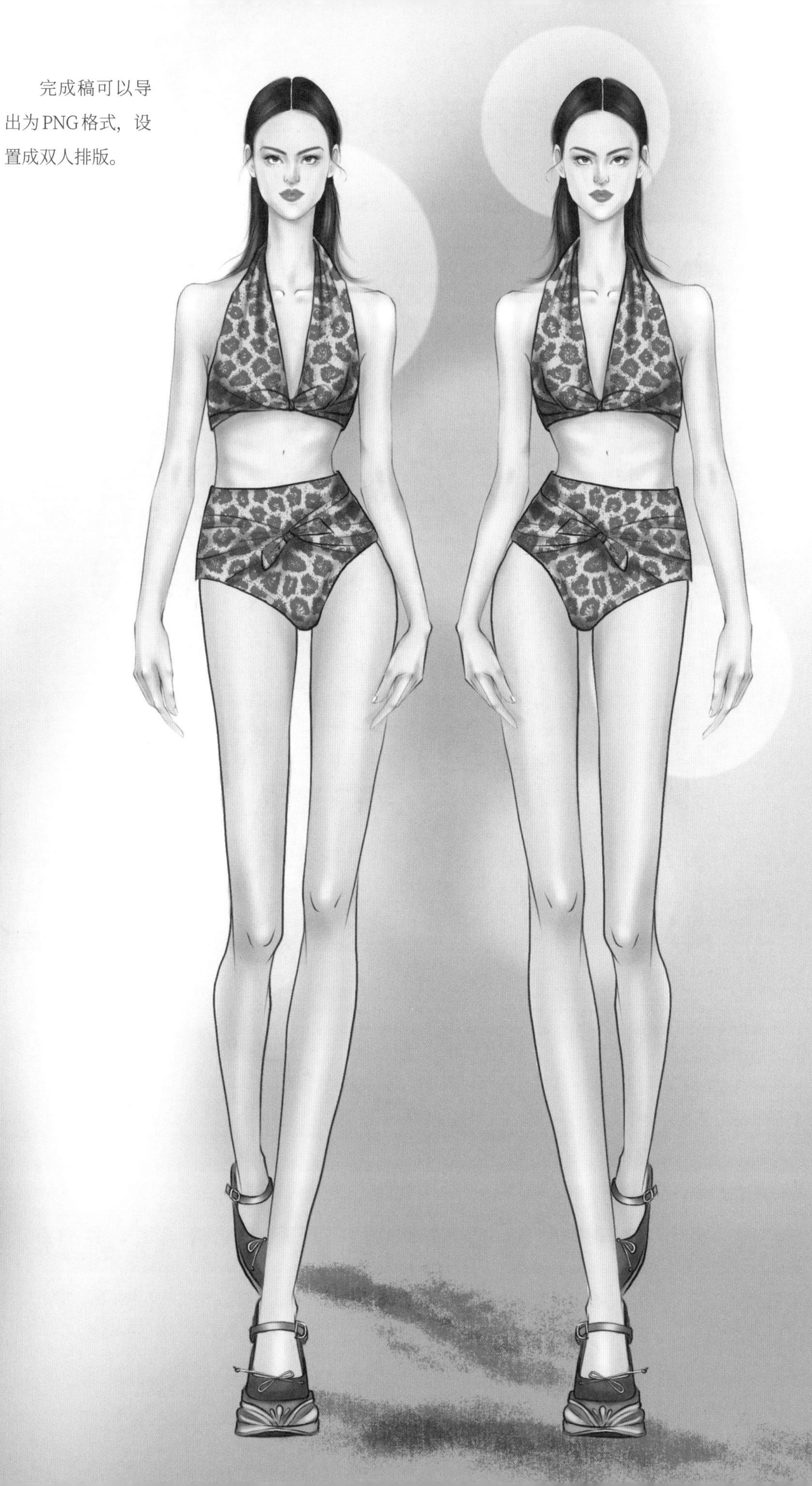

# 5.2 针织卫衣搭配半裙时装画

**学习要点**

1. 卫衣面料的表现技法
2. 胶印图案的画法
3. 印花图案的画法
4. 杂色调整技巧

**使用的主要笔刷**

01 **线稿**

着墨—技术笔

02 **皮肤**

气笔修饰—中等画笔

03 **头发**

材质—短发

04 **卫衣明暗**

喷漆—中等喷嘴

05 **半裙印花图案**

喷漆—喷溅

## 5.2.1 线稿绘制

### 1. 人体结构

**笔刷：**着墨—技术笔

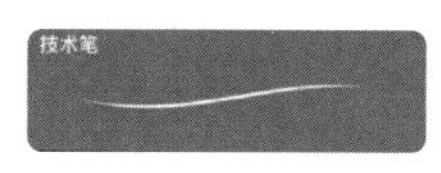


新建一个名为“人体打结构”的图层。运用第 3 章介绍的方法，画出 10 头身的人体结构。肩线水平，胯线向身体右侧提高。

### 2. 服饰结构

**笔刷：**着墨—技术笔

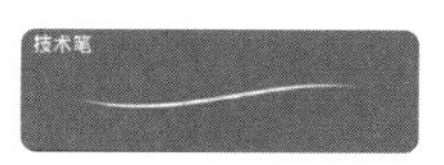


将“人体打结构”图层的“不透明度”调低至 10%。然后在“人体打结构”图层上方新建图层，并重命名为“服饰打结构”，在该图层上画出部分服饰的廓形。注意观察服饰的整体结构。

### 3. 人体和头发线稿

**笔刷：**着墨—技术笔

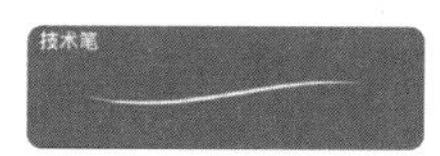


隐藏“服饰打结构”图层。在“人体打结构”图层上方新建“头发线稿”和“人体线稿”两个图层，用“技术笔”笔刷分别画出头发和人体线稿。画头部时打开“对称”功能。

**TIPS**

头发线条要从整体来观察，根据头发层次确定方向，并且注意要展现出头发顺滑的感觉，耳边的头发要呈现自然的飘逸效果。

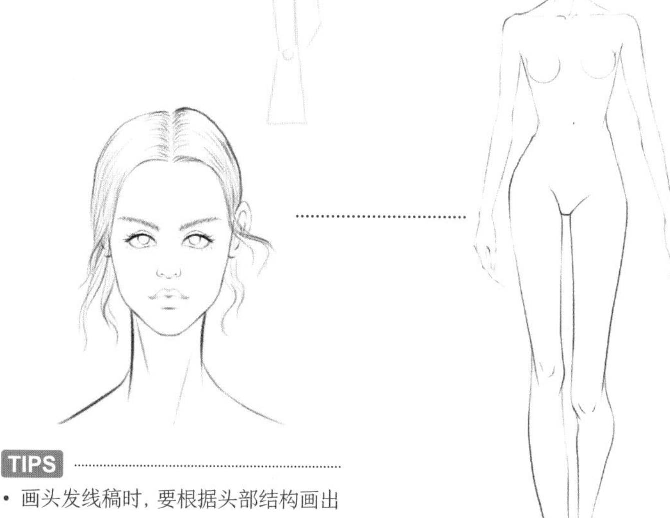

**TIPS**

- 画头发线稿时，要根据头部结构画出廓形，然后把头发分组并进行排线，以表现细节。
- 画人体线稿时，进行五官的刻画要打开“对称”功能，画完要检查五官是否符合“三庭五眼”的比例。

### 4. 服饰线稿

**笔刷：**着墨—技术笔

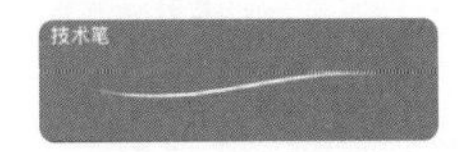


取消隐藏“服饰打结构”图层，并将“不透明度”调低至10%。在该图层上方新建“服饰线稿”图层，用“技术笔”笔刷画出全身服饰，注意外轮廓的线条比内部褶皱的线条要粗一些。

**TIPS**

分析服饰的外轮廓，观察服饰的内部结构，特别是褶皱关系。

- 卫衣的面料比较厚实、柔软，因此线条要有弧度。而且卫衣的褶皱比较多，要分析是什么原因产生的褶皱，比如受力、服装工艺设计（抽绳、捏褶）等。
- 半裙的面料比较挺括，线条要更硬朗。注意要画出内部的省道和侧缝分割线的结构。

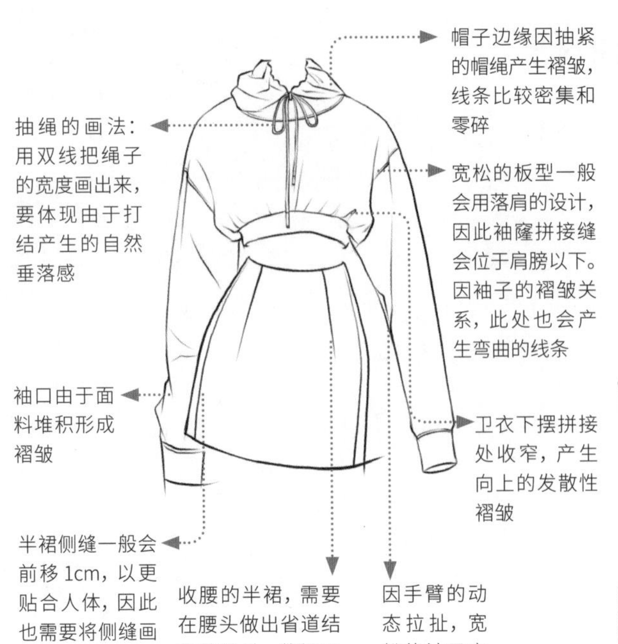


**TIPS**

- 卫衣是O形廓形设计，面料较软，因此整体廓形偏弧形。
- 半裙是H形廓形设计，面料较挺括，板型比较规则、方正。

## 5.2.2 上色技巧

### 1. 底色

#### 01 填充人体肤色和头发底色

**颜色：**

在“人体线稿”图层下方新建图层，重命名为“人体肤色”。用套索工具圈出人体肤色区域，选择浅肤色进行填充。被服饰挡住的部分皮肤可以不填充。新建“头发底色”图层，用深棕色填充头发底色。

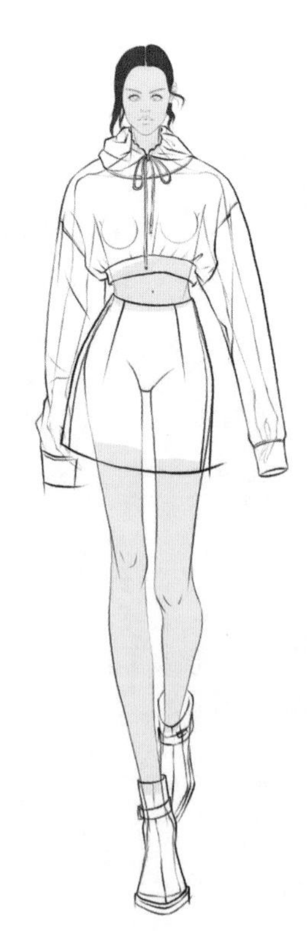

#### 02 填充卫衣底色、半裙底色和靴子底色

**颜色：**

在“服饰线稿”图层下方新建“卫衣底色”图层，并填充灰色。

在“卫衣底色”图层下方新建“半裙底色”图层，并填充蓝色。

在“半裙底色”图层下方新建“靴子底色”图层，并填充深灰色。

**TIPS**

不同的面料可以独立新建底色图层，方便后期分别做效果处理。

## 2. 肤色细节

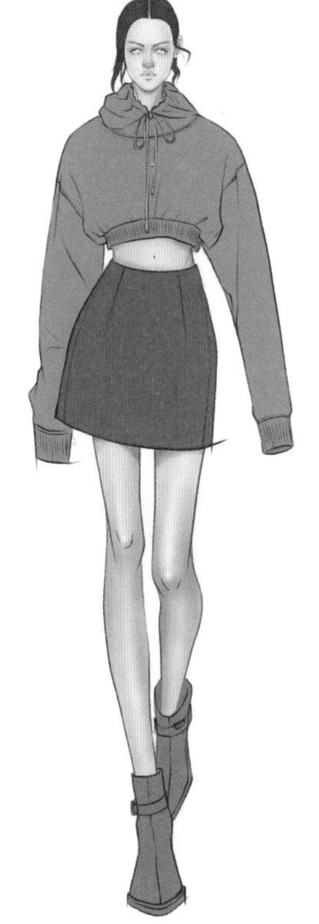

### 01 确定皮肤的明暗关系

颜色：

在“人体肤色”图层上方新建“皮肤明暗关系”图层。用“中等画笔”笔刷在皮肤的暗面画出阴影效果。注意根据光的方向确定阴影的位置。

### 02 叠加粉紫色

颜色：

在“皮肤明暗关系”图层上方新建“皮肤粉紫色”图层。将粉紫色轻柔地叠加在暗面，使人物更立体。

### 03 加深肤色

颜色：

在“皮肤粉紫色”图层上方新建“加深肤色”图层。用更深的肤色进一步刻画暗面，使人物整体更自然、生动。在“加深肤色”图层上方新建“高光细节”图层，选择白色，用“技术笔”笔刷画出全身肤色的高光细节。

## 3. 妆容细节

### 01 刻画眼影和眉毛

颜色：

在“加深肤色”图层上，用“中等画笔”笔刷，选择暗红色在眼睛处画出烟熏妆容效果。再用与头发底色相同的颜色画出眉毛的底色。

**02 刻画眼睛和嘴唇**

**眼睛颜色：** ● ● ● ● ○

**嘴唇颜色：** ● ● ● ● ○

在“加深肤色”图层上，用“中等画笔”笔刷，选择对应的颜色，刻画眼睛和嘴唇的细节。

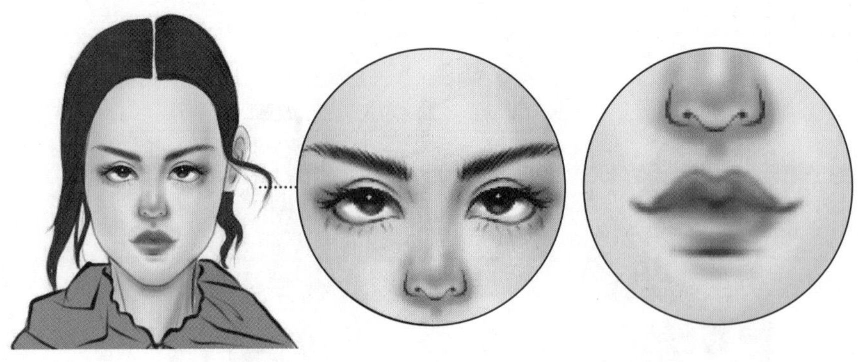

## 4. 头发细节

**01 边缘虚化处理**

在“头发底色”图层上，点击涂抹工具，选择“上漆”—“松脂”笔刷，对头发边缘进行虚化处理。

**02 刻画头发暗面**

**颜色：** ●

在“头发底色”图层上方新建“头发暗面”图层，并打开“剪辑蒙版”。选择较深的棕色，用“短发”笔刷表现出阴影的层次。

**03 刻画头发亮面**

**颜色：** ●

在“头发暗面”图层上方新建“头发中间调”图层，并打开“剪辑蒙版”。选择淡黄色，用“短发”笔刷画出头发的亮面，注意发尾细节的处理。

**04 刻画头发细节**

**颜色：** ● ○

在“头发中间调”图层上方新建“头发细节”图层，用“短发”笔刷在头发边缘画出发丝细节，并用“技术笔”笔刷画出飘逸的发丝，选取发丝周边的颜色即可。用白色适当画出高光。在耳朵附近用“技术笔”笔刷补充发丝细节。

## 5.2.3 服饰表现

### 1. 绘制卫衣花灰效果

**工具：** 调整—杂色

复制“卫衣底色”图层，将复制后的图层重命名为“卫衣花灰效果”，并打开“剪辑蒙版”。

点击“调整”—“杂色”，然后按住屏幕向右滑动，调整“杂色”的数值，观察卫衣的花灰效果，直到产生颗粒感。具体的设置参数可以参考下图。

调整—杂色：
按住屏幕向右滑动，调整“杂色”至17%左右，注意观察卫衣是否产生花灰效果

可参考此处参数设置

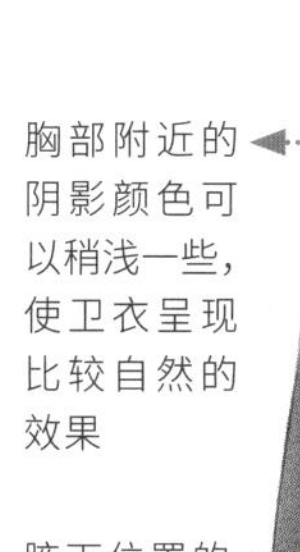

胸部附近的阴影颜色可以稍浅一些，使卫衣呈现比较自然的效果

腋下位置的阴影颜色可以适当加深

描画出帽绳产生的阴影，增强卫衣的立体感

### 2. 绘制卫衣阴影

**笔刷：** 喷漆—中等喷嘴

**颜色：** ●

在“卫衣花灰效果”图层上方新建“卫衣阴影”图层。打开“剪辑蒙版”，点击图层右侧的“N”，在弹出的列表中选择“正片叠底”。用“中等喷嘴”笔刷画出卫衣的阴影效果。调小笔刷尺寸，把帽子上褶皱的阴影刻画出来；将帽绳产生的阴影画出错位的感觉，以展现出帽绳的空间感。

## 3. 绘制卫衣亮面

**笔刷：** 喷漆—中等喷嘴

**颜色：**

在“卫衣阴影”图层上方新建“卫衣亮面”图层，并打开“剪辑蒙版”。用“中等喷嘴”笔刷，选择亮灰色，画出卫衣的亮面。亮面在暗面上方的位置。

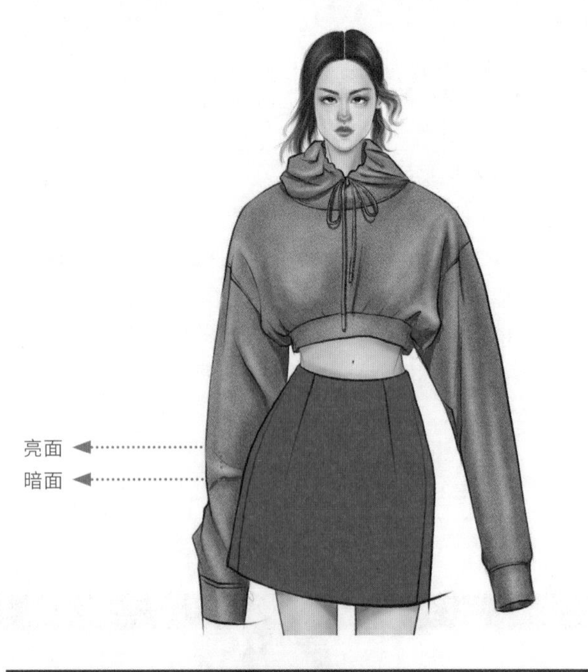


## 4. 绘制卫衣胶印图案

**工具：** 操作—添加—添加文本

**颜色：**

选择“卫衣亮面”图层，点击“操作”—“添加”—“添加文本”，输入字母，再用变换变形工具调整字母的大小和位置，将其放在胸前居中的位置。改变字母颜色时，需点击文本，出现实心的框后，再在色盘中选取蓝色。将文本图层重命名为“卫衣胶印图案”。

复制“卫衣胶印图案”图层，并按照上述步骤把文本颜色改为青绿色，点击变换变形工具，将其移开，营造出立体效果。

在图层上向右滑动，点击“复制”即可复制该图层

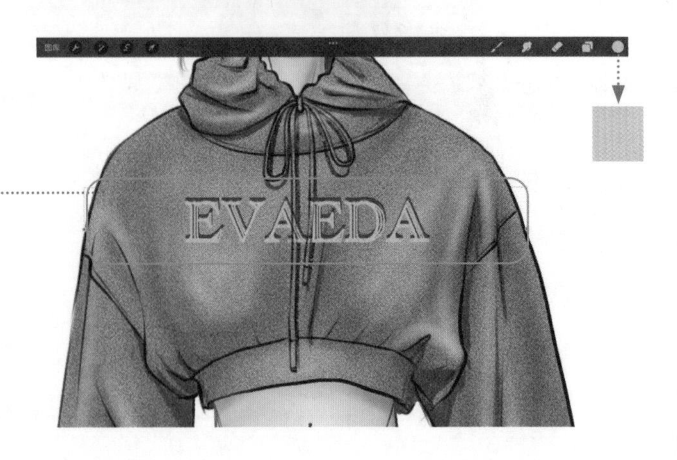


点击文本，出现蓝色实心的框时，即可在色盘中选择青绿色，点击变换变形工具，将文本移开，就可以营造出立体字效果

### 5. 刻画卫衣细节

**笔刷：** 着墨—技术笔

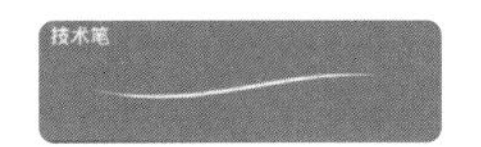

**颜色：**

在"卫衣胶印图案"图层上方新建"卫衣细节"图层，用"技术笔"笔刷画出帽绳，让帽绳出现在字母上方。然后用"技术笔"笔刷画出虚线，并在袖口和下摆处画出螺纹细节。

### 6. 绘制半裙阴影

**笔刷：** 气笔修饰—中等画笔

**颜色：**

在"半裙底色"图层上方新建"半裙阴影"图层，打开"剪辑蒙版"。用"中等画笔"笔刷，选择较深的蓝色，画出半裙的阴影。

### 7. 绘制半裙花型

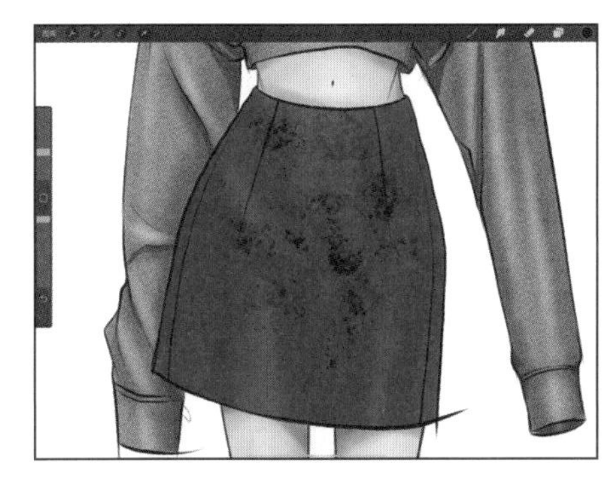

**笔刷：** 喷漆—喷溅

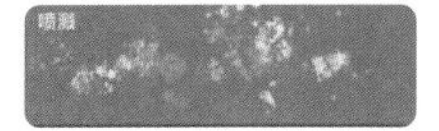

**颜色：**

在"半裙阴影"图层上方新建"半裙花型"图层，打开"剪辑蒙版"。用"喷溅"笔刷，选择黑色，将笔刷尺寸调至12%左右，用点的方式画出喷溅的效果。

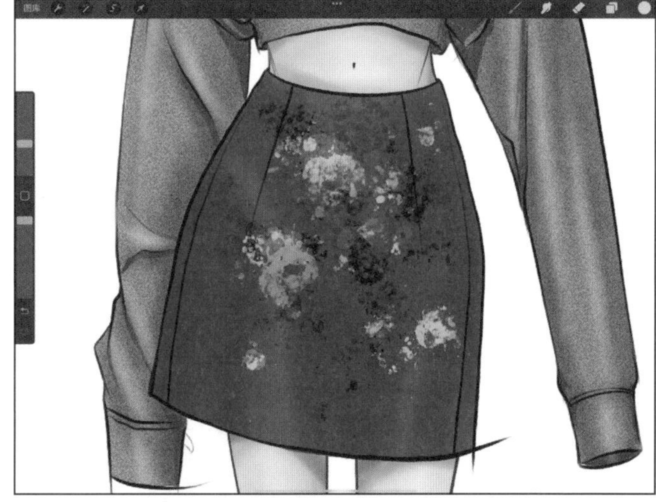

**颜色：**

继续在"半裙花型"图层上用绿色和青色画出印花效果。

整体效果是随机的，每个人落笔的位置都有差异，因此根据展示的效果画出自己想要的印花效果即可

## 8. 绘制靴子暗面

**笔刷：** 气笔修饰—中等画笔

**颜色：** ●

在“靴子底色”图层上方新建“靴子暗面”图层，打开“剪辑蒙版”。用“中等画笔”笔刷，选择黑色，画出靴子的暗面。

## 9. 绘制靴子亮面

**笔刷：** 气笔修饰—中等画笔

**颜色：** ● ○

在“靴子暗面”图层上方新建“靴子亮面”图层，打开“剪辑蒙版”。用“中等画笔”笔刷，选择淡黄色和白色，画出靴子的亮面。

完成稿可以导出为PNG格式，设置成双人排版。

# 5.3 毛衣面料套装时装画

**学习要点**

1. 毛衣纹理笔刷的运用
2. 碎花图案的画法
3. 丝质缎面面料的画法

**使用的主要笔刷**

01 **线稿**
着墨—技术笔

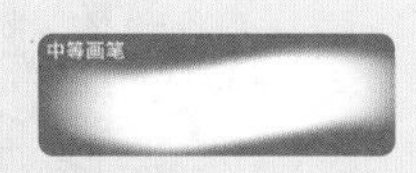


02 **皮肤**
气笔修饰—中等画笔

03 **头发**
材质—短发

04 **毛衣线稿**
着墨—墨水渗流

05 **碎花**
喷墨—喷溅

06 **毛衣纹理线稿**
赠送的“面料”—31号“毛衣扭纹纹理线稿”

07 **毛衣底纹纹理**
赠送的“面料”—9号“毛衣纹路坑条”

08 **包包闪光细节**
亮度—闪光

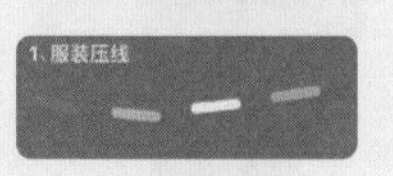


09 **包包压线**
赠送的“辅料”—1号笔刷“服装压线”

10 **毛衣明暗关系**
喷漆—中等喷嘴

# 5.3.1 线稿绘制

## 1. 人体结构

**笔刷：** 着墨—技术笔

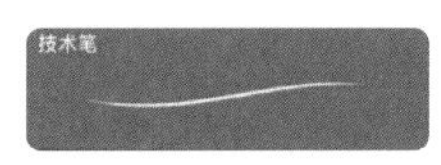


新建一个名为“人体打结构”的图层。运用第 3 章介绍的方法，画出 10 头身的人体结构。肩线向身体左侧压低，胯线向身体左侧抬高。

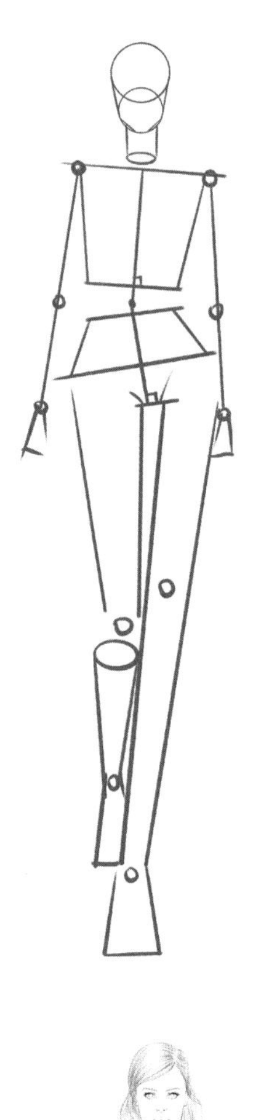

## 2. 服饰结构

**笔刷：** 着墨—技术笔

将“人体打结构”图层的“不透明度”调低至 10%。在“人体打结构”图层上方新建图层，并重命名为“服饰打结构”，在该图层上画出服饰及头发的廓形。注意观察服饰的结构。

## 3. 人体和头发线稿

**笔刷：** 着墨—技术笔

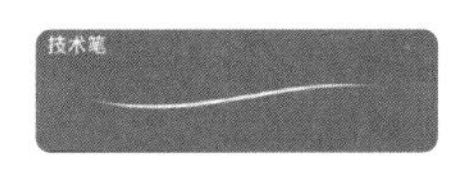


隐藏“服饰打结构”图层，并将“人体打结构”图层的“不透明度”调节至 10% 左右。在“服饰打结构”图层上方新建“头发线稿”和“人体线稿”两个图层，用“技术笔”笔刷分别画出头发和人体线稿。画头部时打开“对称”功能。

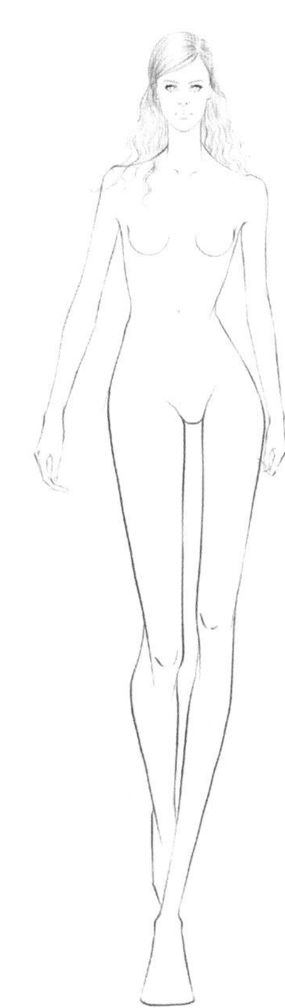

**TIPS**

头发线条要从整体观察，根据头发层次确定方向，体现出波浪形卷发的层次。

## 4. 服饰线稿

**笔刷：**

线条勾勒：着墨—技术笔

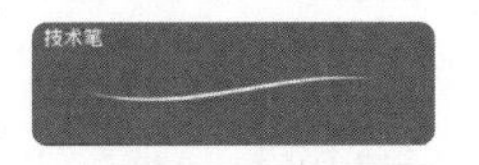


毛衣线稿：着墨—墨水渗流

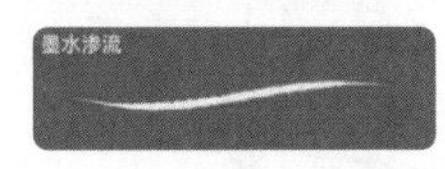


毛衣纹理线稿：赠送的“面料”—31 号“毛衣扭纹纹理线稿”

取消隐藏“服饰打结构”图层，并在此图层上方分别新建“背心连衣裙线稿”“毛衣线稿”“毛衣纹理线稿”“包包靴子线稿”图层。根据右图绘制全身服装及配饰的线稿，注意外轮廓的线条要比内部褶皱的线条粗一些。

**TIPS**

分析服饰的外轮廓，观察服饰的内部结构、褶皱关系、纹理细节，选择合适的毛衣纹理笔刷来画。

毛衣的面料比较厚实，因此线条要体现出其厚重的特点；连衣裙的面料比较柔顺丝滑，线条要轻柔、简约。

描画包包线稿时要注意体现几何体近宽远窄的透视规律。绘制包包上的钉珠花型时需观察其排列的规律。

注意需要在“毛衣线稿”图层上方新建“毛衣纹理线稿”图层和“背心连衣裙线稿”图层。

## 5. 服饰线稿细节描画步骤

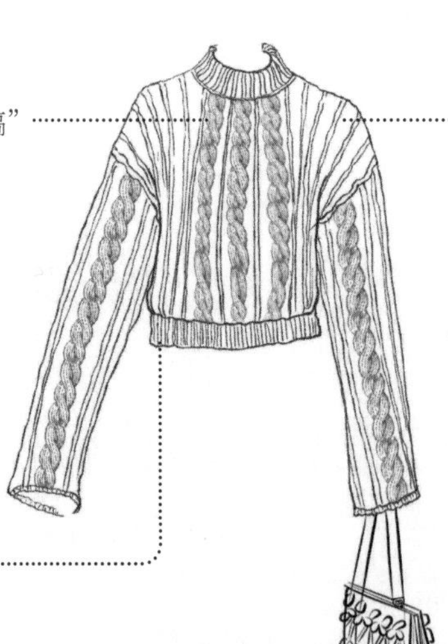

### 01 扭纹线稿

用“毛衣扭纹纹理线稿”笔刷画出扭纹的线稿。

### 02 衣领和下摆螺纹线稿

用“墨水渗流”笔刷画出衣领和下摆螺纹的线稿。

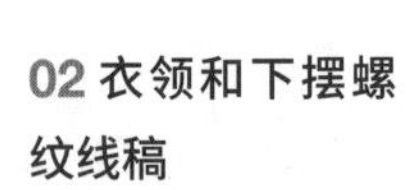

要注意包包的几何体透视规律：近宽远窄

### 03 毛衣螺纹线稿

用“墨水渗流”笔刷画出毛衣螺纹的线稿。

### 04 连衣裙线稿

用“技术笔”笔刷根据人体曲线画出连衣裙的轮廓，特别是胸部的轮廓细节。

### 05 靴子线稿

用“技术笔”笔刷勾勒出靴子的线稿。

### 06 勾勒包包钉珠花型

用“技术笔”笔刷勾勒出包包的钉珠花型，注意外轮廓的线条要较直、较硬，以展现包包轮廓硬朗的特点。

## 5.3.2 上色技巧

### 1. 底色

**01 填充人体肤色和头发底色**

颜色： ●

在“人体线稿”图层下方新建图层，重命名为“人体肤色”。用套索工具圈出人体肤色区域，选择浅肤色进行填充。被服装挡住的部分皮肤可以不填充。新建“头发底色”图层，用深棕色填充头发底色。

**02 填充连衣裙底色和毛衣底色**

颜色：● ●

在“毛衣线稿”图层下方新建“毛衣底色”图层，并在毛衣区域填充天蓝色。在“背心连衣裙线稿”图层下方新建“连衣裙底色”图层，并在连衣裙区域填充灰紫色。

注意连衣裙的所有图层都在毛衣的图层上方。

**03 填充包包底色和靴子底色**

颜色：● ● ●

在“包包靴子线稿”图层下方新建“包包靴子底色”图层。用草绿色填充靴子区域，用黑色画出鞋底，用深蓝色填充包包区域。

## 2. 肤色细节

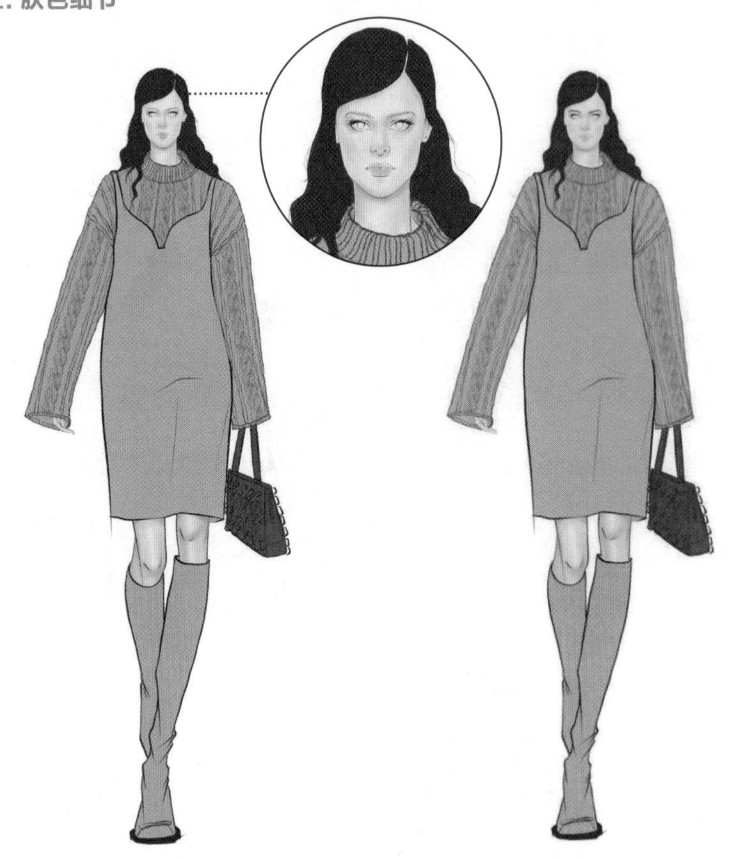

### 01 确定皮肤的明暗关系

颜色：

在“人体肤色”图层上方新建“皮肤明暗关系”图层。用“中等画笔”笔刷在皮肤的暗面画出阴影效果。注意根据光的方向来确定阴影的位置。

### 02 叠加粉紫色

颜色：

在“皮肤明暗关系”图层上方新建“皮肤粉紫色”图层。将粉紫色轻柔地叠加在暗面，使人物更立体。

### 03 加深肤色

颜色：

在“皮肤粉紫色”图层上方新建“加深肤色”图层。用更深的肤色进一步刻画暗面，使人物整体更自然、生动。

## 3. 妆容细节

### 01 刻画眼影和眉毛

颜色：

在“加深肤色”图层上，用“中等画笔”笔刷，选择暗红色在眼睛周围画出烟熏妆容效果，再用与头发底色相同的颜色画出眉毛的底色。

### 02 刻画眼睛和嘴唇

眼睛颜色：

嘴唇颜色：

在“加深肤色”图层上，用“中等画笔”笔刷，选择对应的颜色，刻画眼睛和嘴唇的细节。

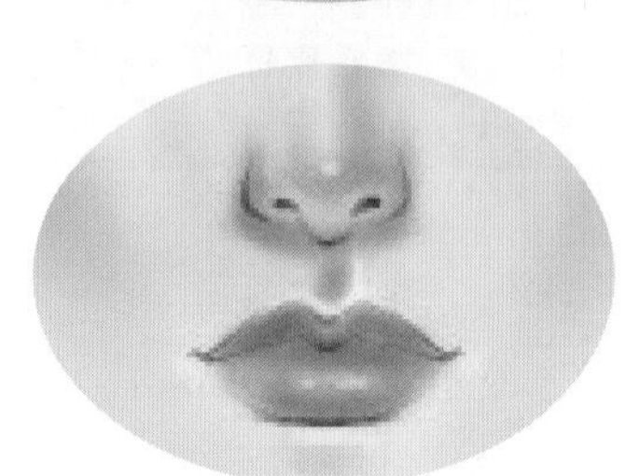

## 4. 头发细节

### 01 边缘虚化处理

在“头发底色”图层上，点击涂抹工具，选择“上漆”—“松脂”笔刷，对头发边缘进行虚化处理。

### 02 刻画头发暗面

颜色：●

在“头发底色”图层上方新建“头发暗面”图层，并打开“剪辑蒙版”。选择黑色，用“短发”笔刷表现出阴影的层次。

### 03 刻画头发亮面

颜色：

在“头发暗面”图层上方新建“头发中间调”图层，并打开“剪辑蒙版”。选择淡黄色，用“短发”笔刷画出亮面，注意发尾细节的处理。

### 04 刻画头发细节

颜色：● ○

在“头发中间调”图层上方新建“头发细节”图层，用“短发”笔刷在头发边缘画出发丝细节，并用“技术笔”笔刷画出飘逸的发丝，选取发丝周边的颜色即可。用白色适当画出高光。在耳朵附近用“技术笔”笔刷补充发丝细节。

## 5.3.3 服饰表现

### 1. 刻画毛衣底纹纹理

**笔刷：**赠送的“面料”—9 号“毛衣纹路坑条”

**颜色：**

在“毛衣底色”图层上方新建“毛衣底纹纹理”图层。在“面料”画笔组中找到“毛衣纹路坑条”笔刷，并点击“画笔工作室”—“颗粒”—“纹理化”—“比例”，设置纹理的粗细。回到画布中，调大笔刷尺寸，选择浅蓝色，一笔画出毛衣的纹理效果即可。无须重复画，否则容易出现叠色不均匀的情况。

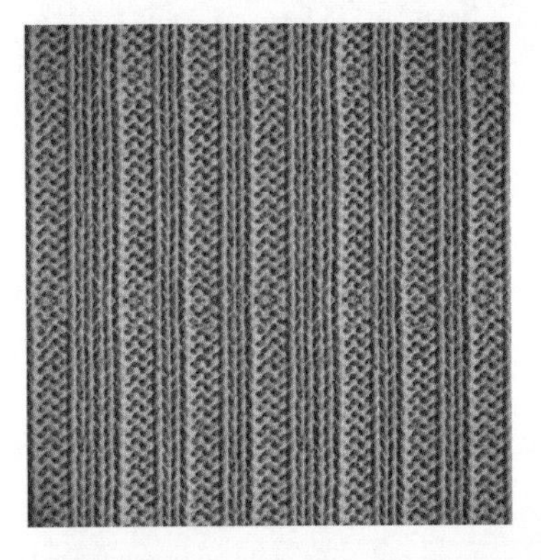

根据情况适当调整，A4画布所用的“比例”是 10%，可作为参考

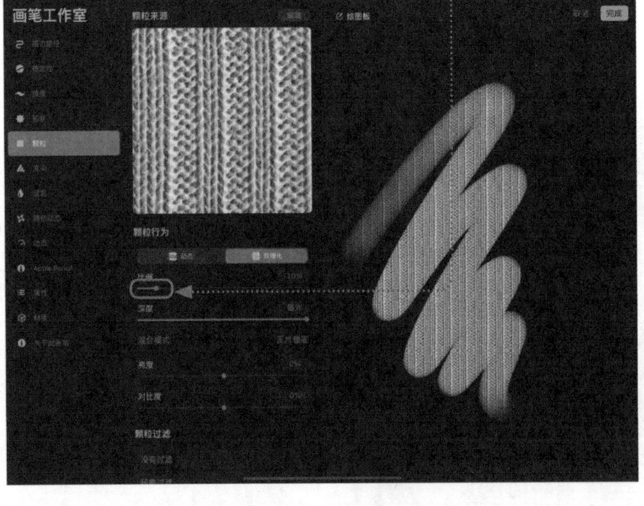

## 2. 刻画丝质缎面碎花面料

### 01 确定毛衣的明暗关系

**笔刷：**喷漆—中等喷嘴

**颜色：**

在“毛衣底纹纹理”图层上方新建“毛衣明暗”图层，打开“剪辑蒙版”，然后点击图层右侧的“N”，在弹出的选项中选择“正片叠底”。选择与毛衣底色一样的颜色，用“中等喷嘴”笔刷在毛衣上画出阴影效果。

### 02 刻画连衣裙的光泽

**笔刷：**气笔修饰—中等画笔

**颜色：**

在“连衣裙底色”图层上方新建“连衣裙光泽”图层，用“中等画笔”笔刷选择浅粉色，轻柔地表现出连衣裙的反光。为体现毛衣颜色形成的环境光，需叠加一点儿蓝色，使连衣裙更饱满、立体。

### 03 刻画连衣裙高光细节

**笔刷：**气笔修饰—中等画笔

**颜色：**

在“连衣裙光泽”图层上方新建“连衣裙高光细节”图层，用“中等画笔”笔刷选择白色，轻柔地画出连衣裙的高光细节，使连衣裙层次更丰富、更立体。

### 04 刻画连衣裙阴影细节

**笔刷：**气笔修饰—中等画笔

**颜色：**

在“连衣裙高光细节”图层上方新建“连衣裙阴影细节”图层，用“中等画笔”笔刷选择灰紫色，轻柔地画出连衣裙的阴影细节，加强连衣裙整体的明暗对比。

### 05 绘制连衣裙碎花

**笔刷：**喷墨—喷溅

**颜色：**

在“连衣裙阴影细节”图层上方新建“连衣裙碎花”图层，用“喷溅”笔刷，在连衣裙上绘制出具有喷溅效果的碎花。注意调整笔刷尺寸，用点的方式绘制。

### 06 绘制连衣裙勾花

**笔刷：**着墨—技术笔

**颜色：**

在“连衣裙碎花”图层上方新建“连衣裙勾花”图层，用“技术笔”笔刷，选择灰色，勾勒出碎花的细节。只需勾勒出一个图案，然后复制该图层并移动到其他位置上，重复该动作直至达到右图所示的效果。复制多个勾花的图层后，通过捏合将这些图层合并为一个图层。

## 3. 刻画配饰细节

### 01 刻画靴子的光泽

**笔刷：** 气笔修饰—中等画笔

**颜色：**

在“包包靴子底色”图层上方新建“靴子光泽”图层。选择浅草绿色，用“中等画笔”笔刷画出靴子的光泽，注意表现出鞋头和鞋底前端的反光。

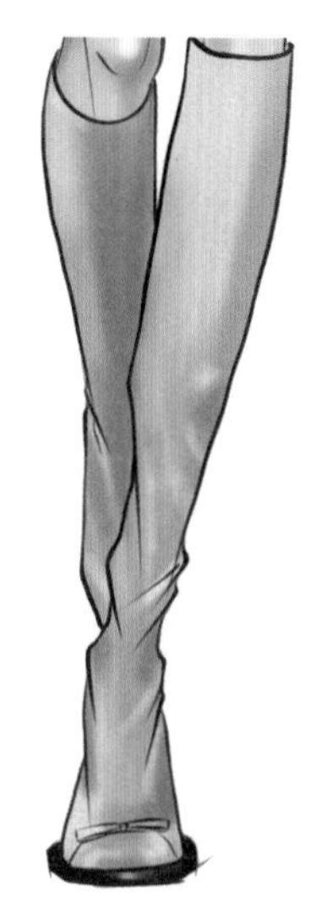

### 02 刻画靴子暗面

**笔刷：** 气笔修饰—中等画笔

**颜色：**

在“靴子光泽”图层上方新建“靴子暗面”图层。选择深草绿色，用“中等画笔”笔刷画出靴子的阴影，以增强靴子的明暗对比，使其显得更立体。

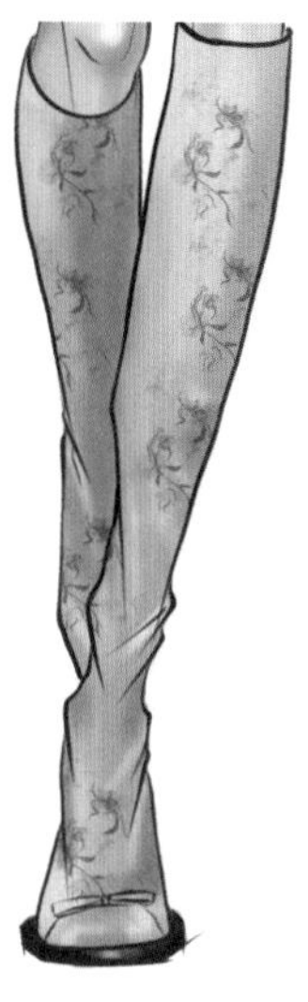

### 03 绘制靴子勾花图案

复制“连衣裙勾花”图层，重命名为“靴子勾花图案”，将勾花移动到靴子上，并点击图层打开“剪辑蒙版”。

### 04 绘制包包细节

**笔刷：** 气笔修饰—中等画笔

**颜色：**

在“包包靴子底色”图层上方新建“包包细节”图层，用“中等画笔”笔刷，选择浅青色，画出包包的质感。选择比包包底色深的颜色画出包包的暗面，并用浅紫色画出水钻等。

### 05 刻画包包压线高光细节

**笔刷：** 亮度—闪光

赠送的“辅料”—1号笔刷“服装压线”

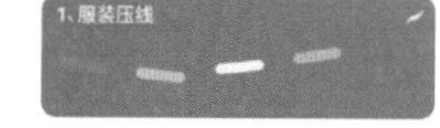


**颜色：**

在“包包细节”图层上方新建“包包压线高光细节”图层，用“闪光”笔刷，选择白色，在包包上点出闪光的细节，注意调节好笔刷尺寸。再用“服装压线”笔刷，选择浅青色，将笔刷尺寸调至1%，在包包上画出压线的细节。

完成稿可以导出为PNG格式，设置成双人排版。

# 5.4 薄纱半裙时装画

**学习要点**

1. 薄纱面料的表现技法
2. 绑带的画法
3. 波点图案的画法

**使用的主要笔刷**

01 **线稿**
着墨—技术笔

02 **皮肤**
气笔修饰—中等画笔

03 **头发**
材质—短发

04 **腰封明暗关系**
喷漆—中等喷嘴

05 **薄纱面料**
上漆—水彩

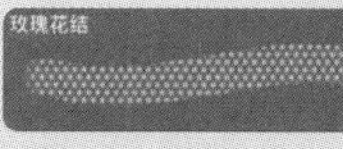


06 **薄纱波点图案**
纹理—玫瑰花结

07 **配饰闪光细节**
亮度—闪光

## 5.4.1 线稿绘制

### 1. 人体结构

**笔刷：** 着墨—技术笔

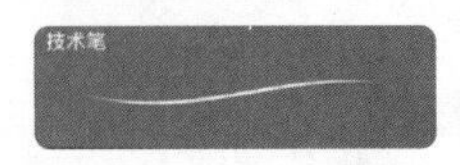

新建一个名为“人体打结构”的图层。运用第 3 章介绍的方法，画出 10 头身的人体结构。肩线水平，胯线向身体右侧提高。

### 2. 服饰结构

**笔刷：** 着墨—技术笔

将“人体打结构”图层的“不透明度”调低至 10%。在“人体打结构”图层上方新建图层，并重命名为“服饰打结构”，在该图层上画出部分服饰的廓形。注意观察服饰的结构。

### 3. 人体和头发线稿

**笔刷：** 着墨—技术笔

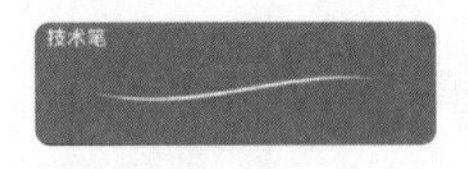

隐藏“服饰打结构”图层，并在“人体打结构”图层上方新建“头发线稿”和“人体线稿”两个图层，用“技术笔”笔刷分别画出头发和人体线稿。画头部时打开“对称”功能。

头发方向参考

**TIPS**

头发线条要从整体观察，注意额头上的头发要体现出向后梳的效果。

### 4. 服饰线稿

**笔刷：**着墨—技术笔

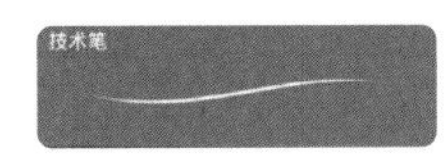


取消隐藏“服饰打结构”图层，并在此图层上方分别新建“配饰线稿”“头巾线稿”“衣服线稿”“衣服绑带线稿”图层。根据右图绘制全身服饰的线稿，注意外轮廓的线条要比内部褶皱的线条粗一些。

**TIPS**

分析服饰的外轮廓，观察服饰的内部结构和褶皱关系。

注意衬衫的线条要柔和、简约，腰封的线条更厚重，薄纱半裙的线条要柔和、细腻。同时薄纱半裙褶皱丰富，且要有飘动感和层次变化，以展现出面料的轻薄感和飘逸感。

腰封和靴子的绑带细节比较多，要注意绳子的穿孔关系：从哪里绕进去，从哪里绕出来。鞋面上菱形镂空的细节刻画需要耐心、细致。

### 线稿细节

## 5.4.2 上色技巧

### 1. 底色

**01 填充人体肤色和头发底色**

**颜色：**

在“人体线稿”图层下方新建图层，并重命名为“人体肤色”。用套索工具圈出人体肤色区域，选择浅肤色进行填充。被服装挡住的部分皮肤可以不填充。在“头发线稿”图层下方新建“头发底色”图层，用棕色填充头发底色。

**02 填充头巾底色、腰封底色、内衣底色和配饰底色**

**颜色：**

在“头巾线稿”下方新建“头巾底色”图层，并在头巾区域填充浅灰色。在“衣服线稿”图层下方新建“腰封底色”和“内衣底色”图层，并在腰封和内衣区域填充深灰色。在“配饰线稿”图层下方新建“配饰底色”图层，并在手镯区域填充深灰色，在耳环和项链区域填充深土黄色，在戒指区域填充红色。

**03 填充衬衫底色、靴子底色和半裙底色**

**颜色：**

在“衣服线稿”图层下方新建“衬衫底色”，并在衬衫区域填充蓝灰色。在“衬衫底色”图层下方新建“靴子底色”和“半裙底色”图层，并在靴子和半裙区域填充深灰色。注意镂空的细节可以用“技术笔”笔刷进一步刻画。

**04 调低半裙底色和头巾底色的不透明度**

为了呈现薄纱面料轻透的质感，可以点击“半裙底色”和“头巾底色”图层右侧的“N”，将“不透明度”调低至70%左右，使半裙和头巾产生透视感。

## 2. 肤色细节

### 01 确定皮肤的明暗关系

颜色：

在“人体肤色”图层上方新建“皮肤明暗关系”图层。用“中等画笔”笔刷在皮肤的暗面画出阴影效果。注意根据光的方向来确定阴影的位置。

### 02 叠加粉紫色

颜色：

在“皮肤明暗关系”图层上方新建“皮肤粉紫色”图层，将粉紫色轻柔地叠加在暗面，使人物更立体。

### 03 加深肤色

颜色：

在“皮肤粉紫色”图层上方新建“加深肤色”图层，用更深的肤色进一步刻画暗面，使人物更自然、生动。

## 3. 妆容细节

### 01 刻画眼影和眉毛

颜色：

在“加深肤色”图层上，用“中等画笔”笔刷，选择暗红色在眼睛周围画出烟熏妆容效果，再用与头发底色相同的颜色画出眉毛的底色。

### 02 刻画眼睛和嘴唇

眼睛颜色：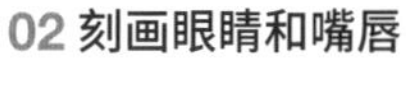

嘴唇颜色：

在“加深肤色”图层上，用“中等画笔”笔刷，选择对应的颜色，刻画眼睛和嘴唇的细节。

### 4. 头发细节

**01 边缘虚化处理**

在“头发底色”图层上，点击涂抹工具，选择“上漆”—“松脂”笔刷，对头发边缘进行虚化处理。

**02 刻画头发暗面**

颜色：●

在“头发底色”图层上方新建“头发暗面”图层，并打开“剪辑蒙版”。选择黑色，用“短发”笔刷表现出阴影的层次。

**03 刻画头发亮面**

颜色：●

在“头发暗面”图层上方新建“头发中间调”图层，并打开“剪辑蒙版”。选择淡黄色，用“短发”笔刷画出亮面，注意发尾细节的处理。

**04 刻画头发细节**

颜色：● ○

在“头发中间调”图层上方新建“头发细节”图层，用“短发”笔刷在头发边缘画出发丝细节，并用“技术笔”笔刷画出飘逸的发丝，选取发丝周边的颜色即可。用白色适当画出高光。在耳朵附近用“技术笔”笔刷补充发丝细节。

# 5.4.3 服饰表现

## 1. 绘制衣服的明暗关系

**笔刷：** 气笔修饰—中等画笔

**颜色：** ○

在“衬衫底色”图层上方新建“衣服明暗关系”图层，打开“剪辑蒙版”。用“中等画笔”笔刷，选择白色把衬衫的亮面画出来，注意根据褶皱线条的关系来画。

## 2. 绘制腰封的明暗关系

**笔刷：** 喷漆—中等喷嘴

**颜色：** ●

在“腰封底色”图层上方新建“腰封明暗关系”图层，打开“剪辑蒙版”。用“中等喷嘴”笔刷选择深灰色，轻柔地画出腰封的暗面。注意胸部凸出的位置要表现得比较亮，腰部和胸部凹陷的位置要表现得比较暗，拼接缝的位置要比较亮。

## 3. 绘制绑带细节

**笔刷：** 着墨—技术笔

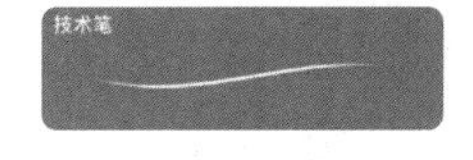


**颜色：** ○

在“衣服绑带线稿”图层上方新建“绑带细节”图层，打开“剪辑蒙版”。用“技术笔”笔刷，选择白色，画出绑带的细节。绑带是皮革面料，因此会呈现出一些光泽感。

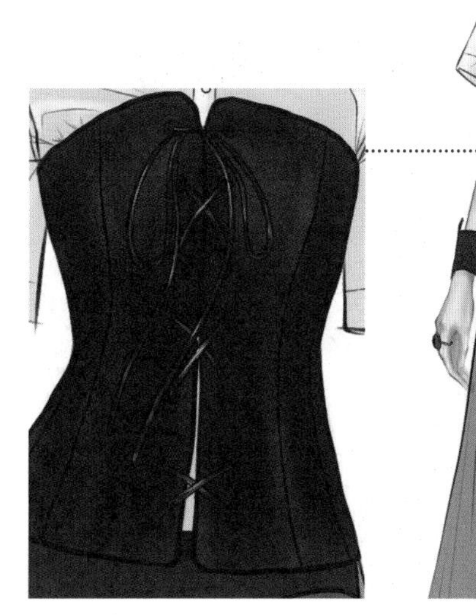

## 4. 刻画薄纱的层叠关系

**笔刷：**上漆—水彩

**颜色：**●

在“半裙底色”图层上方新建“薄纱层叠关系”图层，打开“剪辑蒙版”。用“水彩”笔刷，选择黑色，画出薄纱面料层叠的效果。注意调节好笔刷尺寸，每一笔都要顺着褶皱线条画，不要中断，一笔画出来。

## 5. 绘制薄纱波点

**笔刷：**纹理—玫瑰花结

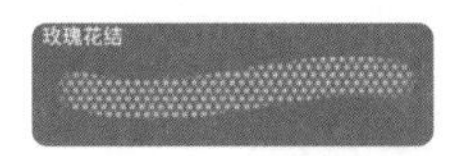


**颜色：**●

在“薄纱层叠关系”图层上方新建“网纱波点”图层，打开“剪辑蒙版”。点击“玫瑰花结”笔刷进入“画笔工作室”—“颗粒”—“纹理化”，将“对比度”调至“最大”，“比例”调至13%。用套索工具圈出半裙部分，用黑色画出波点效果。

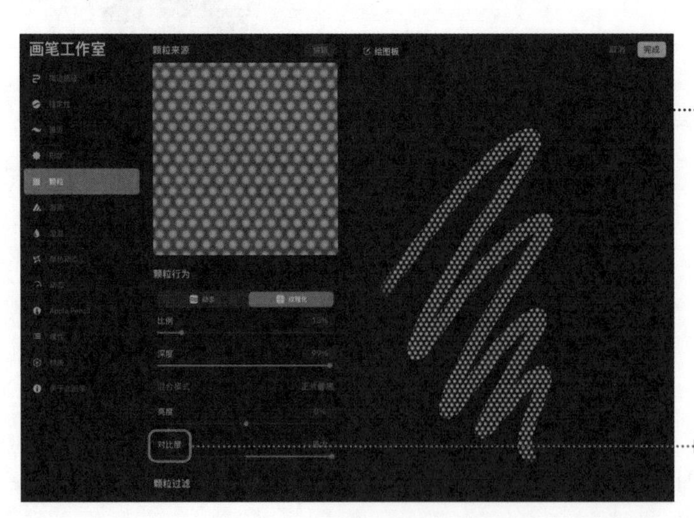

## 6. 绘制配饰细节

**笔刷：** 亮度—闪光

气笔修饰—中等画笔

**颜色：** ○ ● ●

在“配饰底色”图层上方新建“配饰细节”图层，用“技术笔”笔刷在左耳的耳环上画出红色细节。用“闪光”笔刷，选择白色，在耳环、项链和戒指的位置画出闪光的细节。用“中等画笔”笔刷画出皮革手镯的明暗细节。

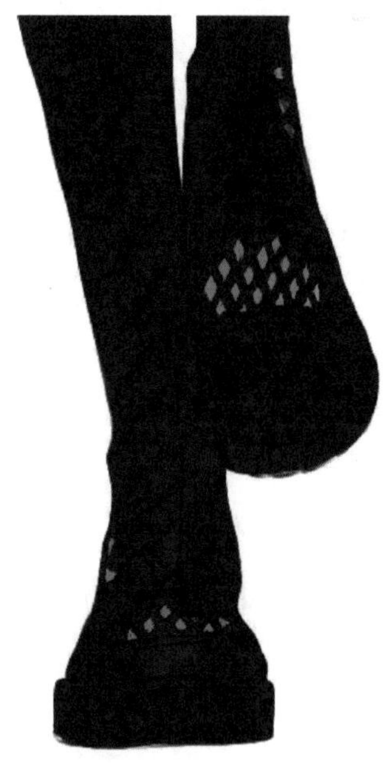

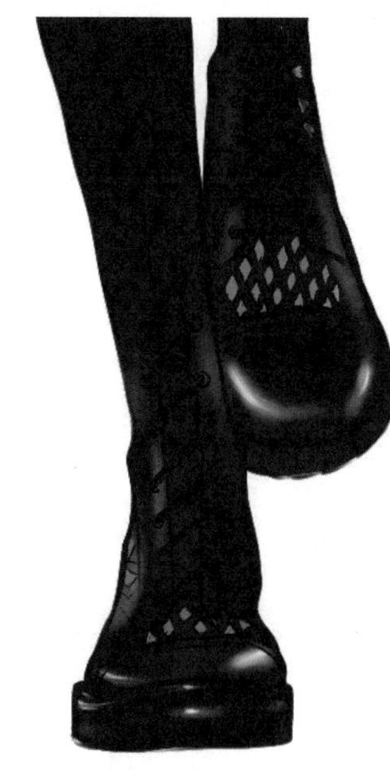

## 7. 绘制靴子暗面

**笔刷：** 气笔修饰—中等画笔

**颜色：** ●

在“靴子底色”图层上方新建“靴子暗面”图层，打开“剪辑蒙版”。用“中等画笔”笔刷，选择黑色，画出靴子的暗面。

## 8. 绘制靴子反光

**笔刷：** 气笔修饰—中等画笔

**颜色：** ○

在“靴子暗面”图层上方新建“靴子反光”图层，打开“剪辑蒙版”。用“中等画笔”笔刷，选择白色，画出靴子的反光细节。

完成稿可以导出为PNG格式，设置成双人排版。

# 5.5 印花衬衫搭配短裤时装画

**学习要点**

1. 衬衫的画法
2. 定位印花的画法

**使用的主要笔刷**

01 **线稿**
着墨—技术笔

02 **皮肤**
气笔修饰—中等画笔

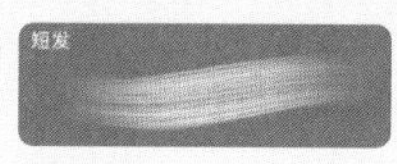


03 **头发**
材质—短发

04 **印花底色**
着墨—干油墨

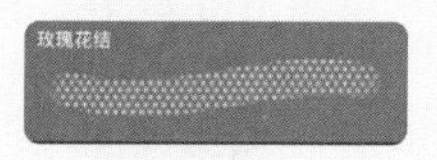


05 **包包纹理**
纹理—玫瑰花结

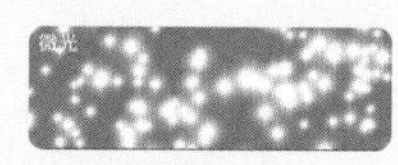


06 **项链碎钻**
亮度—微光

07 **闪光细节**
亮度—闪光

# 5.5.1 线稿绘制

## 1. 人体、服饰结构

**笔刷：**着墨—技术笔

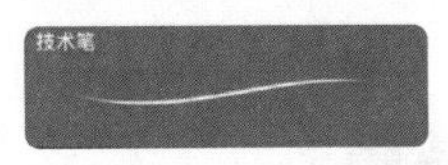


新建“人体打结构”图层。运用第 3 章介绍的方法，画出 10 头身的人体结构。肩线向身体左侧压低，胯线向身体左侧提高。

将“人体打结构”图层的“不透明度”调低至 10%，在“人体打结构”图层上方新建图层，并重命名为“服饰打结构”，在该图层上画出部分服饰的廓形。注意观察服饰的结构。

## 2. 人体和头发线稿

**笔刷：**着墨—技术笔

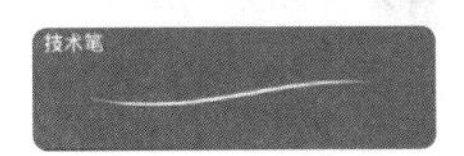


隐藏“服饰打结构”图层。在“人体打结构”图层上方新建“头发线稿”和“人体线稿”图层，用“技术笔”笔刷分别勾勒出头发和人体线稿。画头部时打开“对称”功能。

## 3. 服饰线稿

**笔刷：**着墨—技术笔

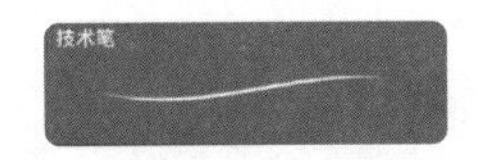


取消隐藏“服饰打结构”图层，并在此图层上方分别新建“衣服线稿”“鞋子包包项链”“耳环线稿”图层。根据右图绘制全身服饰的线稿，注意外轮廓的线条要比内部褶皱的线条粗一些。

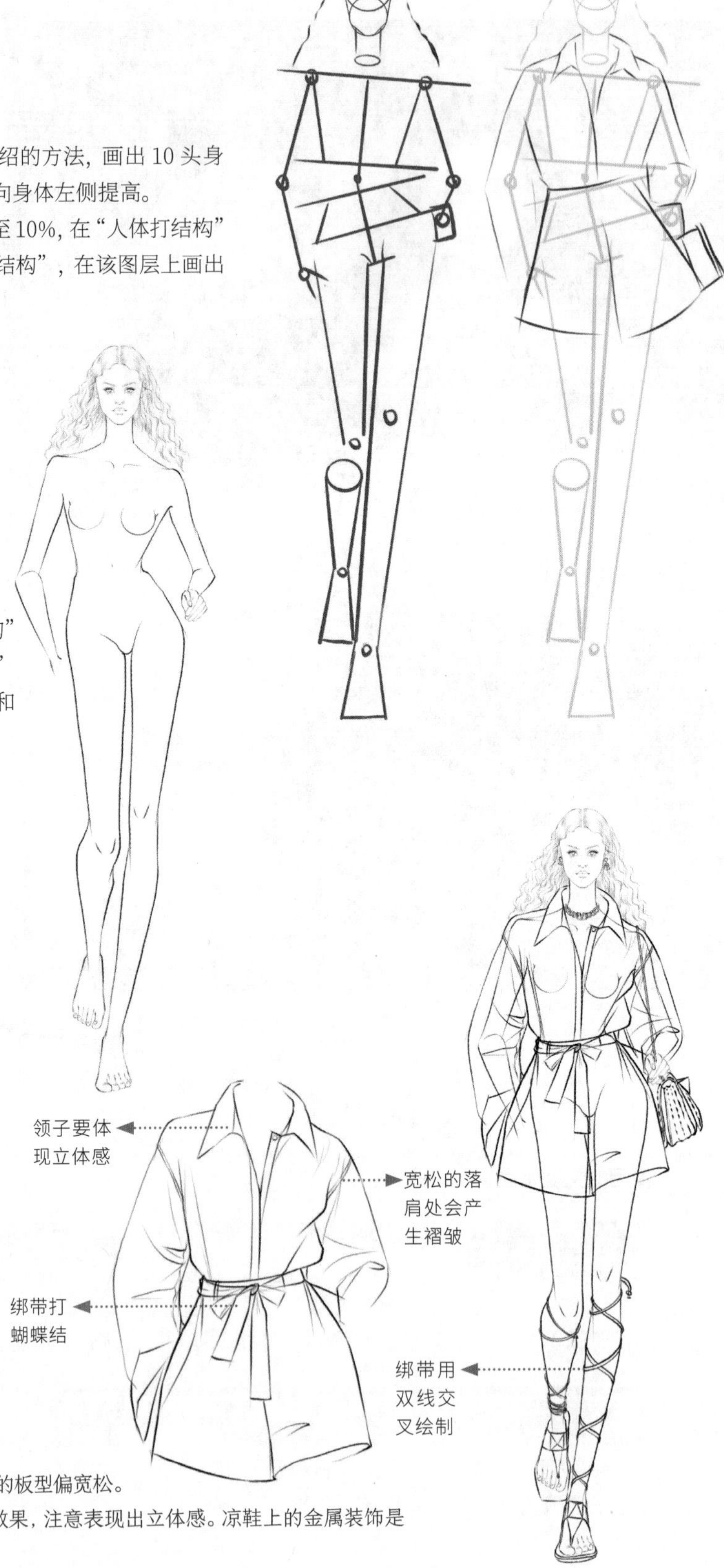


**TIPS**

分析服饰的外轮廓，观察服饰的内部结构和褶皱关系。

注意纯棉面料的衬衫比较挺括，因此描画的线条要简约、大方一些，偏硬朗的直线较多，褶皱不要太琐碎。

裤子部分腰带的打结结构要描画清晰。裤子的板型偏宽松。

绑带凉鞋的线稿要画出绑带缠绕着小腿的效果，注意表现出立体感。凉鞋上的金属装饰是呈金字塔形的几何体。

### 4. 定位印花线稿

**笔刷：**着墨—技术笔

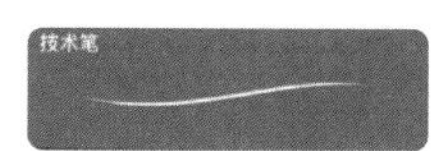


在“衣服线稿”图层上方新建“花型”图层。先用“技术笔”笔刷把印花的廓形勾勒出来，再画细节。

注意观察花与叶子之间的比例和层次关系，找到印花的组合规律。只需画出几组小单元印花，再进行复制并移动到衣服的其他位置。在衣服的不同部位，要对印花的位置进行调整，注意衬衫部分的印花是左右对称的布局，裤子部分的印花是不规则的布局。

复制多个“花型”图层后，对印花超出服装范围的部分进行适当修整，再把多个图层捏合成一个图层。印花里面可以添加一些线条和小圆点作为点缀。

**TIPS**

服装的印花类型繁多，但按布局来分有两大类：定位印花和满幅印花。

绘制时装画时，需先辨别印花的类型，用 Procreate 绘制时可以根据不同的印花类型来选择不同的方法。

上图所示是“定位印花”，我们需要把“定位印花”的花型一笔笔勾勒出来；如果是“满幅印花”，我们可以用制作印花笔刷的方法，先画出一张循环的回位图，再创建印花笔刷，即可快速地画出所需的图案。

## 5.5.2 上色技巧

### 1. 底色

#### 01 填充人体肤色和头发底色

颜色：

在“人体线稿”图层下方新建图层，并重命名为“人体肤色”。用套索工具圈出人体肤色区域，选择浅肤色进行填充。被衣服挡住的部分皮肤可以不填充。新建“头发底色”图层，用棕色填充头发底色。

#### 02 填充衣服底色、包包底色、鞋子底色、耳环底色和项链底色

颜色：

在“衣服线稿”图层下方新建“衣服底色”和“包包鞋子耳环项链底色”图层。

在“衣服底色”图层，用蓝灰色填充衣服。在“包包鞋子耳环项链底色”图层，用土黄色填充鞋子绑带和鞋面；用深土黄色填充鞋子上的金属装饰；用深红棕色填充包包主体；包包链条、包包装饰、戒指、耳环和项链是金属材质，用深土黄色填充。

## 2. 肤色细节

### 01 确定皮肤的明暗关系

颜色：

在“人体肤色”图层上方新建“皮肤明暗关系”图层。用“中等画笔”笔刷在皮肤的暗面画出阴影效果。注意根据光的方向来确定阴影的位置。

### 02 叠加粉紫色

颜色：

在“皮肤明暗关系”图层上方新建“皮肤粉紫色”图层。将粉紫色轻柔地叠加在暗面，使人物更立体。

### 03 加深肤色

颜色：

在“皮肤粉紫色”图层上方新建“加深肤色”图层。用更深的肤色进一步刻画暗面，使人物整体更自然、生动。

## 3. 妆容细节

### 01 刻画眼影和眉毛

颜色：

在“加深肤色”图层上，用“中等画笔”笔刷，选择暗红色，在眼睛周围画出烟熏妆容效果，再用与头发底色相同的颜色画出眉毛的底色。

### 02 刻画眼睛和嘴唇

**眼睛颜色：** ● ● ● ○

**嘴唇颜色：** ● ● ● ● ○

在“加深肤色”图层上，用“中等画笔”笔刷，选择对应的颜色，刻画眼睛和嘴唇的细节。

## 4. 头发细节

### 01 边缘虚化处理

在“头发底色”图层上，点击涂抹工具，选择“上漆”—“松脂”笔刷，对头发边缘进行虚化处理。

### 02 刻画头发暗面

**颜色：** ●

在“头发底色”图层上方新建“头发暗面”图层，并打开“剪辑蒙版”。选择黑色，用“短发”笔刷表现出阴影的层次。

### 03 刻画头发亮面

**颜色：** ●

在“头发暗面”图层上方新建“头发中间调”图层，并打开“剪辑蒙版”。选择浅黄色，用“短发”笔刷画出亮面，注意发尾细节的处理。

### 04 刻画头发细节

**颜色：** ● ○

在“头发中间调”图层上方新建“头发细节”图层，用“短发”笔刷在头发边缘画出发丝细节，并用“技术笔”笔刷画出飘逸的发丝，选取发丝周边的颜色即可。用白色适当画出高光。在耳朵附近用“技术笔”笔刷补充发丝细节。

## 5.5.3 服饰表现

### 1. 填充裤子底色

**笔刷：**着墨—技术笔

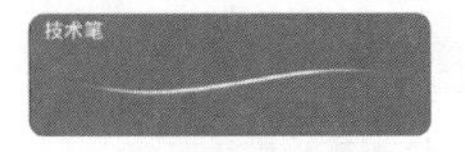


**颜色：**●

在“衣服底色”图层上方新建“裤子底色”图层，打开“剪辑蒙版”。用“技术笔”笔刷选择红棕色，在裤子区域进行填充。注意袖口也有红棕色的拼接，在一个图层上完成颜色填充即可。

### 2. 绘制印花底色

**笔刷：**着墨—干油墨

**颜色：**● ○

在“花型”图层上方新建“花型底色”图层，打开“剪辑蒙版”。用“干油墨”笔刷，选择绿色，画出印花底色。注意印花不要填充得过于生硬，要有一些留白的细节，以使图案更自然。勾画一些白色的叶子作为点缀，再点一些小圆点等来丰富细节。

### 3. 绘制衣服阴影

**笔刷：**气笔修饰—中等画笔

**颜色：**●

在“衣服底色”图层上方新建“衣服阴影”图层，打开“剪辑蒙版”。用“中等画笔”笔刷，选择灰蓝色，轻柔地画出衬衫部分的阴影，使整体的明暗对比加强。注意领子下面的阴影要表现得更明显。

#### 4. 绘制衣服反光

**笔刷：**气笔修饰—中等画笔

**颜色：**○

在“衣服阴影”图层上方新建“衣服光泽”图层，打开“剪辑蒙版”。用“中等画笔”笔刷，选择白色，画出衬衫部分的反光。注意反光往往跟随着阴影出现。

#### 5. 绘制裤子阴影

**笔刷：**气笔修饰—中等画笔

**颜色：**●

在“裤子底色”图层上方新建“裤子阴影”图层，打开“剪辑蒙版”。用“中等画笔”笔刷，选择深棕色，画出阴影效果。注意画出蝴蝶结下的阴影。

## 6. 绘制配饰细节

（以下步骤都要打开“剪辑蒙版”。）

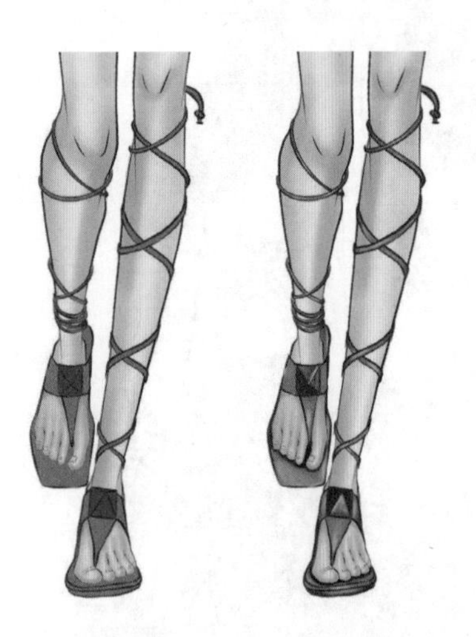

### 01 绘制配饰的明暗关系

**笔刷：** 气笔修饰—中等画笔

**颜色：** ● ●

在“包包鞋子耳环项链底色”图层上方新建“配饰暗面”图层，用“中等画笔”笔刷，选择深棕色，画出脚趾在鞋子上产生的阴影和鞋子周边的暗面部分，再用稍亮的黄色画出反光细节。

### 02 刻画金属细节

**笔刷：** 着墨—技术笔

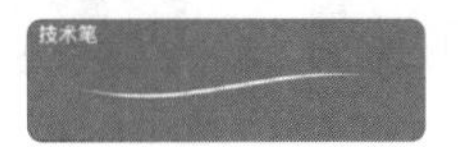


**颜色：** ● ●

在“配饰暗面”图层上，用“技术笔”笔刷，选择深棕色，画出戒指和包包的暗面，选择亮黄色画出金属链条和金字塔形装饰上的细节。

### 03 绘制包包纹理

**笔刷：** 纹理—玫瑰花结

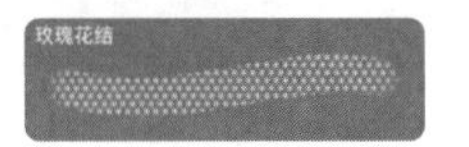


**颜色：** ●

在“包包鞋子耳环项链底色”上方新建“包包纹理”图层，用“玫瑰花结”笔刷，选择黑色，画出包包的纹理。

### 04 绘制配饰高光细节

**笔刷：** 亮度—微光　　亮度—闪光

**颜色：** ○

在“配饰暗面”图层上方新建“配饰高光细节”图层，用“微光”笔刷，选择白色，在项链上画出闪光的碎钻细节。

用“闪光”笔刷，选择白色，画出耳环和项链上的闪光效果。

完成稿可以导出为PNG格式，设置成双人排版并加上背景。把“花型”图层放大并调整位置、填充颜色，即可作为背景。

# 5.6 皮革连衣裙时装画

**学习要点**

1. 人体肤色表现技法
2. 皮革面料表现技法
3. 高斯模糊的用法

**使用的主要笔刷**

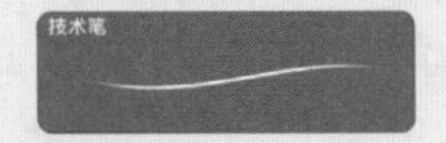


01 线稿
着墨—技术笔

02 皮肤
气笔修饰—中等画笔

03 头发
材质—短发

04 皮裙暗面
着墨—干油墨

05 配饰高光细节
亮度—闪光

06 耳环和鞋子闪光细节
亮度—微光

使用的功能：
“调整”—“高斯模糊”

# 5.6.1 线稿绘制

## 1. 人体、服饰结构

**笔刷：**着墨—技术笔

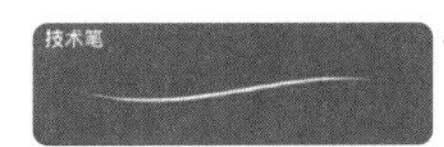


新建“人体打结构”图层。运用第 3 章介绍的方法，画出 10 头身的人体结构。肩线水平，胯线向身体左侧提高。

将“人体打结构”图层的“不透明度”调低至 10%。在“人体打结构”图层上方新建图层，并重命名为“服饰打结构”，在该图层上画出部分服饰的廓形。注意观察服饰的结构。

## 2. 人体和头发线稿

**笔刷：**着墨—技术笔

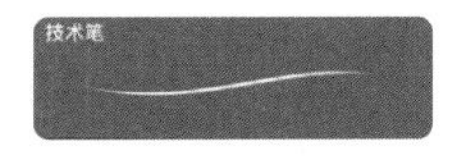


隐藏“服饰打结构”图层。在“人体打结构”图层上方新建“头发线稿”和“人体线稿”图层，用“技术笔”笔刷分别勾勒出头发和人体线稿。画头部时打开“对称”功能。

**TIPS**

头发线条要从整体观察，根据头发层次确定方向，体现出长直发的层次。

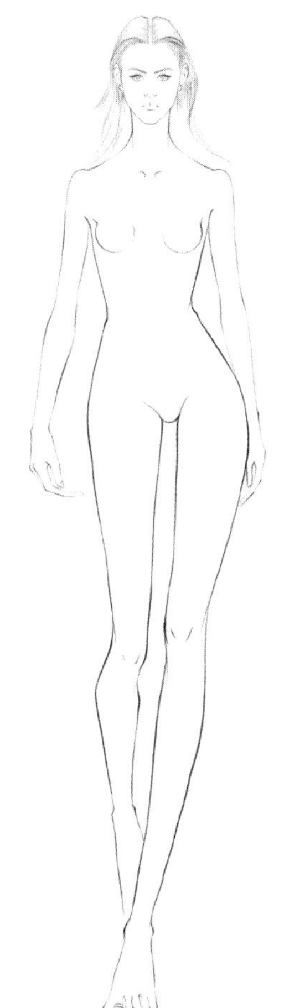

### 3. 服饰线稿

**笔刷：** 着墨—技术笔

取消隐藏“服饰打结构”图层，并在此图层上方新建“衣服线稿”图层和“耳环鞋子线稿”图层。根据右图绘制全身服饰的线稿，注意外轮廓的线条要比内部褶皱的线条粗一些。

**TIPS**

分析服装的外轮廓，观察服饰的内部结构，特别是裙子的褶皱关系。

胸部的褶皱线条要体现出胸形的凹凸变化。

注意裙子褶皱线条的方向。

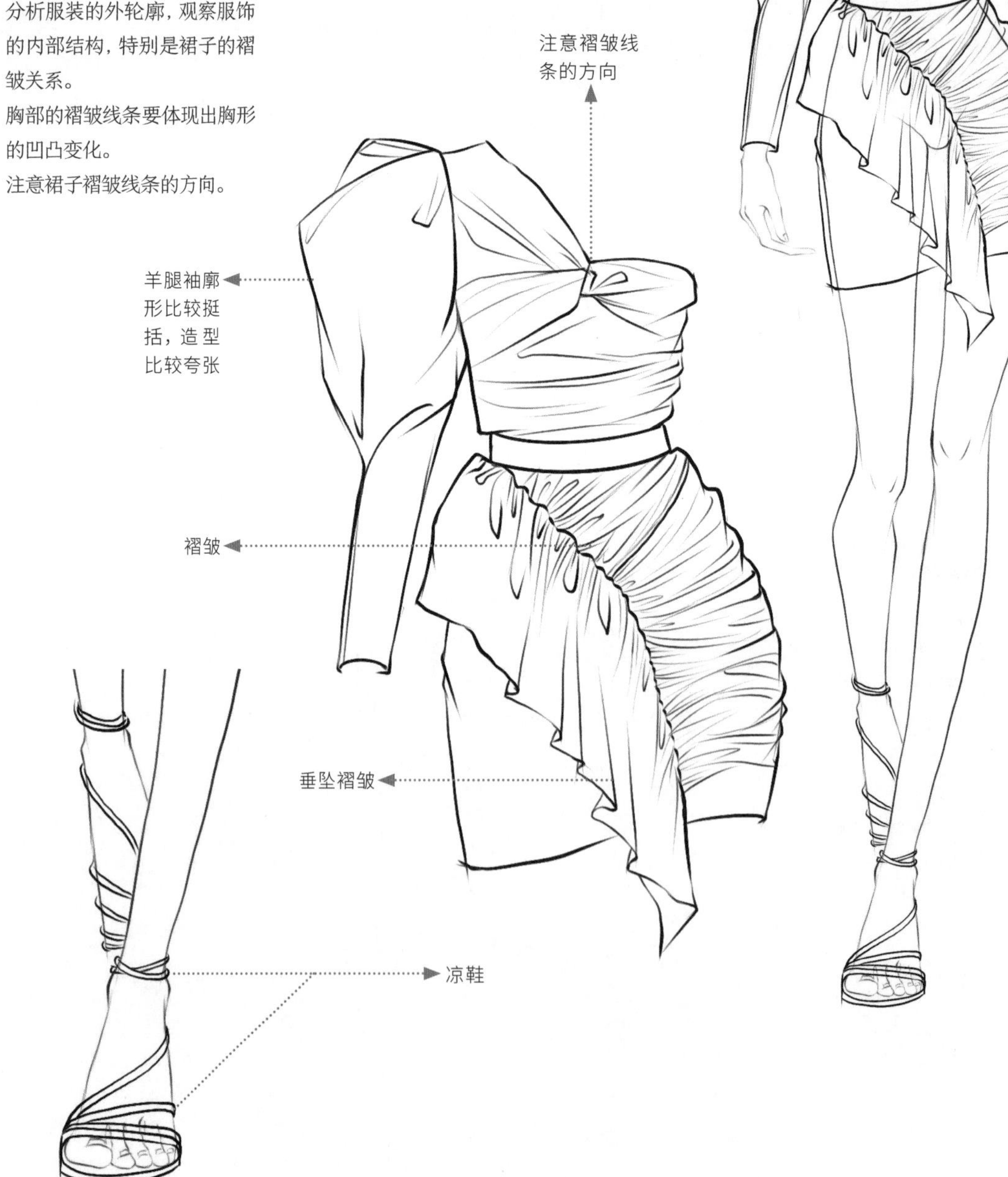

## 5.6.2 上色技巧

### 1. 底色

#### 01 填充人体肤色和头发底色

**颜色：**

在“人体线稿”图层下方新建图层，并重命名为“人体肤色”。用套索工具圈出人体肤色区域，选择浅肤色进行填充。新建“头发底色”图层，并用深棕色填充头发底色。

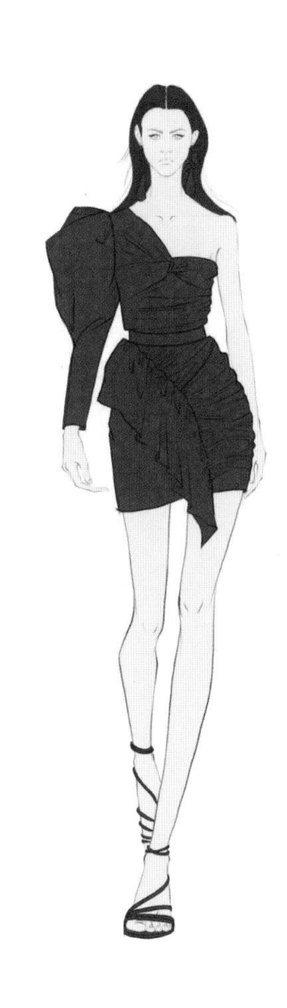

#### 02 填充衣服底色、耳环和鞋子底色

**颜色：**

在“衣服线稿”图层下方新建“衣服底色”图层，并用套索工具圈出衣服区域，选择灰色进行填充。在“耳环鞋子线稿”图层下方新建“耳环鞋子底色”图层，在耳环和鞋子区域填充灰色。

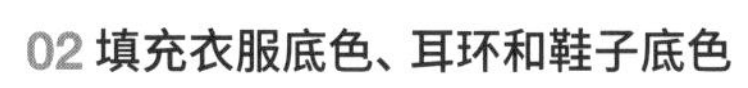

### 2. 肤色细节

#### 01 刻画皮肤暗面

**颜色：**

在“人体肤色”图层上方新建“皮肤暗面”图层，打开“剪辑蒙版”。用“中等画笔”笔刷，选择偏深的粉色，画出皮肤的暗面。

### 02 刻画皮肤中间调

**颜色：**

在“皮肤暗面”图层上方新建“皮肤中间调”图层，打开“剪辑蒙版”。用“中等画笔”笔刷，在全身皮肤部分的暗面边缘叠加偏黄的肤色，以丰富肤色层次。

### 03 叠加粉紫色

**颜色：**

在“皮肤中间调”图层上方新建“粉紫色调”图层，打开“剪辑蒙版”。用“中等画笔”笔刷，选择粉紫色叠加在皮肤暗面，使整体肤色更自然。

### 04 刻画皮肤高光细节和指甲颜色

**颜色：**

在“粉紫色调”图层上方新建“高光细节”图层，打开“剪辑蒙版”。用“中等画笔”笔刷，选择白色，在皮肤上叠加高光细节，营造出自然的光影效果。选择红色，画出指甲颜色。

在以下位置画出高光细节：

- 锁骨；
- 肩膀；
- 手指关节；
- 膝盖；
- 脚趾顶端。

### 3. 妆容细节

#### 01 刻画眼影和眉毛

颜色：● ●

在“高光细节”图层上，用“中等画笔”笔刷，选择暗红色，在眼睛周围画出烟熏妆容效果，再用与头发底色相同的颜色画出眉毛的底色。

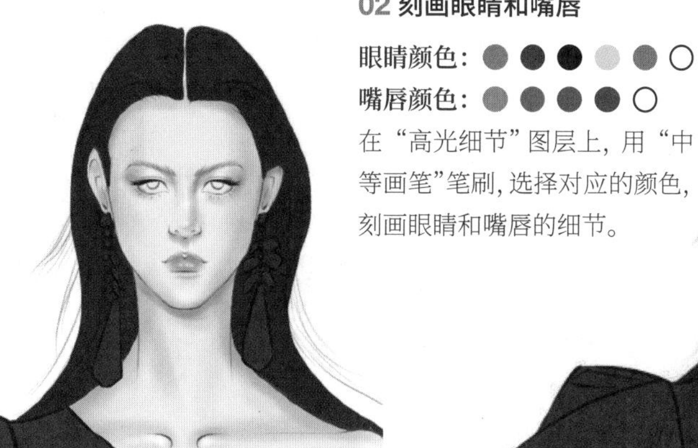

#### 02 刻画眼睛和嘴唇

眼睛颜色：● ● ● ● ● ○

嘴唇颜色：● ● ● ● ○

在“高光细节”图层上，用“中等画笔”笔刷，选择对应的颜色，刻画眼睛和嘴唇的细节。

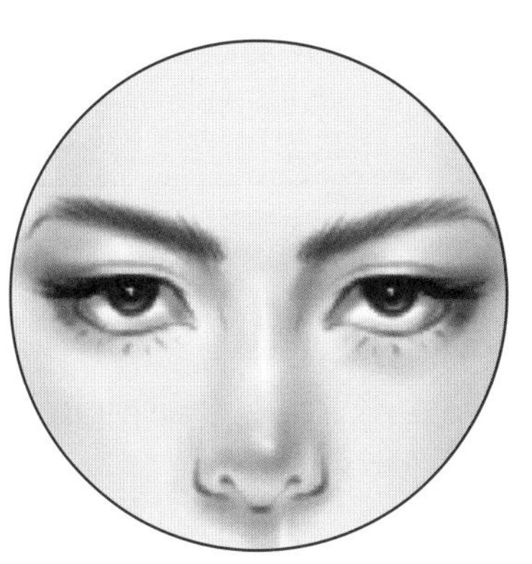

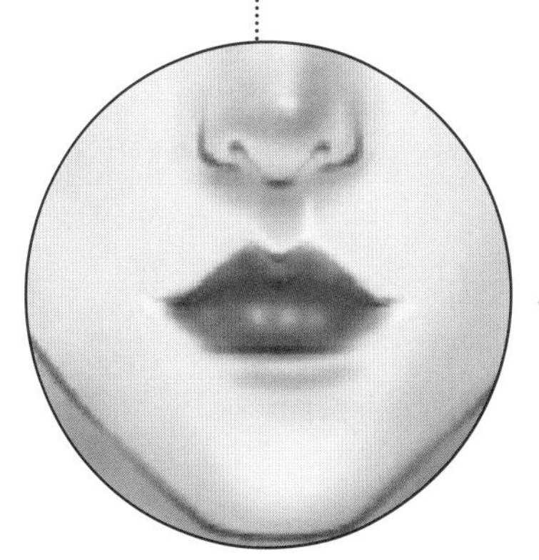

### 4. 头发细节

#### 01 边缘虚化处理

在“头发底色”图层上，点击涂抹工具，选择“上漆”—“松脂”笔刷，对头发边缘进行虚化处理。

#### 02 刻画头发暗面

颜色：●

在“头发底色”图层上方新建“头发暗面”图层，打开“剪辑蒙版”。用“短发”笔刷，选择比头发底色更深的棕色，画出头发的阴影。

#### 03 刻画头发亮面

颜色：●

在“头发暗面”图层上方新建“头发亮面”图层，选择亮黄色，用“短发”笔刷画出亮面，注意发尾细节的处理。

**04 刻画头发细节**

**颜色：** ● ○

在“头发亮面”图层上方新建“头发细节”图层，用“短发”笔刷在头发边缘画出发丝细节，并用“技术笔”笔刷画出飘逸的发丝，选取发丝周边的颜色即可。用白色适当画出高光。在耳朵附近用“技术笔”笔刷补充发丝细节。

## 5.6.3 服饰表现

### 1. 绘制皮裙暗面

**笔刷：** 着墨—干油墨

**颜色：** ●

在“衣服底色”图层上方新建“皮裙暗面”图层，打开“剪辑蒙版”。用“干油墨”笔刷，选择深灰色画出暗面。注意根据褶皱的方向确定暗面的位置。

### 2. 模糊皮裙暗面

在“皮裙暗面”图层上打开“调整”—“高斯模糊”功能，用手指或Apple Pencil在屏幕上左右滑动，直到显示“高斯模糊5%”，使暗面的模糊感表现得比较自然。

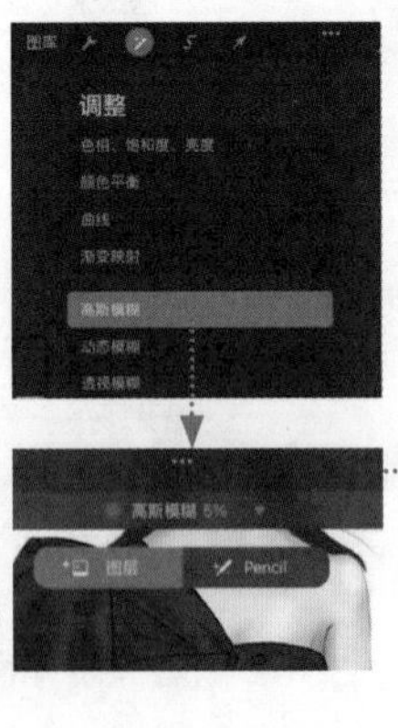

### 3. 刻画皮裙细节

**笔刷：** 气笔修饰—中等画笔

**颜色：** ●

在“皮裙暗面”图层上方新建“皮裙细节”图层，打开“剪辑蒙版”。用“中等画笔”笔刷选择黑色，在暗面部分刻画褶皱细节。

### 4. 刻画皮裙反光

**笔刷：** 气笔修饰—中等画笔

**颜色：**

在“皮裙细节”图层上方新建“皮裙反光”图层，打开“剪辑蒙版”。用“中等画笔”笔刷，选择蓝灰色画出反光。注意反光要有层次变化，要一点一点进行叠加。

## 5. 刻画配饰细节

### 01 绘制耳环和鞋子的高光

**笔刷：** 亮度—闪光

**颜色：** ○

在“耳环鞋子底色”上方新建“耳环鞋子效果”图层，并打开“剪辑蒙版”。用“闪光”笔刷，选择白色，在耳环上画出高光细节。用“技术笔”笔刷，选择白色，在大水滴造型的耳坠上适当画出高光细节。

在“耳环鞋子效果”图层上，用“闪光”笔刷，选择白色，在鞋子上画出高光细节。

### 02 绘制耳环和鞋子的闪光细节

**笔刷：** 亮度—微光

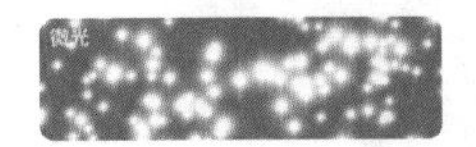


**颜色：**  

在“耳环鞋子效果”图层上，用“微光”笔刷，选择相应的颜色，分别在耳环上和鞋子上画出闪光细节。如果闪光的效果比较分散，则需要将笔刷的描边路径适当调大。

完成稿可以导出为 PNG 格式，设置成双人排版。

# 5.7 牛仔休闲外套时装画

**学习要点**

1. 牛仔面料纹理的画法
2. 皮草包包的画法

**使用的主要笔刷**

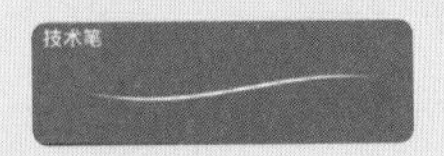


01 线稿
着墨—技术笔

02 皮肤
气笔修饰—中等画笔

03 头发和皮草包包
材质—短发

04 牛仔面料纹理
赠送的“面料”—2号“竹节牛仔面料”

05 水洗刷白效果
喷漆—中等喷嘴

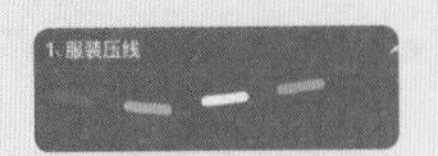


06 压线和门襟扣眼
赠送的“辅料”—1号“服装压线”

07 袜子纹理
赠送的“面料”—9号“毛衣纹路坑条”

08 鞋子细节
亮度—闪光

## 5.7.1 线稿绘制

### 1. 人体结构

**笔刷：**着墨—技术笔

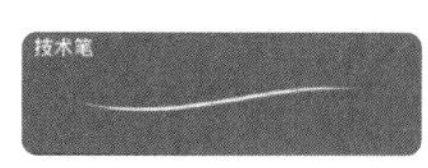


新建一个名为“人体打结构”的图层。运用第 3 章介绍的方法，画出 10 头身的人体结构。肩线水平，胯线向身体右侧提高。

### 2. 服饰结构

**笔刷：**着墨—技术笔

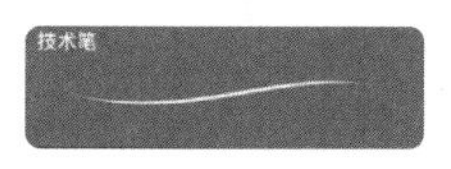


将“人体打结构”图层的“不透明度”调低至 10%。在“人体打结构”图层上方新建图层，并重命名为“服饰打结构”，在该图层上画出部分服饰的廓形。注意观察服饰的结构。

### 3. 人体和头发线稿

**笔刷：**着墨—技术笔

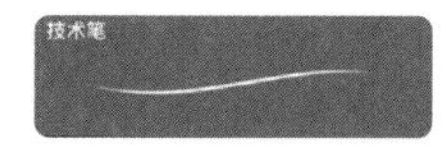


隐藏“服饰打结构”图层。在“人体打结构”的图层上方新建“头发线稿”“人体线稿” “帽子线稿” 3 个图层，用“技术笔”笔刷分别画出头发、人体和帽子线稿。画头部时打开“对称”功能。

**TIPS**

将帽子顺着头部的廓形画出来，注意画出帽子上的羽毛状细节。

## 4. 服饰线稿

**笔刷：**着墨—技术笔

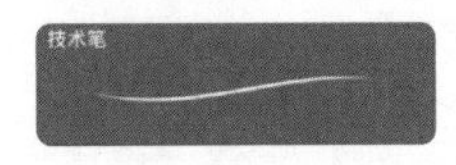


取消隐藏“服饰打结构”图层，并在此图层上方新建“外套衣服线稿”、“内连衣裙线稿”和“鞋子包包线稿”图层。根据右图绘制全身服饰的线稿，注意外轮廓的线条要比内部褶皱的线条粗一些。

**TIPS**

分析服饰的外轮廓，观察服饰的内部结构和褶皱关系。
牛仔面料比较硬挺，因此线条要展现出厚重感；内连衣裙的面料比较柔软，因此线条要柔和一些。
牛仔外套的内部分割线比较多，因此需要画出褶皱的结构线。
包包与头发的画法相似，注意画出毛边细节。
注意“内连衣裙线稿”图层要在“外套衣服线稿”图层下方。

## 5.7.2 上色技巧

### 1. 底色

#### 01 填充人体肤色和头发底色

**颜色：** 

在“人体线稿”图层下方新建图层，并重命名为“人体肤色”。用套索工具圈出人体肤色区域，选择浅肤色进行填充。被服装挡住的部分皮肤可以不填充。在“人体肤色”图层上方新建“头发底色”图层，并在头发区域填充浅灰绿色。

#### 02 填充帽子底色、牛仔外套底色和内连衣裙底色

**颜色：**

在“头发底色”图层上方新建“帽子底色”图层，并在帽子区域填充蓝色。在“外套衣服线稿”图层下方新建“牛仔外套底色”图层，用套索工具或“技术笔”笔刷把牛仔外套外轮廓勾勒出来，填充对应颜色。在“牛仔外套底色”图层下方新建“内连衣裙底色”图层，并在连衣裙区域填充玫红色和深蓝色。

#### 03 填充鞋子底色、包包和袜子底色

**颜色：**

在“鞋子包包线稿”图层下方新建“鞋子底色”图层，并用“技术笔”笔刷在鞋面填充更深的蓝色，在鞋底填充红色和黑色。在“鞋子底色”图层下方新建“包包袜子底色”图层，并在包包主体和袜子区域填充深灰色。

## 2. 肤色细节

**01 确定皮肤的明暗关系**

**颜色：**

在“人体肤色”图层上方新建“皮肤明暗关系”图层。用“中等画笔”笔刷在皮肤的暗面画出阴影效果。注意根据光的方向来确定阴影的位置。

**02 叠加粉紫色**

**颜色：**

在“皮肤明暗关系”图层上方新建“皮肤粉紫色”图层。将粉紫色轻柔地叠加在暗面，使人物更立体。

**03 加深肤色**

**颜色：**

在“皮肤粉紫色”图层上方新建“加深肤色”图层。用更深的肤色进一步刻画暗面，使人物整体更自然、生动。给手指甲涂上红色。

## 3. 妆容细节

**烟熏妆容颜色：**

**眉毛颜色：**

在“皮肤粉紫色”图层上，用“中等画笔”笔刷，选择暗红色，在眼睛周围画出烟熏妆容效果，再用与头发底色相同的颜色画出眉毛的底色。

选择对应的颜色，刻画眼睛和嘴唇的细节。

用“技术笔”笔刷在眼睛下方和脸上点缀出雀斑和痣的细节。选择白色，画出皮肤的高光细节。

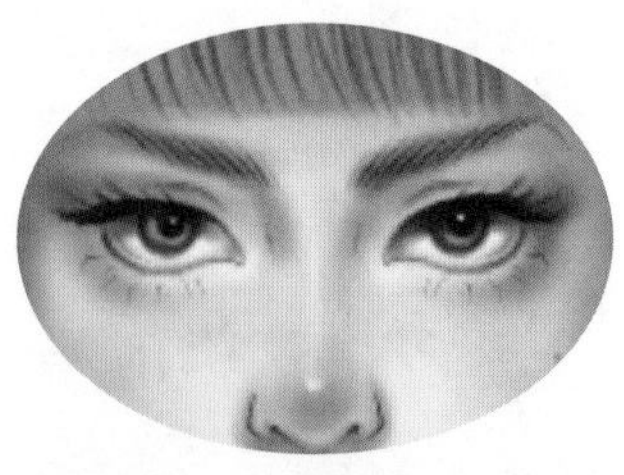

**眼睛颜色：**

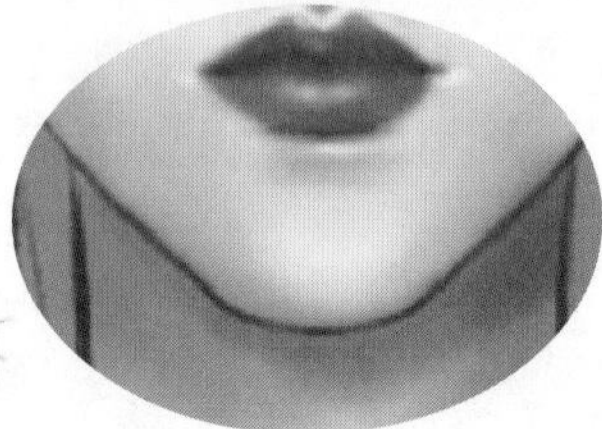

**嘴唇颜色：**

### 4. 头发细节

**01 边缘虚化处理**

在“头发底色”图层上，点击涂抹工具，选择“上漆”—“松脂”笔刷，对头发边缘进行虚化处理。

**02 刻画头发亮面**

颜色：

在“头发底色”图层上方新建“头发中间调”图层，并打开“剪辑蒙版”。选择亮灰色，用“短发”笔刷画出亮面。注意发尾细节的处理。

**03 刻画头发暗面**

颜色：

在“头发中间调”图层上方新建“头发暗面”图层，并打开“剪辑蒙版”。选择深灰色，用“短发”笔刷表现出阴影的层次，特别要表现出帽子形成的阴影。

**04 刻画头发细节**

颜色：

在“头发暗面”图层上方新建“头发细节”图层，用“短发”笔刷在头发边缘画出发丝细节，并用“技术笔”笔刷画出飘逸的发丝，选取发丝周边的颜色即可。用白色适当画出高光。

**05 刻画头饰细节**

颜色：

在“头饰底色”图层上方新建“头饰细节”图层，用“中等画笔”笔刷在帽子上画出黑色部分，并画出帽子羽毛状细节的质感。

## 5.7.3 服饰表现

### 1. 刻画牛仔面料

笔刷：牛仔面料的纹理最常见的是斜纹和竹节竖纹，赠送的“面料”笔刷里的1号和2号笔刷可以表现牛仔面料的纹理，要根据所需展现的纹理来选择合适的笔刷。

本节时装画用的是“竹节牛仔面料”笔刷。

1号“斜纹牛仔面料”

2号“竹节牛仔面料”

### 01 绘制牛仔面料纹理

在“牛仔外套底色”图层上方新建“牛仔面料纹理”图层，打开“剪辑蒙版”。选用“竹节牛仔面料”笔刷，并点击“画笔工作室”—“颗粒”—“比例”，设置纹理的粗细。

回到画布界面，调大笔刷尺寸，一笔画出牛仔面料纹理。不要重复画，否则容易出现叠色不均匀的情况。

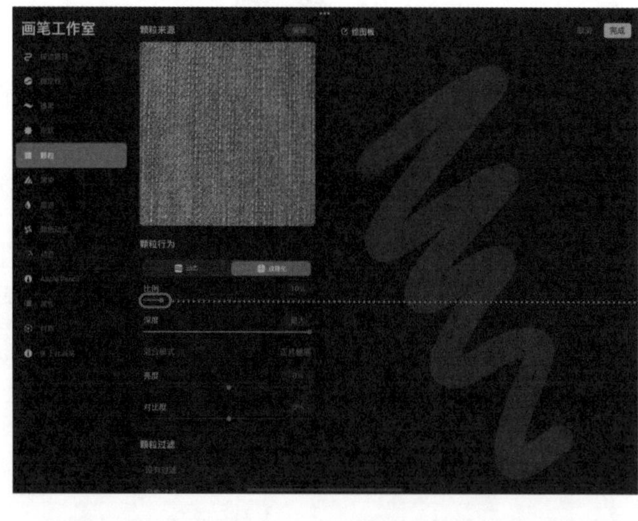


根据情况适当调整，A4画布所用的比例是10%，可作为参考

### 02 外套袖口毛边处理

在“牛仔外套底色”图层上，用涂抹工具对袖口边缘的毛边进行处理，以形成较粗犷的感觉。

毛边细节用涂抹工具处理

### 03 刻画牛仔外套的明暗关系

**笔刷：**气笔修饰—中等画笔

**颜色：**

在“牛仔面料纹理”图层上方新建“外套明暗关系”图层，打开“剪辑蒙版”，并点击图层右侧的“N”，选择“正片叠底”。用“中等画笔”笔刷，选择蓝色，画出牛仔外套的暗面，以表现出褶皱处和袋盖下的阴影层次。

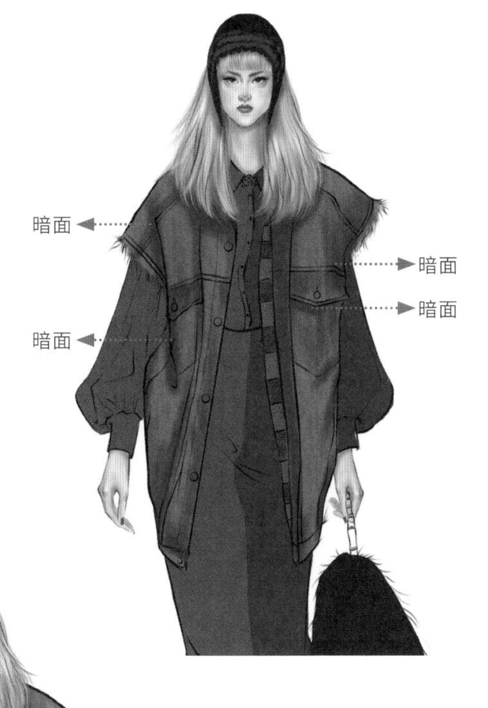


### 04 绘制牛仔外套的水洗刷白效果

**笔刷：**喷漆—中等喷嘴

**颜色：**○

在“外套明暗关系”图层上方新建“水洗刷白效果”图层，打开“剪辑蒙版”。用“中等喷嘴”笔刷，选择白色，在牛仔外套泛白处画出水洗刷白的效果。

如果白色效果太强烈，把牛仔外套本身的纹理覆盖了，可以点击“水洗刷白效果”图层右侧的“N”，将“不透明度”调低一些，一边调整一边观察效果，直到效果比较自然、牛仔面料纹理清晰为止。

### 05 叠加邻近色

**笔刷：**喷漆—中等喷嘴

**颜色：**

在“水洗刷白效果”图层上方新建“叠加邻近色”图层，打开“剪辑蒙版”。选择青蓝色的邻近色，用“中等喷嘴”笔刷在刷白处进行叠加，以使整体色彩层次更丰富。注意不要过度叠加。

### 06 刻画牛仔外套细节

**笔刷：**喷漆—中等喷嘴

赠送的“辅料”—1 号“服装压线”

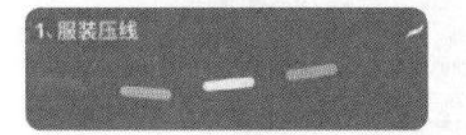


**颜色：**

在“叠加邻近色”图层上方新建“牛仔外套细节”图层，打开“剪辑蒙版”。选用“中等喷嘴”笔刷并调小尺寸，选择白色，在牛仔外套拼接缝处画出水洗刷白的细节。

选用“服装压线”笔刷，调节尺寸至1% 左右，选择土黄色，画出拼接缝里面的双条压线和门襟扣眼。用灰色和白色画出纽扣的金属质感。

## 2. 刻画连衣裙细节

### 01 绘制连衣裙阴影

**笔刷：**气笔修饰—中等画笔

在“内连衣裙底色”图层上方新建“连衣裙阴影”图层，打开“剪辑蒙版”，点击图层右侧“N”，选择“正片叠底”。分别吸取连衣裙底色，用“中等画笔”笔刷画出阴影。阴影的位置要根据褶皱的方向来确定。注意画出牛仔外套袖口下方的阴影和门襟外侧在连衣裙上产生的阴影。

### 02 绘制连衣裙反光

**笔刷：**气笔修饰—中等画笔

**颜色：**

在“连衣裙阴影”图层上方新建“连衣裙反光”图层，打开“剪辑蒙版”。选择浅粉紫色和浅蓝色，用“中等画笔”笔刷在连衣裙凸起来的褶皱等位置画出反光，以表现出面料的质感。

### 3. 刻画配饰细节

（除步骤 01 外，其余步骤都需要打开“剪辑蒙版”。）

#### 01 绘制包包底色

**笔刷：** 着墨—技术笔

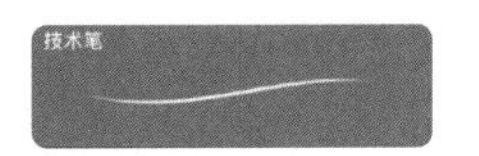


**颜色：**

点击“包包袜子底色”图层，用涂抹工具，选择“上漆”—“松脂”笔刷在包包边缘表现出毛边的质感。注意要适当变换毛的方向，以表现出自然的效果。用“技术笔”笔刷选择苔藓绿色，填充包包的提手。

#### 02 刻画包包细节

**笔刷：** 材质—短发

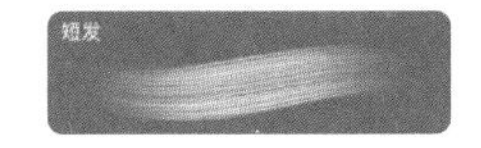


**颜色：**

在“包包袜子底色”图层上方新建“包包细节”图层，用“短发”笔刷，选择黑色，表现出包包的层次，并在提手竹节处叠加一些蓝色。

#### 03 刻画包包高光细节

**笔刷：** 材质—短发

**颜色：**

在“包包细节”图层上方新建“包包高光细节”图层，用“短发”笔刷，选择浅灰色，表现出包包的反光。再选择淡蓝色在包包下部叠加一点环境光的反光细节。在提手处叠加一些淡黄色，以表现出高光细节。

#### 04 刻画袜子细节

**笔刷：** 气笔修饰—中等画笔

**颜色：**

在“包包袜子底色”图层上方新建“袜子细节”图层，用“中等画笔”笔刷，选择黑色，画出袜子的阴影效果。

#### 05 刻画袜子纹理

**笔刷：** 赠送的“面料”—9号“毛衣纹路坑条”

在“袜子细节”图层下方新建“袜子纹理”图层，用“毛衣纹路坑条”笔刷，画出袜子的纹理。

#### 06 刻画鞋子细节

**笔刷：** 喷漆—中等喷嘴　亮度—闪光

**颜色：**

在“袜子纹理”图层上方新建“鞋子细节”图层，用“中等喷嘴”笔刷，选择深灰色，在鞋袢处画出暗面。用“闪光”笔刷，选择白色，画出鞋头上的闪钻和高光细节。

完成稿可以导出为PNG格式，设置成双人排版。

# 5.8 千鸟格纹西装套装时装画

**使用的主要笔刷**

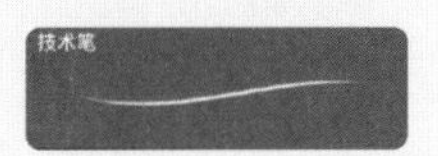


01 线稿
着墨—技术笔

02 皮肤
气笔修饰—中等画笔

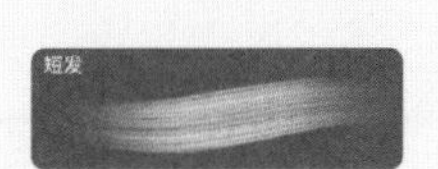


03 头发
材质—短发

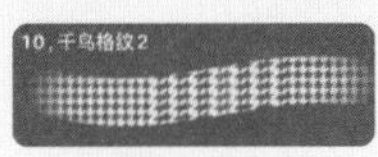


04 西装格纹
赠送的“面料”—10 号“千鸟格纹 2”

05 拼接条纹
纹理—对角线

**学习要点**

1. 千鸟格纹的画法
2. 西装结构的画法
3. 皮草围脖的画法

# 5.8.1 线稿绘制

## 1. 人体结构

**笔刷：** 着墨—技术笔

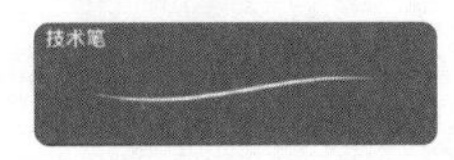

新建一个名为“人体打结构”的图层。运用第 3 章介绍的方法，画出 10 头身的人体结构。肩线水平，胯线向身体左侧提高。

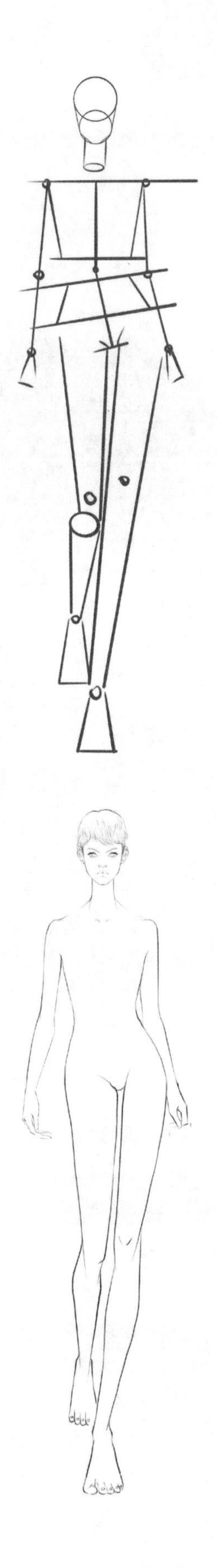

## 2. 服饰结构

**笔刷：** 着墨—技术笔

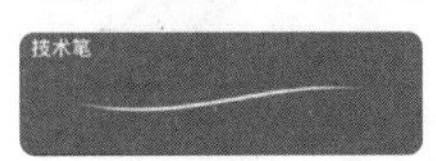

将“人体打结构”图层的“不透明度”调低至 10%。在“人体打结构”图层上方新建图层，并重命名为“服饰打结构”，在该图层上画出部分服饰的廓形。注意观察服饰的结构。

## 3. 人体和头发线稿

**笔刷：** 着墨—技术笔

隐藏“服饰打结构”图层。在“人体打结构”图层上方新建“头发线稿”和“人体线稿”两个图层，用“技术笔”笔刷分别画出头发和人体线稿。画头部时打开“对称”功能。

### 4. 服饰线稿

**笔刷：**着墨—技术笔

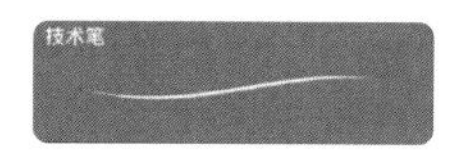


取消隐藏“服饰打结构”图层，在此图层上方新建“衣服线稿”图层。根据右图绘制全身服饰的线稿，注意外轮廓的线条要比内部褶皱的线条粗一些。在“衣服线稿”图层上方新建“围脖线稿”图层，画出围脖的线稿。

**TIPS**

分析服饰的外轮廓，观察服饰的内部结构，注意西装收腰处和裆部褶皱的方向。
围脖上的皮草与头发的画法相似，注意画出围脖的不规则廓形。
皮革贴袋是立体的，因此需要观察其透视关系，画线稿时需要用粗一些的实线画出其廓形，并在表面画一些虚线作为装饰。

## 5.8.2 上色技巧

### 1. 底色

#### 01 填充人体肤色和头发底色

颜色：

在“人体线稿”图层下方新建图层，并重命名为“人体肤色”。用套索工具圈出人体肤色区域，选择浅肤色进行填充。被服装挡住的部分皮肤可以不填充。在“人体肤色”图层上方新建“头发底色”图层，并在头发区域填充浅灰绿色。

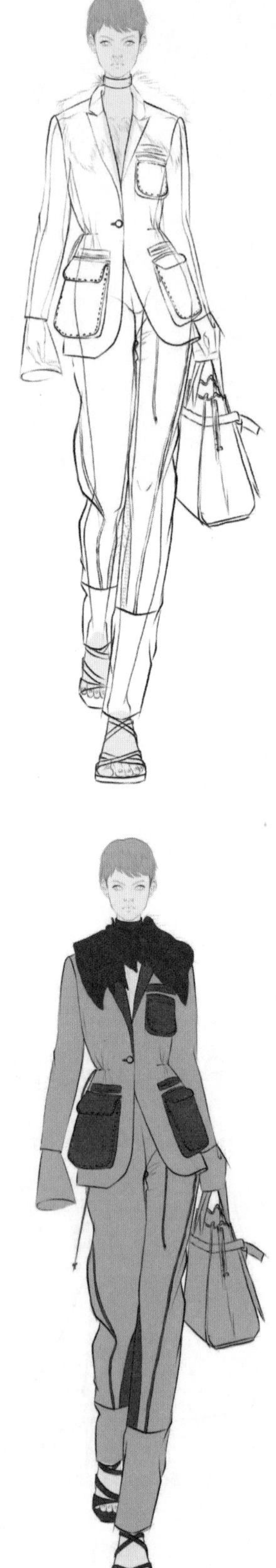

#### 02 填充西装底色、包包和鞋子底色

颜色：

在“衣服线稿”图层下方新建“衣服底色”图层，用套索工具圈出西装区域，选择蓝灰色填充。

在“衣服底色”图层上方新建“包包鞋子底色”图层，并用“技术笔”笔刷选择深灰色填充鞋子区域，选择蓝灰色填充包包区域。

如果出现某些边缘细节没有勾勒完整的情况，可以用“技术笔”笔刷选择对应颜色进行修补。

#### 03 填充衣服拼接皮革部分颜色和围脖底色

颜色：

在“衣服底色”图层上方新建“衣服拼接皮革部分”图层，打开“剪辑蒙版”。用“技术笔”笔刷，选择棕色，在贴袋和裤子上的细节等位置进行填充。在“衣服拼接皮革部分”图层上方新建“围脖底色”图层，用“技术笔”笔刷在围脖区域填充深灰色。用棕色画出裤带。

## 2. 肤色和妆容细节

### 01 刻画皮肤的明暗关系

颜色：

在“人体肤色”图层上方新建“皮肤明暗关系”图层，用“中等画笔”笔刷画出脸部和脖子的阴影。注意根据光的方向来确定阴影的位置。

### 02 加深肤色

颜色：

在“皮肤明暗关系”图层上方新建“加深肤色”图层。用更深的肤色进一步刻画暗面，使人物整体更自然、生动。

### 03 优化肤色

颜色：

在“加深肤色”图层上方新建“粉紫色调”图层。将粉紫色轻柔地叠加在暗面，使人物更立体。再在额头处叠加一些偏橘黄的肤色。用白色添加高光细节。

### 04 刻画眉毛

颜色：

在“加深肤色”图层上，用“中等画笔”笔刷，选择与头发底色相同的颜色画出眉毛的底色。

### 05 刻画眼睛和嘴唇

眼睛颜色：

嘴唇颜色：

在“加深肤色”图层上，用“中等画笔”笔刷，选择对应的颜色，刻画眼睛和嘴唇的细节。

### 06 刻画脚的明暗关系

颜色：

用“中等画笔”笔刷，选择较深的肤色，在“皮肤明暗关系”图层画出脚的暗面细节。

## 3. 头发细节

### 01 边缘虚化处理

在“头发底色”图层上，点击涂抹工具，选择“上漆”—“松脂”笔刷，对头发边缘进行虚化处理。

### 02 刻画头发亮面

**颜色：**

在“头发底色”图层上方新建“头发亮面”图层，并打开“剪辑蒙版”。选择淡黄色，用“短发”笔刷画出亮面，注意发尾细节的处理。

### 03 刻画头发细节

**颜色：**

继续使用“短发”笔刷，选择白色，画出最亮的发丝。然后适当在头顶叠加一点儿灰色，以体现头发的层次。

在“头发亮面”图层上方新建“头发细节”图层，用“短发”笔刷在头发边缘画出发丝细节，并用“技术笔”笔刷画出飘逸的发丝，选取发丝周边的颜色即可。用白色适当画出高光。

# 5.8.3 服饰表现

## 1. 刻画围脖皮草面料

### 01 边缘虚化处理

在“围脖底色”图层用涂抹工具，选择“上漆”—“松脂”笔刷，对围脖边缘进行虚化处理。注意边缘皮草的方向变化，以表现出蓬松的效果。

### 02 刻画围脖细节

**笔刷：**材质—短发

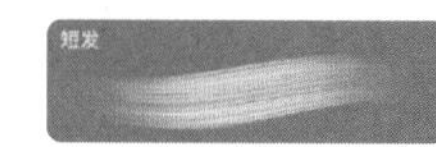


**颜色：**●

在“围脖底色”图层上方新建“围脖细节”图层，并打开“剪辑蒙版”。用“短发”笔刷，选择深灰色，在围脖内部表现出皮草的层次。

注意内部皮草的方向要与边缘皮草的方向一致，以表现皮草柔顺的质感，避免出现线条交错的情况。

### 03 刻画围脖反光

**笔刷：**材质—短发

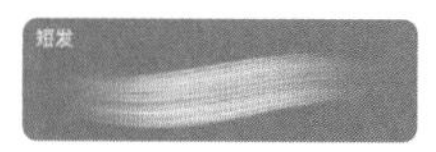


**颜色：**●

在“围脖细节”图层上方新建“皮草反光”图层，用“短发”笔刷，选择偏亮的蓝灰色，顺着皮草的方向表现出皮草的层次感。

注意颜色的对比要强烈一些，这样才能让皮草呈现出更饱满的效果。

## 2. 刻画千鸟格纹和条纹拼接

### 01 绘制千鸟格纹

**笔刷：**赠送的“面料”—10 号“千鸟格纹 2”

**颜色：**●

在“衣服底色”图层上方新建“千鸟格纹”图层，打开“剪辑蒙版”。用“千鸟格纹 2”笔刷，点击“画笔工作室”—“颗粒”—“纹理化”—“比例”，调整格纹的大小。选择棕色，调大笔刷尺寸，一笔画出千鸟格纹。

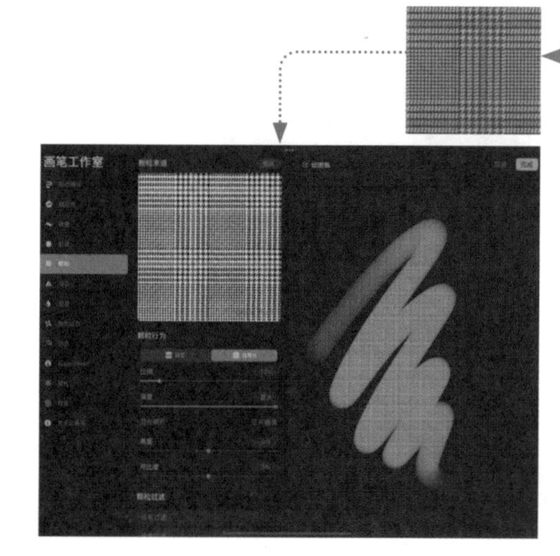

### 02 绘制条纹拼接

**笔刷：**纹理—对角线

**颜色：**

在“千鸟格纹”图层上方新建“条纹拼接”图层，并打开“剪辑蒙版”。用“对角线”笔刷选择灰色，画出拼接袖口和裤脚处的条纹。在“条纹拼接”图层上方新建“条纹拼色”图层，选择棕色，画出右图所示的花纹。

注意：用这种笔刷画出的条纹是倾斜的，要画竖条纹时，需要旋转画布，使所需画出的条纹和“对角线”笔刷的条纹倾斜角度一致。

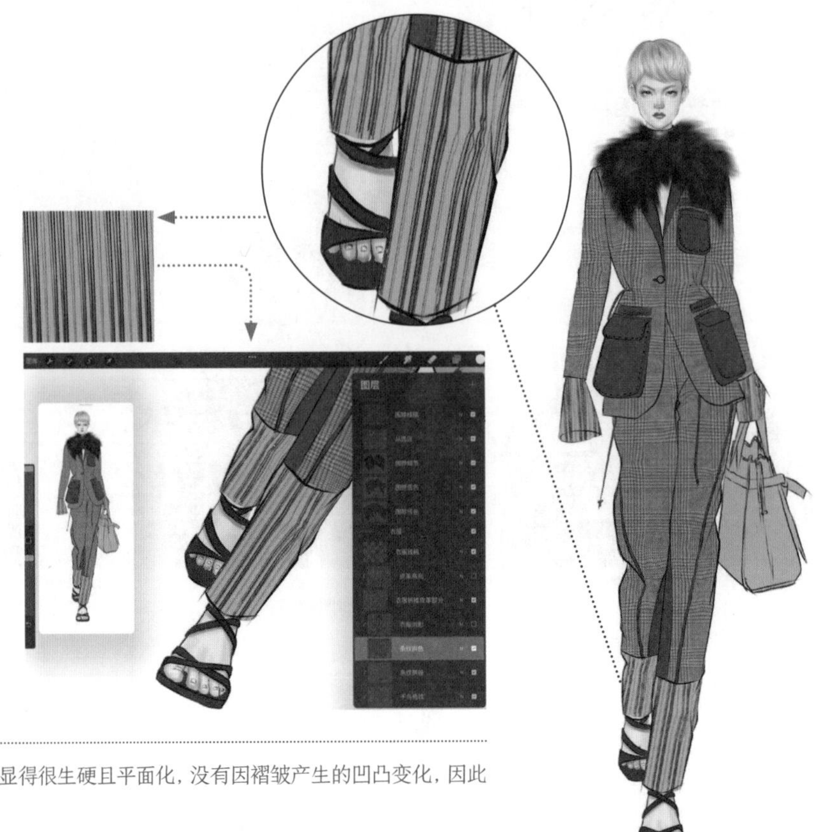

**TIPS**

用笔刷画出的千鸟格纹和条纹拼接显得很生硬且平面化，没有因褶皱产生的凹凸变化，因此需要进行更细致的处理。

### 03 千鸟格纹和条纹拼接褶皱处理

使用“调整”—“液化”里的工具对不同褶皱处的花纹进行处理。

- 凹陷处：使用“液化”—“捏合”点击褶皱的位置，观察效果是否符合要求；如果效果不够明显，则可以重复动作，直到达到满意的效果为止。
- 凸起处：使用“液化”—“展开”点击褶皱的位置，凸起处包括胸部、膝盖、肩膀等。
- 因动态产生的褶皱处：使用“液化”—“推”顺着褶皱的方向点击，使花纹产生自然的扭曲变化。
- 具体参数可以参照下图。

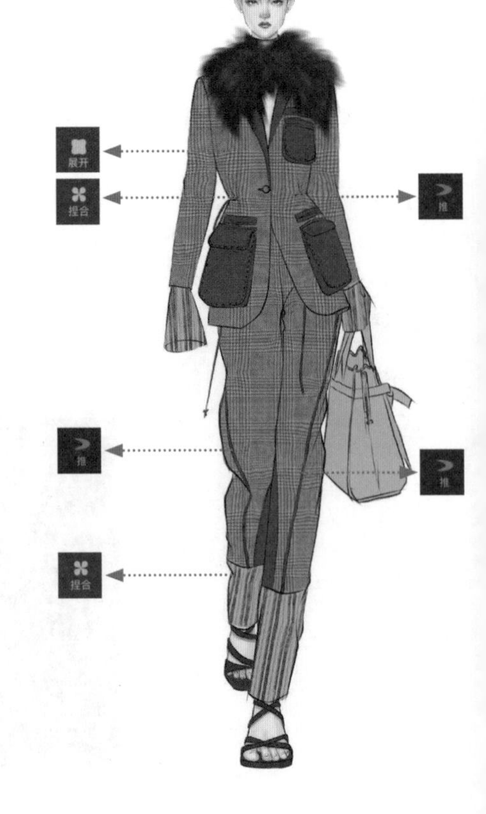

### 04 绘制衣服阴影

**笔刷：** 气笔修饰—中等画笔

**颜色：**

在“条纹拼色”图层上方新建“衣服阴影”图层，打开“剪辑蒙版”。点击图层右侧的“N”，选择“正片叠底”。用“中等画笔”笔刷，选择淡灰色画出阴影。

产生阴影的位置：褶皱凹陷处、背光处、西装外套门襟处、盖在裤子上的外套下沿处等。

另外，要特别注意裆部的褶皱和阴影，以及裤子前、后腿之间的阴影。

## 3. 刻画贴袋皮革面料

**笔刷：** 气笔修饰—中等画笔

**颜色：** 

在“衣服拼接皮革部分”图层上方新建“皮革高光”图层，打开“剪辑蒙版”。用“中等画笔”笔刷，选择浅粉色，画出皮革的反光；用深棕色叠加在皮革暗面，用深灰色刻画袋盖和贴袋周边的阴影。

## 4. 刻画配饰细节

### 01 刻画包包细节

**笔刷：** 气笔修饰—中等画笔

**颜色：** ●

在“包包鞋子底色”图层上方新建“包包鞋子细节”图层，打开“剪辑蒙版”。用“中等画笔”，选择深灰色，画出包包的暗面。注意保留一部分底色，以表现出皮革包包的明暗对比和其硬朗的质感。

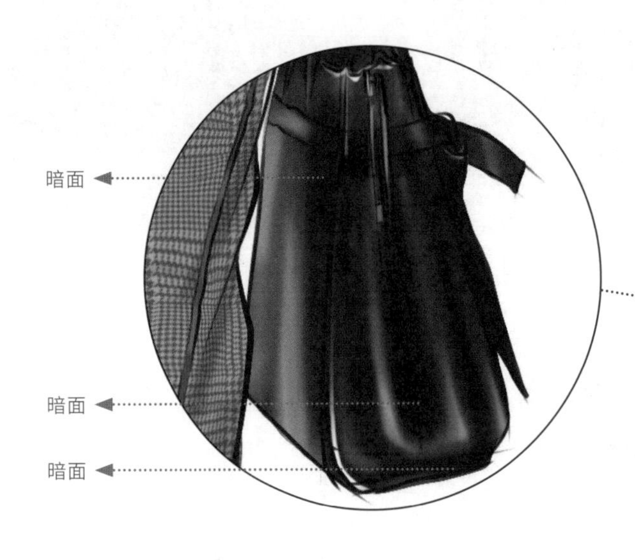


### 02 鞋子反光处理

**笔刷：** 气笔修饰—中等画笔

**颜色：** ● ●

用“中等画笔”笔刷，选择灰色，在“包包鞋子细节”图层上画出鞋子的反光，并用更深的灰色加深鞋子的阴影部分。

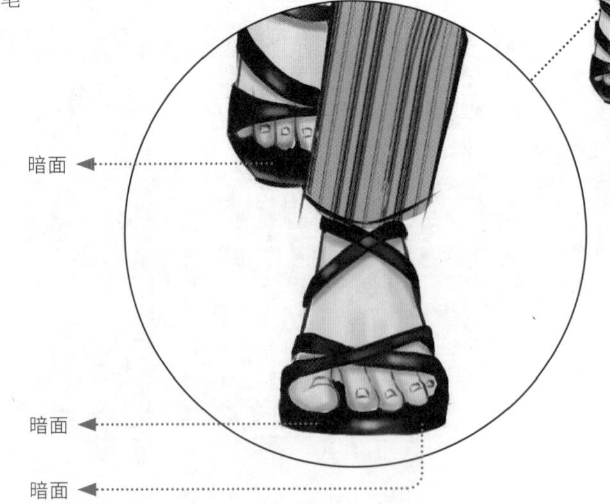

完成稿可以导出为PNG格式，设置成双人排版。

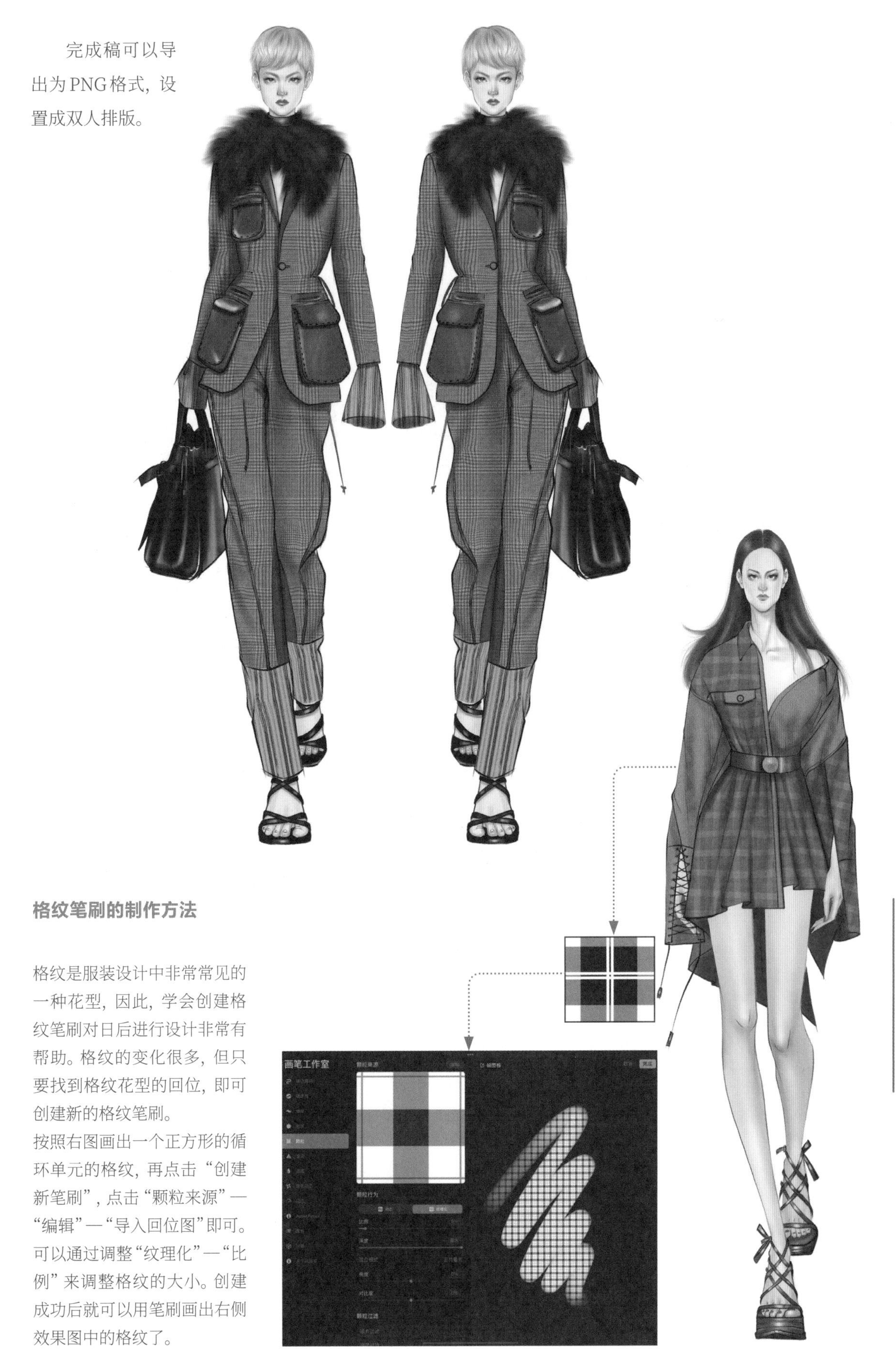


## 格纹笔刷的制作方法

格纹是服装设计中非常常见的一种花型，因此，学会创建格纹笔刷对日后进行设计非常有帮助。格纹的变化很多，但只要找到格纹花型的回位，即可创建新的格纹笔刷。

按照右图画出一个正方形的循环单元的格纹，再点击“创建新笔刷”，点击“颗粒来源”—“编辑”—“导入回位图”即可。可以通过调整“纹理化”—“比例”来调整格纹的大小。创建成功后就可以用笔刷画出右侧效果图中的格纹了。

# 5.9 丝绒连衣裙时装画

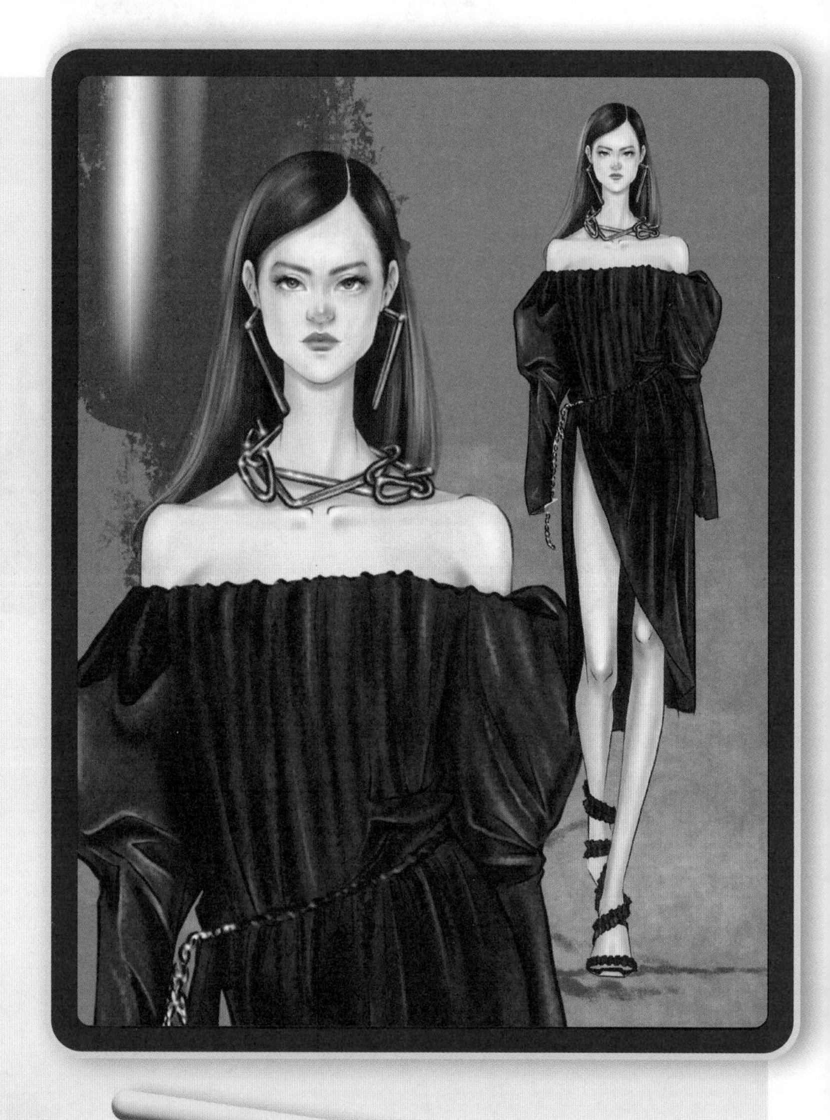

**学习要点**

1. 丝绒面料的画法
2. 金属配饰的画法

**使用的主要笔刷**

01 **线稿**
着墨—技术笔

02 **皮肤**
气笔修饰—中等画笔

03 **头发**
材质—短发

04 **连衣裙暗面**
喷漆—中等喷嘴

05 **丝绒细节**
喷漆—粗大喷嘴

06 **配饰细节**
亮度—闪光

## 5.9.1 线稿绘制

### 1. 人体结构

**笔刷：** 着墨—技术笔

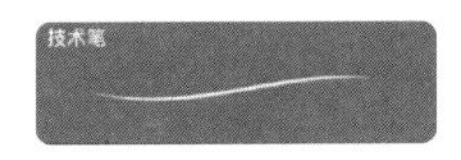


新建一个名为“人体打结构”的图层。运用第 3 章介绍的方法，画出 10 头身的人体结构。肩线水平，胯线向身体左侧提高。

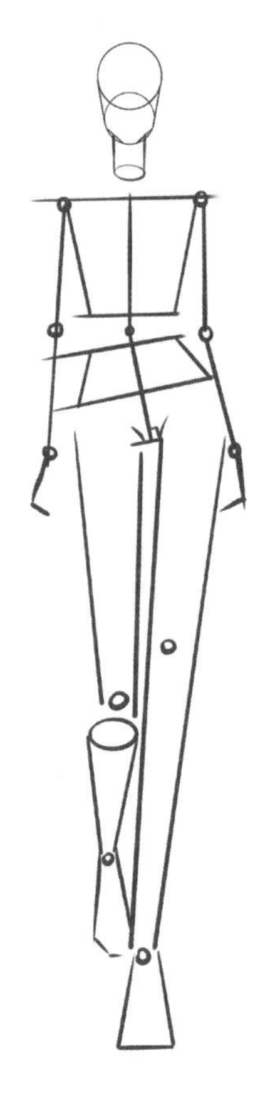

### 2. 服饰结构

**笔刷：** 着墨—技术笔

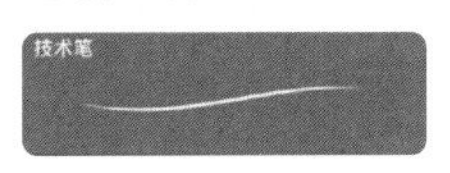


将“人体打结构”图层的“不透明度”调低至10%。在“人体打结构”图层上方新建图层，并重命名为“服饰打结构”，在该图层上画出部分服饰的廓形。注意观察服饰的结构。

### 3. 人体和头发线稿

**笔刷：** 着墨—技术笔

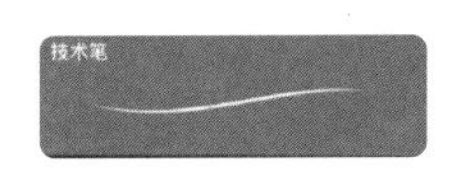


隐藏“服饰打结构”图层。在“人体打结构”图层上方新建“头发线稿”和“人体线稿”两个图层，用“技术笔”笔刷分别勾勒出头发和人体线稿。画头部时打开“对称”功能。

**TIPS**

- 头发要根据头部结构确定廓形，把头发分组排线，以刻画细节。
- 刻画五官时，要打开“对称”功能，画完记得检查五官是否符合“三庭五眼”的比例。

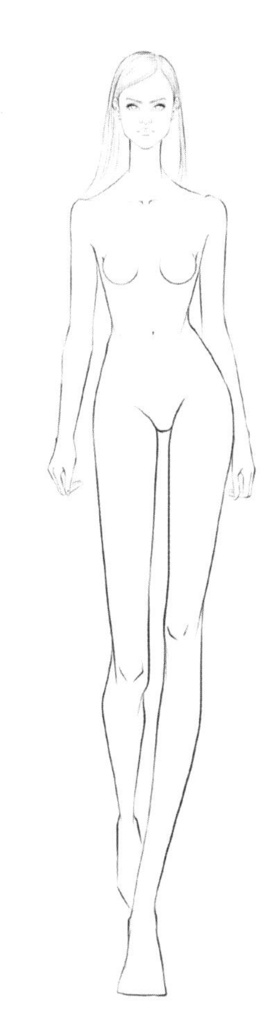

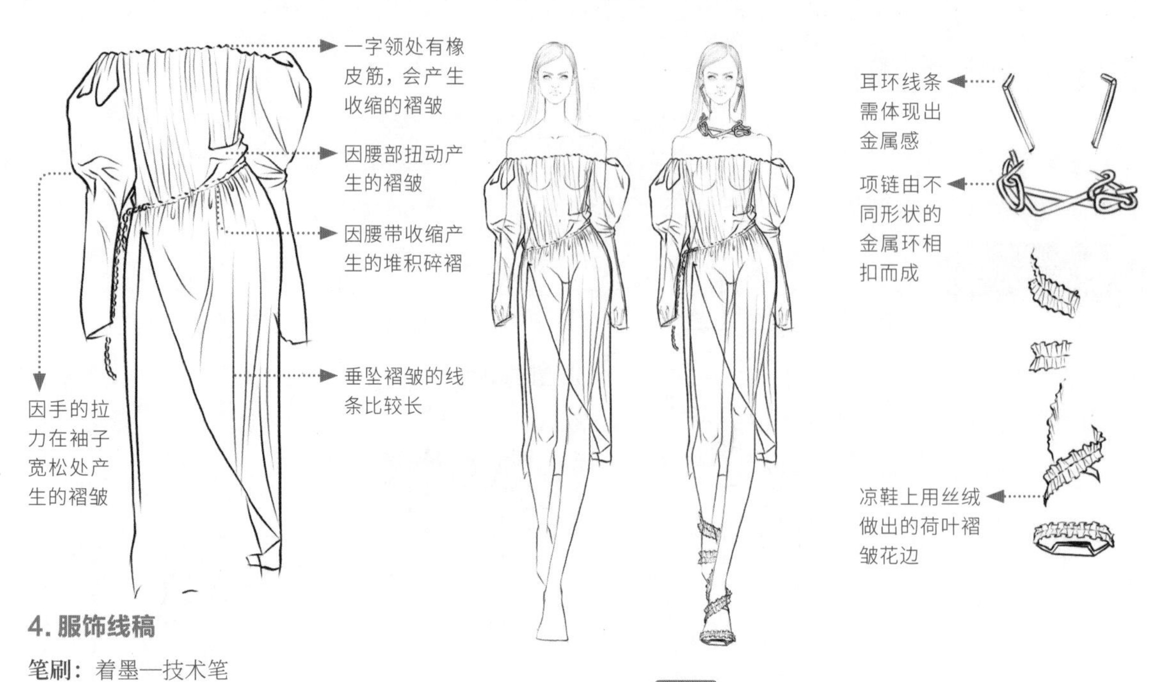


**4. 服饰线稿**

**笔刷：**着墨—技术笔

取消隐藏“服饰打结构”图层，并在此图层上方新建“衣服线稿”图层。根据上图绘制全身服饰的线稿，注意外轮廓的线条要比内部褶皱的线条粗一些。

在“衣服线稿”图层上方新建“鞋子耳环项链腰带线稿”，观察各部分的图案后进行描画，需要表现出项链和鞋子的纹路细节。

**TIPS**

连衣裙是一字露肩设计，袖子是羊腿袖，整体廓形上宽下窄。裙子是高开衩设计，整体廓形简单，但褶皱丰富，应注重褶皱的线条刻画。

**TIPS**

分析服饰的外轮廓，观察服饰的内部结构和褶皱关系。注意丝绒面料比较厚实，有垂坠感，整体褶皱丰富，因此需要根据不同部位的结构来确定褶皱的方向。

## 5.9.2 上色技巧

### 1. 底色

**01 填充人体肤色**

**颜色：**

在“人体线稿”图层下方新建图层，并重命名为“人体肤色”。用套索工具圈出人体肤色区域，选择浅肤色进行填充。被服装挡住的部分皮肤可以不填充。

**02 填充头发底色和衣服底色**

**颜色：**

在“人体肤色”图层上方新建“头发底色”图层，在头发区域填充深灰色。在“衣服线稿”图层下方新建“衣服底色”图层，在连衣裙区域填充深蓝色。

**03 填充鞋子、耳环、项链、腰带底色**

**颜色：**

在“鞋子耳环项链腰带线稿”图层下方新建“鞋子耳环项链腰带底色”图层，填充对应的底色。

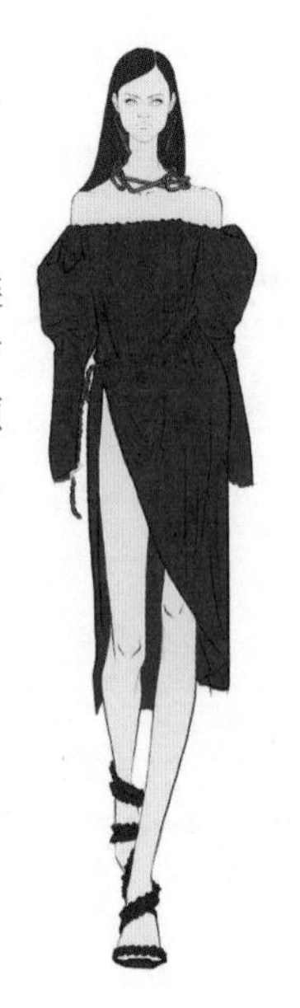

## 2. 肤色细节

### 01 确定皮肤的明暗关系

**颜色：**

在“人体肤色”图层上方新建“皮肤暗面”图层，用“中等画笔”笔刷在身体的暗面画出阴影效果。注意根据光的方向来确定阴影的位置。

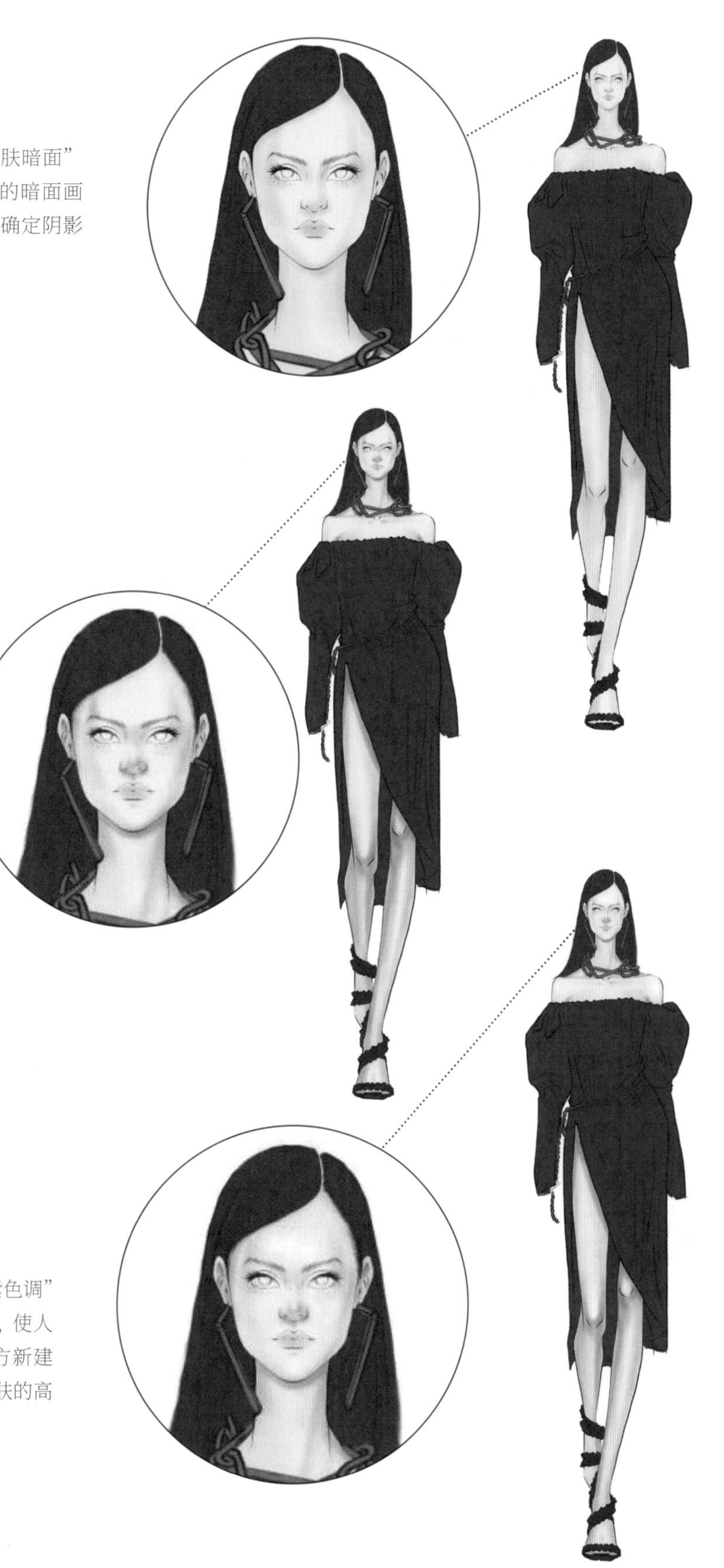

### 02 加深肤色

**颜色：**

在“皮肤暗面”图层上方新建“加深肤色”图层，选择更深的肤色进一步刻画暗面，使人物整体更自然、生动。

### 03 叠加粉紫色

**颜色：**

在“加深肤色”图层上方新建“粉紫色调”图层。将粉紫色轻柔地叠加在暗面，使人物更立体。在“粉紫色调”图层上方新建“高光细节”图层，选择白色刻画皮肤的高光细节。

## 3. 妆容细节

### 01 刻画妆容和眉毛

颜色：●●○

在“粉紫色调”图层上，用“中等画笔”笔刷，选择暗红色在眼睛周围画出烟熏妆容效果，再用与头发底色相同的颜色画出眉毛的底色。用白色画出高光细节。

### 02 刻画眼睛和嘴唇

眼睛颜色：●●●●●○

嘴唇颜色：●●●●○

在“粉紫色调”图层上，用“中等画笔”笔刷，选择对应的颜色，刻画眼睛和嘴唇的细节。

## 4. 头发细节

### 01 边缘虚化处理

在“头发底色”图层上，点击涂抹工具，选择“上漆”—“松脂”笔刷，对头发边缘进行虚化处理。

### 02 刻画头发暗面

颜色：●

在“头发底色”图层上方新建“头发暗面”图层，打开“剪辑蒙版”。选择深棕色，用“短发”笔刷表现出阴影的层次。

### 03 刻画头发亮面

颜色：●

在“头发暗面”图层上方新建“头发亮面”图层，打开“剪辑蒙版”。选择淡黄色，用“短发”笔刷画出亮面，注意发尾细节的处理。

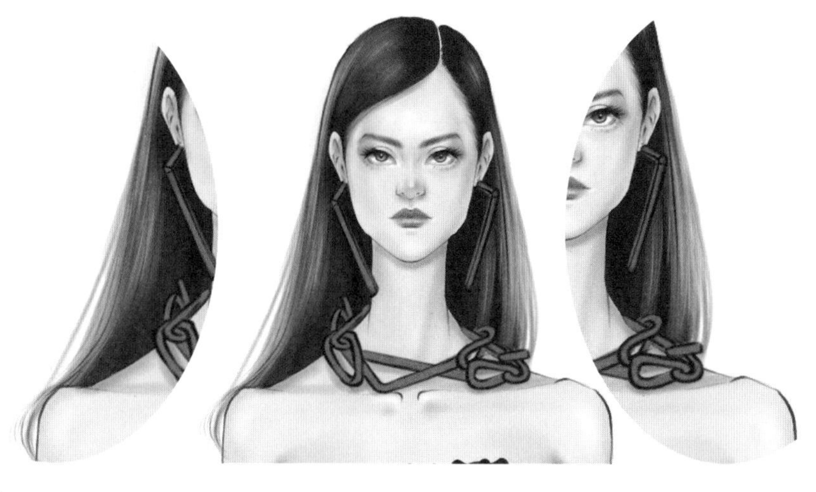

**04 刻画头发细节**

**颜色：**● ○

在“头发亮面”图层上方新建“头发细节”图层，打开“剪辑蒙版”。用“短发”笔刷在头发边缘画出发丝细节，并用“技术笔”笔刷画出飘逸的发丝，选取发丝周边的颜色即可。用白色适当画出高光。

## 5.9.3 服饰表现

### 1. 绘制连衣裙暗面

**笔刷：**喷漆—中等喷嘴

**颜色：**●

在“衣服底色”图层上方新建“衣服暗面”图层，打开“剪辑蒙版”。用“中等喷嘴”笔刷，选择深蓝色，画出连衣裙的阴影。注意要根据褶皱的线条确定阴影的位置。

### 2. 绘制丝绒倒毛反光细节

**笔刷：**喷漆—粗大喷嘴

**颜色：**●

在“衣服暗面”图层上方新建“丝绒倒毛反光细节”图层，用“粗大喷嘴”笔刷，选择蓝色画出反光细节。选用该笔刷时，可点击“画笔工作室”—“颗粒”—“纹理化”—“比例”，设置纹理的粗细。

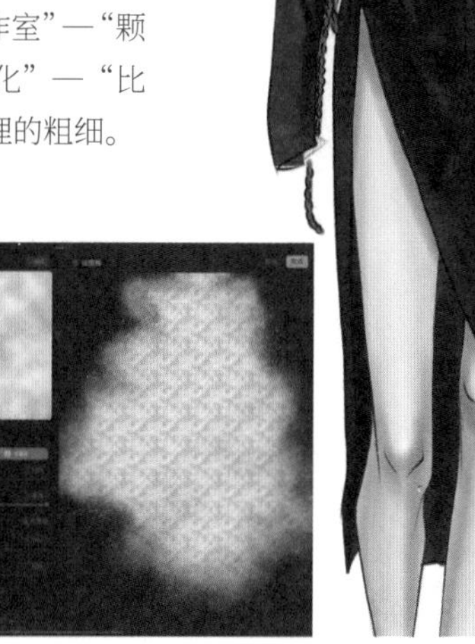

### 3. 绘制丝绒高光细节

**笔刷：**气笔修饰—中等画笔

**颜色：**○

在“衣服暗面”图层上方新建“丝绒高光细节”图层，打开“剪辑蒙版”。用“中等画笔”笔刷，选择白色画出丝绒的高光。

### 4. 绘制项链和耳环的质感

**笔刷：**着墨—技术笔

**颜色：**● ●

在“鞋子耳环项链腰带底色”图层上方新建“项链耳环效果”图层，打开“剪辑蒙版”。用“技术笔”笔刷，选择土黄色和浅灰色，画出金属的质感。

### 5. 表现项链和耳环的颗粒效果

在“项链耳环效果”图层打开“调整”—“杂色”，在屏幕上向右滑动调整参数，直到产生颗粒效果。

### 6. 绘制项链和耳环的高光

**笔刷：**亮度—闪光

**颜色：**○

在“项链耳环效果”图层上方新建“项链耳环高光”图层，选用“闪光”笔刷，调整尺寸后，选择白色，画出项链和耳环上的高光细节。

### 7. 绘制鞋子细节

**笔刷：**喷漆—粗大喷嘴

**颜色：**● ●

在“鞋子耳环项链腰带底色”图层上方新建“鞋子细节”图层，用“粗大喷嘴”笔刷，选择深蓝色，画出鞋子丝绒面料的质感。用卡其色画出鞋头上翘部分。

完成稿可以导出为PNG格式，设置成双人排版。

# 5.10 羽绒外套时装画

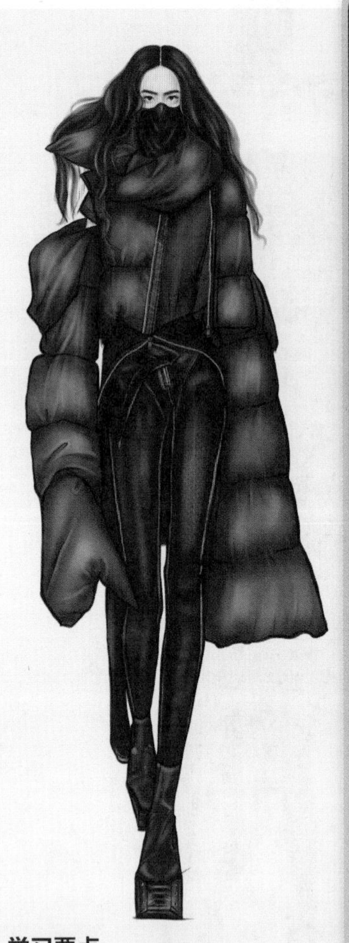

**学习要点**

1. 羽绒表现技法
2. 珠片材质表现技法
3. 拉链的画法

**使用的主要笔刷**

01 **线稿**
着墨—技术笔

02 **皮肤**
气笔修饰—中等画笔

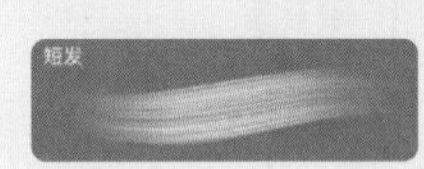


03 **头发**
材质—短发

04 **外套拉链**
赠送的“辅料”—4 号“金属拉链”

赠送的“辅料”—6 号“金属拉链头”

05 **裤子珠片**
纹理—小数

06 **靴子**
喷漆—中等喷嘴

07 **背景**
喷漆—喷溅

# 5.10.1 线稿绘制



### 1. 人体结构

**笔刷：**着墨—技术笔

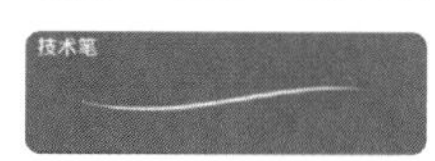


新建一个名为“人体打结构”的图层。运用第 3 章介绍的方法，画出 10 头身的人体结构。肩线水平，胯线向身体左侧提高。

### 2. 服饰结构

**笔刷：**着墨—技术笔

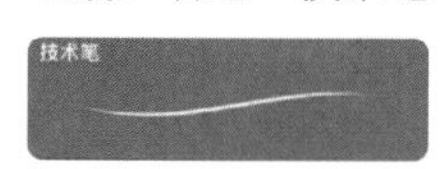


将“人体打结构”图层的“不透明度”调低至 10%。在“人体打结构”图层上方新建图层，并重命名为“服饰打结构”，在该图层上画出服饰的廓形。注意观察服饰的结构。

### 3. 人体和头发线稿

**笔刷：**着墨—技术笔

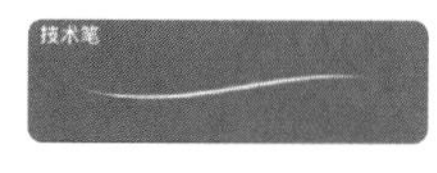


隐藏“服饰打结构”图层，在“人体打结构”图层上方新建“人体线稿”和“头发线稿”两个图层，用“技术笔”笔刷分别画出人体和头发的线稿。画头部时打开“对称”功能。

### 4. 服装线稿

**笔刷：**着墨—技术笔

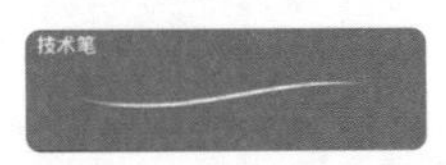

取消隐藏“服饰打结构”图层，并在此图层上方新建“服饰线稿”图层，画出服饰的线稿。

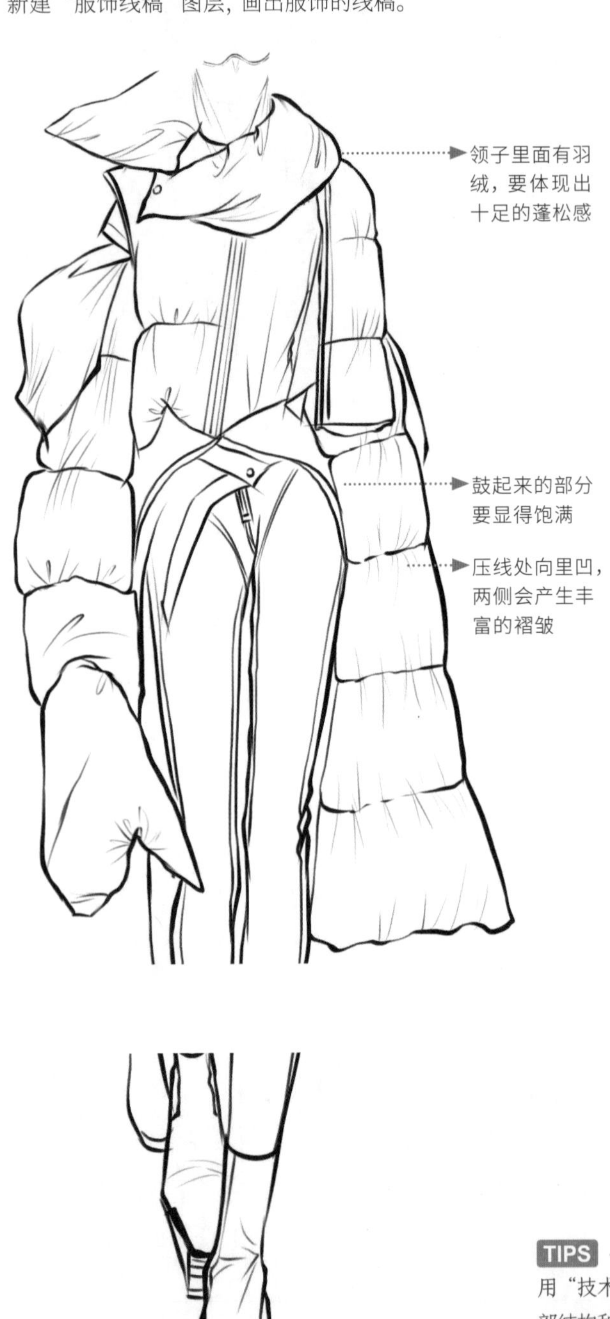

**TIPS**

用“技术笔”笔刷根据上图绘制全身服饰的线稿，注意观察服饰的内部结构和褶皱关系，注意外轮廓的线条要比内部褶皱的线条粗一些。

羽绒服里面充绒，形状饱满，外轮廓的线条要比较圆润、厚重，压线处的褶皱线条要细腻、丰富。

羽绒服的袖子较长，且板型较夸张，每一节羽绒的长度是大致相等的，袖口较宽。

紧身裤的线稿根据腿的廓形画即可。

## 5.10.2 上色技巧

### 1. 底色

**01 填充人体肤色和头发底色**

颜色：

在“人体线稿”图层下方新建图层，重命名为“人体肤色”。用套索工具圈出人体肤色区域，选择浅肤色进行填充。在“人体肤色”图层上方新建“头发底色”图层，用深棕色填充头发区域。

**02 填充外套、T 恤、裤子、靴子和口罩底色**

颜色：

在“服饰线稿”图层下方新建“外套底色”“T 恤底色”“裤子底色”“靴子底色”“口罩底色”图层，选择相应的颜色进行填充。

### 2. 肤色及面部细节

**01 确定皮肤的明暗关系**

颜色：

在“人体肤色”图层上方新建“皮肤明暗关系”图层。用“中等画笔”笔刷，在皮肤的暗面画出阴影效果。注意根据光的方向确定阴影的位置。

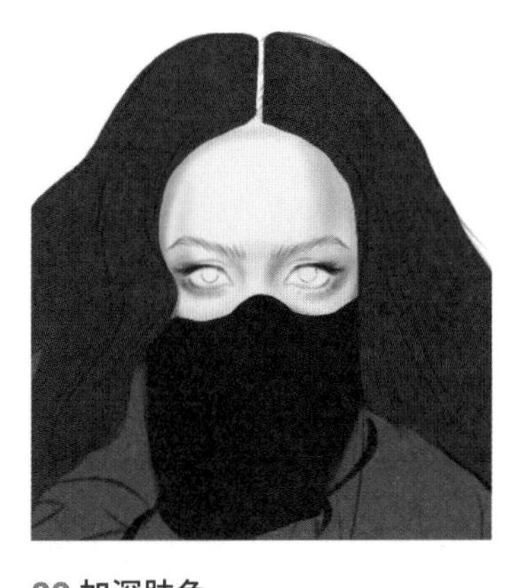

**02 加深肤色**

颜色：

在“皮肤明暗关系”图层上方新建“加深肤色”图层。用更深的肤色进一步刻画暗面，让人物整体更自然、生动。

**03 叠加粉紫色**

颜色：

在“加深肤色”图层上方新建“粉紫色调”图层。将粉紫色轻柔地叠加在暗面，使人物更立体。在手臂露出的位置画出阴影细节。

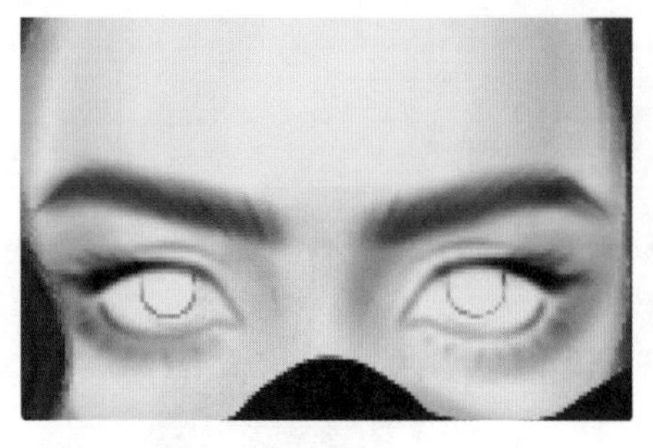

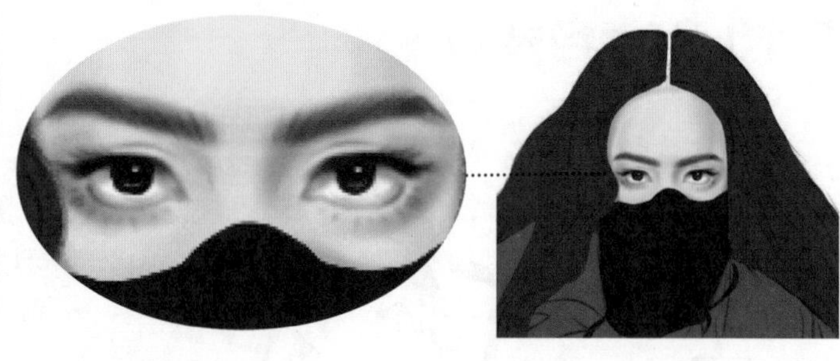

#### 04 刻画眉毛

颜色：●

在“粉紫色调”图层上，用“中等画笔”笔刷，选择与头发底色相同的颜色画出眉毛的底色。

#### 05 刻画眼睛细节

颜色：● ● ○

在“粉紫色调”图层上，用“中等画笔”笔刷，选择对应的颜色，刻画眼睛的细节。

### 3. 头发细节

#### 01 边缘虚化处理

在“头发底色”图层上，点击涂抹工具，选择“上漆”—“松脂”笔刷，对头发边缘进行虚化处理。

#### 02 刻画头发暗面

颜色：●

在“头发底色”图层上方新建“头发暗面”图层，打开“剪辑蒙版”。选择深棕色，用“短发”笔刷表现出头发阴影的层次。

#### 03 刻画头发细节

颜色：● ○

在“头发暗面”图层上方新建“头发细节”图层，打开“剪辑蒙版”。用“短发”笔刷在头发边缘画出发丝细节，并用“技术笔”笔刷画出飘逸的发丝，选取发丝周边的颜色即可。用白色适当画出高光。再用“技术笔”笔刷补充发丝细节。

# 5.10.3 服饰表现

## 1. 绘制羽绒暗面

**笔刷：** 气笔修饰—中等画笔

**颜色：** ●

在“衣服底色”图层上方新建“羽绒暗面”图层，打开“剪辑蒙版”。用“中等画笔”笔刷，选择墨绿色，画出羽绒服的暗面。

## 2. 绘制羽绒亮面

**笔刷：** 气笔修饰—中等画笔

**颜色：** ●

在“羽绒暗面”图层上方新建“羽绒亮面”图层，打开“剪辑蒙版”。用“中等画笔”笔刷，选择亮绿色，画出羽绒服的亮面。

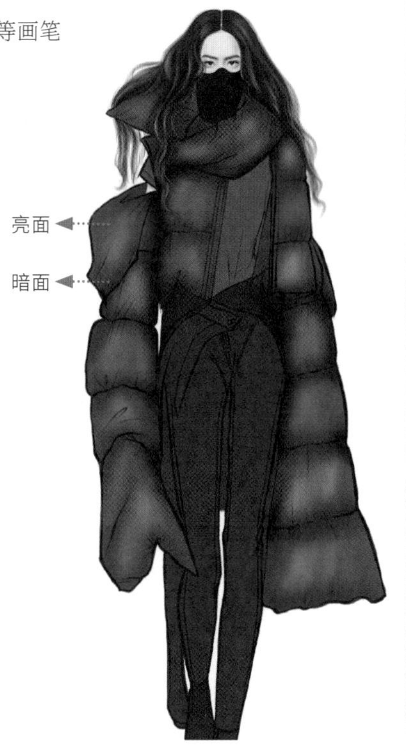


## 3. 绘制羽绒细节

**笔刷：** 气笔修饰—中等画笔

**颜色：** ●

在“羽绒亮面”图层上方新建“羽绒细节”图层，打开“剪辑蒙版”。用“中等画笔”笔刷，选择较浅的亮绿色，画出羽绒服的细节。

## 4. 绘制羽绒反光细节

**笔刷：** 气笔修饰—中等画笔

**颜色：** ●

在“羽绒细节”图层上方新建“羽绒反光细节”图层，打开“剪辑蒙版”。用“中等画笔”笔刷（需调小尺寸），选择更浅的亮绿色，刻画丰富的反光细节。

## 5. 刻画T恤和口罩

**笔刷：** 气笔修饰—中等画笔

**颜色：** ● ●

在“T 恤底色”图层上方新建“T 恤细节”图层，打开“剪辑蒙版”。用“中等画笔”笔刷，选择暗紫色，画出T恤的暗面。在“口罩底色”图层上方新建“口罩细节”图层，打开“剪辑蒙版”。用“中等画笔”笔刷，选择浅紫色，画出口罩的亮面。

## 6. 绘制拉链和拉链头

**笔刷：** 赠送的“辅料”—4 号“金属拉链”

赠送的“辅料”—6 号“金属拉链头”

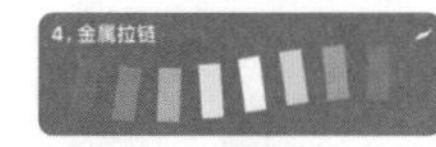

**颜色：** ○ ●

在“服饰线稿”图层上方新建“拉链”图层，用“金属拉链”笔刷，选择白色，将笔刷尺寸调至 1%，画出拉链齿细节。在“拉链”图层上方新建“拉链头”图层，用赠送的“金属拉链头”笔刷，选择黑色，画出拉链头。在“拉链头”图层下方新建“拉链头底色”图层，选择白色，将拉链头填充为银灰效果，然后将“拉链头”图层和“拉链底色”图层合并，并复制一个拉链头，将两个拉链头移动到合适的位置。

## 7. 刻画裤子珠片明暗细节

**笔刷：** 纹理—小数

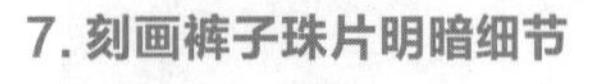

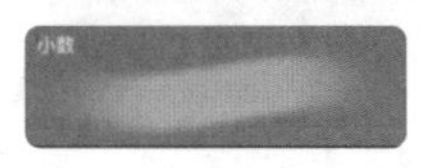

**颜色：** ● ●

在“裤子底色”图层上方新建“裤子暗面”图层，打开“剪辑蒙版”。用“小数”笔刷，选择深紫色，画出裤子的暗面。在“裤子暗面”图层上方新建“裤子亮面”图层，打开“剪辑蒙版”。用“小数”笔刷，选择淡紫色，画出裤子的亮面。

## 8. 刻画裤子反光细节

**笔刷：** 纹理—小数

**颜色：** ●

在“裤子亮面”图层上方新建“裤子细节”图层，打开“剪辑蒙版”。用“小数”笔刷，选择青色，画出裤子的反光细节。

## 9. 刻画靴子

**笔刷：** 喷漆—中等喷嘴

**颜色：** ● ● ○

在“靴子底色”图层上方新建“靴子细节”图层，打开“剪辑蒙版”。用“中等喷嘴”笔刷，选择浅紫色，画出靴子的高光。再选择土黄色，画出靴子上的泥沙细节。用白色补充高光细节。

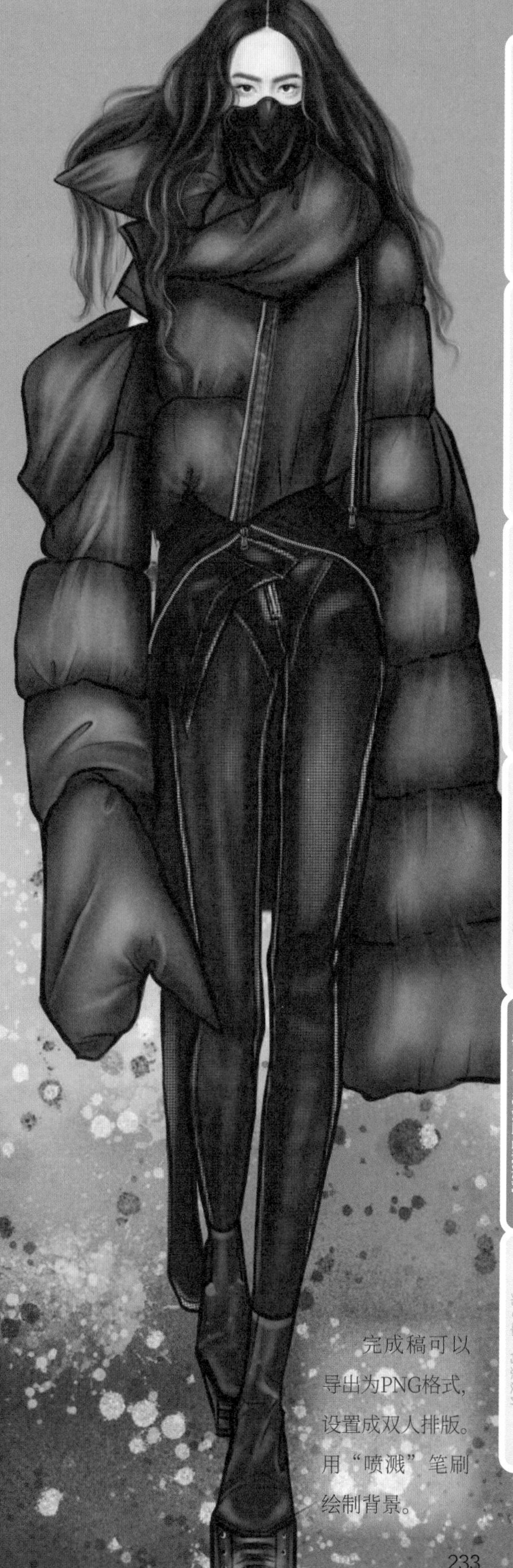

完成稿可以导出为PNG格式，设置成双人排版。用“喷溅”笔刷绘制背景。

# 5.11 尼龙面料运动套装时装画

**学习要点**

1. 运动套装的画法
2. 运动鞋的画法
3. 男性模特的画法
4. 墨镜的画法

**使用的主要笔刷**

01 **线稿**
着墨—技术笔

02 **皮肤**
气笔修饰—中等画笔

03 **头发**
材质—短发

04 **运动套装阴影**
喷漆—中等喷嘴

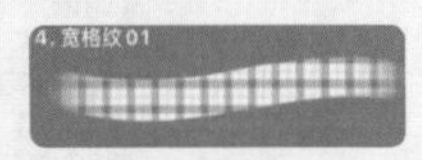


05 **衬衫格纹花型**
赠送的“面料”—4号“宽格纹 01”

06 **反光条纹理**
纹理—小数

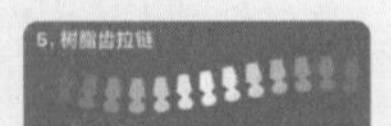


07 **外套拉链**
赠送的“辅料”—5号“树脂齿拉链”

赠送的“辅料”—6号“金属拉链头”

08 **运动套装阴影**
着墨—干油墨

09 **包包纹理**
艺术效果—野光

## 5.11.1 线稿绘制

### 1. 人体结构

**笔刷：** 着墨—技术笔

新建一个名为“人体打结构”的图层。用第 3 章介绍的方法，画出 10 头身的人体结构。肩线向身体左侧压低，胯线向身体左侧提高。男性的骨骼比女性的稍大，因此要适当加宽肩和胯两个部位。

### 2. 服饰结构

**笔刷：** 着墨—技术笔

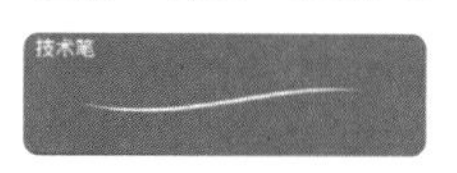


把“人体打结构”图层的“不透明度”调低至 10%。在“人体打结构”图层上方新建图层，并重命名为“服饰打结构”，在该图层上画出部分服饰的廓形。注意观察服饰的结构。

### 3. 人体和头发线稿

**笔刷：** 着墨—技术笔

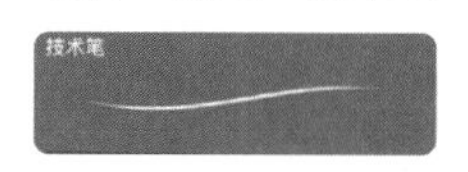


隐藏“服饰打结构”图层。在“人体打结构”图层上方新建“头发线稿”和“人体线稿”两个图层，用“技术笔”笔刷分别勾勒出头发和人体的线稿。画头部时打开“对称”功能。

**TIPS**

- 头发线条要从整体观察，注意体现头发的层次感，并要表现出短卷发的弧度。
- 画人体线稿时注意立体感与力量感的表达，男性的肌肉更发达，因此腿更粗壮。

## 4. 服饰线稿

**笔刷：**着墨—技术笔

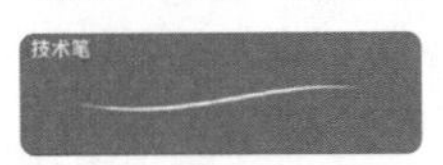


取消隐藏“服饰打结构”图层，并在此图层上方新建“衣服线稿”图层。根据右图绘制全身服饰的线稿，注意外轮廓的线条要比内部褶皱的线条粗一些。

在“衣服线稿”图层上方新建“包包线稿”和“墨镜线稿”图层，参考下方细节图绘制包包和墨镜的线稿。

**TIPS**

分析服饰的外轮廓，并观察服饰的内部结构和褶皱关系。

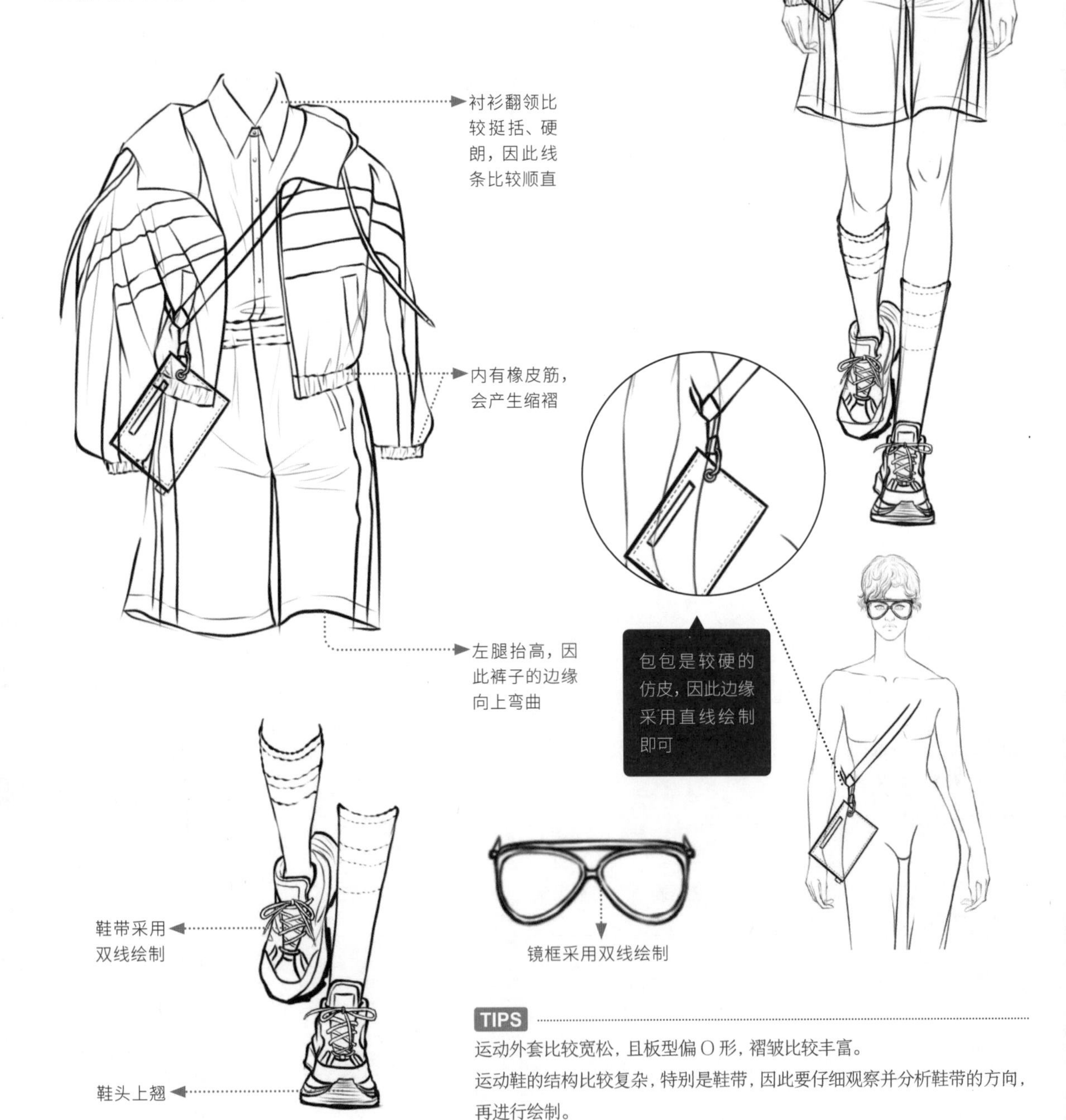


**TIPS**

运动外套比较宽松，且板型偏O形，褶皱比较丰富。

运动鞋的结构比较复杂，特别是鞋带，因此要仔细观察并分析鞋带的方向，再进行绘制。

# 5.11.2 上色技巧

## 1. 底色

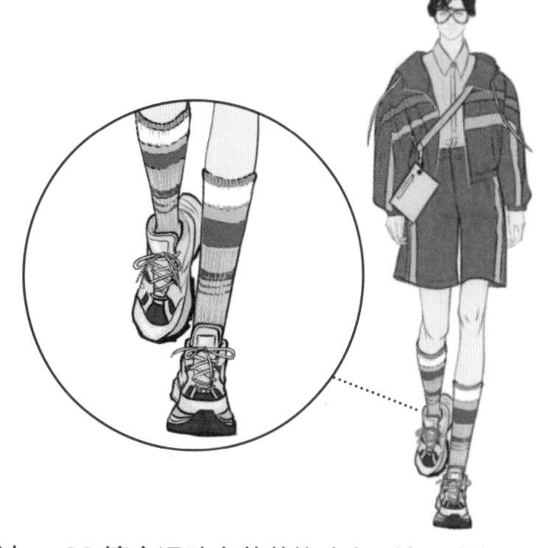

### 01 填充人体肤色

颜色： 

在“人体线稿”图层下方新建“人体肤色”图层。用套索工具圈出人体肤色区域，选择浅肤色进行填充。被服装挡住的部分皮肤可以不填充。

在“人体肤色”图层上方新建“头发底色”图层，用深棕色填充头发底色。

### 02 填充运动套装底色和衬衫底色

颜色： 

在“衣服线稿”图层下方新建“运动套装底色”图层，在运动套装区域填充绿色。

在“运动套装底色”图层下方新建“衬衫底色”图层，在衬衫区域填充浅蓝色。

### 03 填充运动套装装饰底色、袜子底色、鞋子底色和包包底色

颜色：   

在“运动套装底色”图层上方新建“运动套装装饰底色”图层，填充反光条、帽绳和拉链对应的底色。

在“衣服线稿”图层下方新建“袜子鞋子底色”图层，填充对应的颜色。

在“包包线稿”图层下方新建“包包底色”图层，填充对应的颜色。

## 2. 肤色细节

### 01 确定皮肤的明暗关系

颜色：

在“人体肤色”图层上方新建“皮肤暗面”图层。用“中等画笔”笔刷在皮肤的暗面画出阴影效果。注意根据光的方向来确定阴影的位置。

### 02 加深肤色

颜色：

在“皮肤暗面”图层上方新建“加深肤色”图层。用更深的肤色进一步刻画暗面，使人物整体更自然、生动。

### 03 叠加粉紫色

颜色：

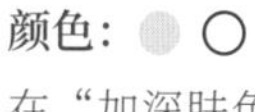

在“加深肤色”图层上方新建“粉紫色调”图层。将粉紫色轻柔地叠加在暗面，使人物更立体。选择白色，画出高光细节。

### 3. 妆容细节

眼睛颜色：  

在“粉紫色调”图层上刻画眼睛的细节，并画出眼镜在脸上形成的阴影。用白色画出高光细节。

### 4. 头发细节

#### 01 边缘虚化处理

在“头发底色”图层上，点击涂抹工具，选择“上漆”—“松脂”笔刷，对头发边缘进行虚化处理。

#### 02 刻画头发暗面

颜色：

在“头发底色”图层上方新建“头发暗面”图层，打开“剪辑蒙版”。选择黑色，用“短发”笔刷表现出头发阴影的层次。

#### 03 刻画头发亮面

颜色：

在“头发暗面”图层上方新建“头发中间调”图层，打开“剪辑蒙版”。选择淡黄色，用“短发”笔刷画出亮面，注意发尾细节的处理。

#### 04 刻画头发细节

颜色：

在“头发中间调”图层上方新建“头发细节”图层，打开“剪辑蒙版”。用“短发”笔刷在头发边缘画出发丝细节，并用“技术笔”笔刷画出飘逸的发丝，选取发丝周边的颜色即可。用白色适当画出高光。

### 5. 墨镜细节

#### 01 填充墨镜底色

颜色：

在“墨镜线稿”图层下方新建“墨镜底色”图层，填充相应的底色，然后点击图层右侧的“N”，将“不透明度”调低至 70% 左右，直到镜片出现透明的效果。

### 02 刻画墨镜阴影

颜色：●

在“墨镜底色”图层上方新建“墨镜阴影”图层，打开“剪辑蒙版”。用“中等画笔”笔刷，选择深紫色，画出墨镜的阴影。

### 03 刻画墨镜反光

颜色：○

在“墨镜阴影”图层上方新建“墨镜反光”图层，用“技术笔”笔刷，选择白色，画出反光细节。

## 5.11.3 服饰表现

### 1. 刻画衬衫

### 01绘制衬衫格纹花型

笔刷：赠送的“面料”—4 号“宽格纹 01”

颜色：●

在“衬衫底色”图层上方新建“衬衫格纹花型”图层，打开“剪辑蒙版”。用“宽格纹 01”笔刷，选择红色，调大笔刷尺寸，一笔画出格纹。

### 02 绘制衬衫阴影

笔刷：气笔修饰—中等画笔

颜色：●

在“衬衫格纹花型”图层上方新建“衬衫阴影”图层，打开“剪辑蒙版”和“正片叠底”。用“中等画笔”笔刷，选择深红色，在衬衫褶皱处画出阴影。

### 2. 刻画运动套装及包包

### 01绘制反光条纹理

笔刷：纹理—小数

颜色：●

在“运动套装装饰底色”图层上方新建“反光条纹理”图层，打开“剪辑蒙版”。用“小数”笔刷，选择深灰色，画出反光条的纹理。

### 02 绘制反光条高光

笔刷：亮度—浅色画笔

颜色：○ ●

在“反光条纹理”图层上方新建“反光条高光”图层，打开“剪辑蒙版”。用“浅色画笔”笔刷，选择白色和青色画出反光条的高光细节。

## 03 绘制拉链

**笔刷：**赠送的“辅料”—5 号“树脂齿拉链”
赠送的“辅料”—6 号“金属拉链头”

**颜色：**

在所有图层上方新建“外套塑料拉链”图层，用“树脂齿拉链”笔刷，选择白色，将笔刷尺寸调至 1%，在外套门襟处画出拉链齿细节。
在“外套塑料拉链”图层上方新建“拉链头”图层，用“金属拉链头”笔刷，选择黑色，画出拉链头。
在“拉链头”图层下方新建“拉链头底色”图层，把拉链头填充为亮灰色，然后将“拉链头底色”图层与“拉链头”图层合并为一个图层，将拉链头移动到外套下摆拉链底部。
用同样的方法画出包包上的拉链。

## 04 绘制运动套装阴影

**笔刷：**着墨—干油墨

**颜色：**

在“运动套装底色”图层上方新建“运动套装阴影”图层，打开“剪辑蒙版”。用“干油墨”笔刷，选择墨绿色，画出阴影。

## 05 绘制运动套装亮面

**笔刷：**气笔修饰—中等画笔

**颜色：**

在“运动套装阴影”图层上方新建“运动套装亮面”图层，打开“剪辑蒙版”。用“中等画笔”笔刷，选择浅绿色，画出运动套装的亮面细节。

## 06 绘制运动套装细节

**笔刷：**气笔修饰—中等画笔

**颜色：**

在“运动套装亮面”图层上方新建“运动套装细节”图层，打开“剪辑蒙版”。用“中等画笔”笔刷，选择更浅的绿色，画出运动套装整体的亮面细节。

## 07 绘制包包纹理

**笔刷：**艺术效果—野光

**颜色：**

在“包包底色”图层上方新建“包包纹理”图层，打开“剪辑蒙版”。用“野光”笔刷，选择深灰色，在包包和肩带处画出纹理。

完成稿可以导出为PNG格式，设置成双人排版。

# 第 6 章

# 背景设计

在参赛作品、作品集、企划案、广告画、画册等场景中展示时装画时，为了更好地凸显设计优势，服装设计师常常需要用到平面排版的技巧。掌握一些基础的平面排版方法，对于服装设计师来讲是非常有必要的，可以提升设计师的个人竞争力。

平面排版的常用软件有 Photoshop、Illustrator 和 Procreate 等，本章主要讲解如何用 Procreate 来进行平面排版。

不同的展示目的决定了不同的背景设计风格。在参赛作品中，设计师需要把同系列的多套服装进行搭配，形成效果图和款式图，并且需要根据设计元素的风格按一定的构图进行排版，以此来展现作品整体的设计风格。而作品集则包括系列搭配图、故事版、配色版、元素细节等平面版块，以此来阐述设计师对设计主题的理解和作品的设计理念。

本章主要讲解 5 种常用的背景：单色背景，场景背景，文字背景，杂志、海报风格背景，设计元素背景。这 5 种背景可单独运用，也可结合起来运用。

# 6.1 单色背景

如何选择背景色？

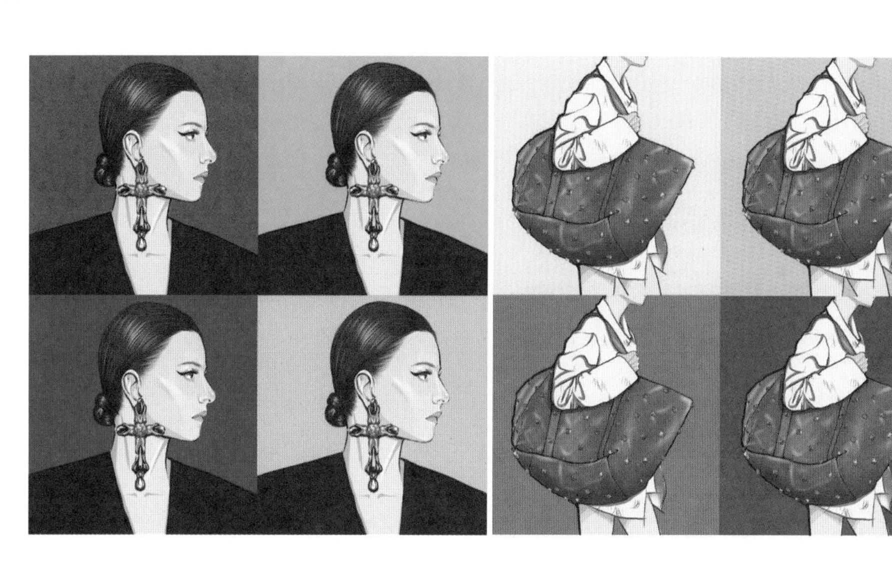

不同背景色的时装画搭配对比图

在进行平面排版时，必须分清主次——时装画才是画面的主角，背景只起到衬托的作用。无论作品是作为参赛作品还是企划案，服装设计师都需要准备好大量的素材，并对素材进行分类，区分主次。如果想突出服装的色彩，背景应该简单一些，否则会喧宾夺主。

平面排版中最常见的背景是单色背景，而选择背景的基本原则是要把画面主色的数量控制在 3 种以内。如果时装画本身的颜色数量已经超过 3 种，或者颜色风格比较绚丽，那么可以用简单的单色背景作为衬托，以突出时装画。

选择背景颜色时，要考虑到不同的颜色带给人的感觉是不一样的，通常冷色调带给人的感觉比暖色调更内敛。颜色的选择也是主观的，不同地区的人对于颜色带来的感觉及其象征的意义都会有不同的解读。每个人的喜好、文化背景、生活环境等因素都会赋予颜色不同的含义。因此，在进行服装设计和背景排版时，设计师要多了解作品面向的对象和适合的人群的喜好和风俗。

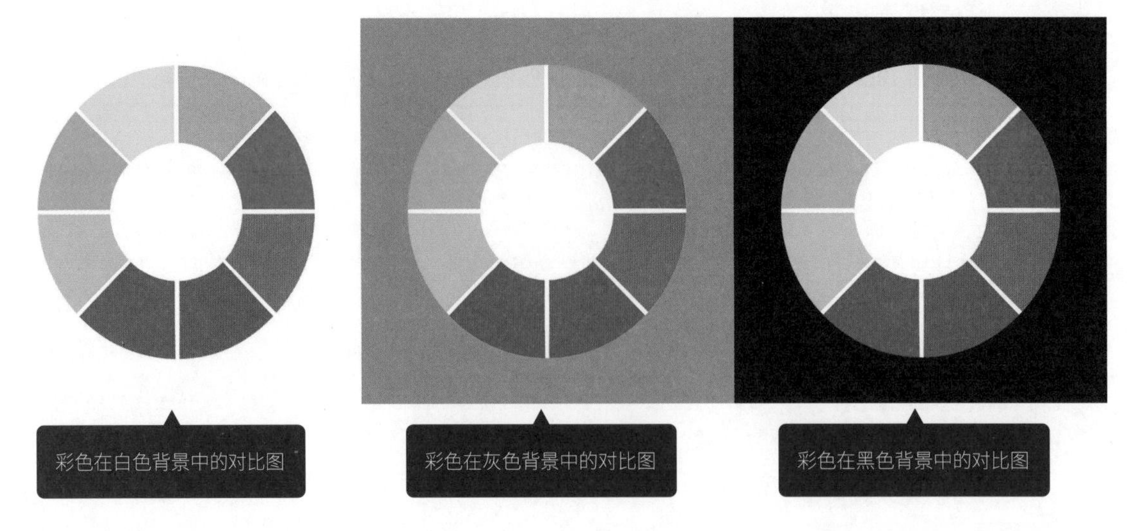


每一种颜色都有自己的个性，在无色系的背景下，会产生不同的视觉效果。把彩色放在彩色的背景下，也会出现非常奇妙的组合，这些组合可以给人带来丰富的视觉感受。色彩总是能吸引艺术家不断地进行探索和尝试。读者也可以尝试融入自己对色彩的理解，在学习本节内容时，尝试运用不同的背景色，找到自己的风格。

人们对色彩的情绪感受是带有主观意识的，每个人对同一种颜色的感受可能会有差异，但其中也会有相同的部分。下面介绍常见的色彩带给人的情绪感受，读者在设计时可以以此作为参考。

首先认识色彩的冷暖。彩色系包括红色、蓝色、橙色、黄色、绿色、紫色等，其中暖色调有红色、黄色、橙色，冷色调有蓝色、绿色、紫色。无色系包括黑色、白色、灰色。

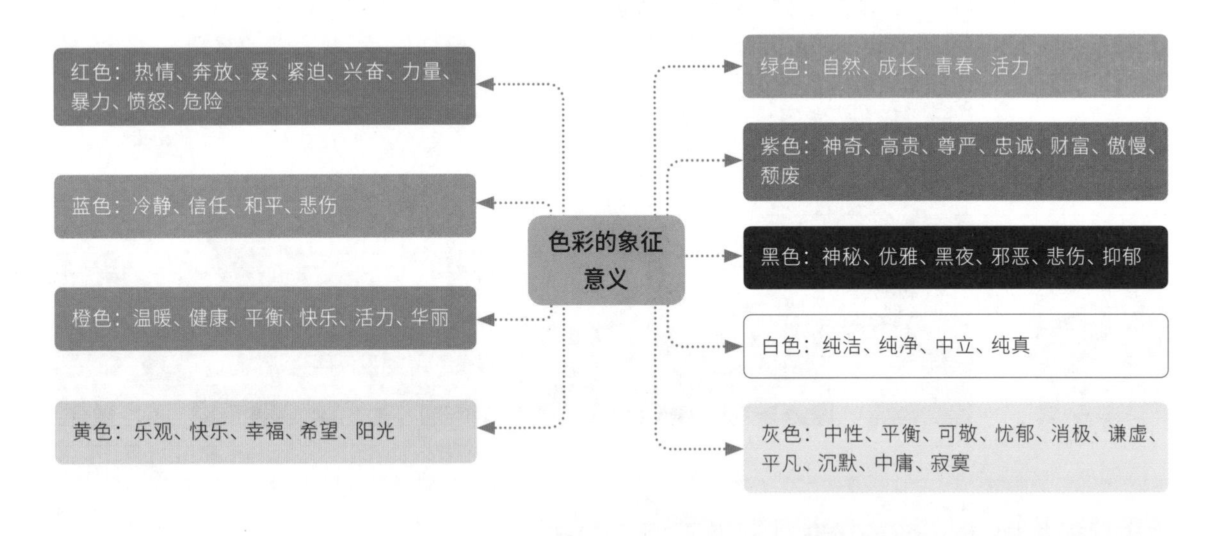


在 Procreate 中，读者可以利用色盘的“色彩调和”功能寻找近似色、互补色以及三等分颜色等，轻易地找到想要的颜色。

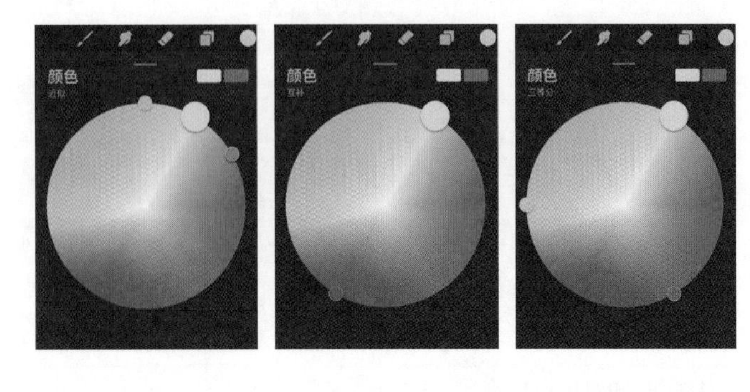

建议读者多留意时尚流行色，在制作背景时也可以选用流行色来搭配，以突出时装画的时尚感。

用纯色进行配色有 3 种方式：同色系、对比色、近似色。

下面用 Procreate 示范制作单色背景的方法。



### 单色背景示范

- 填充背景：把画好的人物导出为 PNG 格式的透明底图片；新建画布，然后插入人物图片；在人物图层下方新建“背景”图层，填充背景颜色。
- 倒影效果：复制人物图层，点击“垂直翻转”并调整好位置，营造出倒影的效果；将复制图层的“不透明度”调低一些，以达到模糊的效果。

右图的示范中，服装本身的颜色比较单一，因此选择粉紫色的互补色——淡青色作为背景色，以突显上衣的青春活力感。

**TIPS**

导入 PNG 格式的透明底图片后，要打开“对齐参考线”功能来调整两个人物的大小。

参赛展示图和系列搭配图常用 3 人以上组合的平面图。进行排版时，如果展示的画布是 A4 尺寸，可以把画布旋转为横向。

右图的示例中，服装数量较多，且颜色较丰富，因此可以用无色系白色来做背景，以突显服装的整体效果。

## 6.2 场景背景

为了营造服装设计师想展现的艺术氛围，时装画也可以采用特定场景作为背景，如婚纱礼服类的时装画可以用海边的景色作为背景。作为背景的场景可以是真实的，也可以是自行创作的。

### 简单场景背景示范

- **填充背景：** 把画好的人物导出为 PNG 格式的透明底图片；新建 A4 画布，然后插入人物图片；在人物图层下方新建"背景"图层，用淡雅的墨绿色填充整个背景。
- **场景效果：** 在"背景"图层，选用"艺术效果"—"哈茨山"笔刷，将尺寸调到最大，选择一种深颜色，画出背景；光从前方打过来，使人物后方产生黑色的阴影；用"中等画笔"笔刷，选择黑色，画出阴影效果。

### 神秘云雾背景示范

- **填充背景：** 把画好的人物导出为 PNG 格式的透明底图片；新建 A4 画布，然后插入人物图片；在人物图层下方新建"背景"图层，用棕色填充整个背景。
- **场景效果：** 在"背景"图层，选用"元素"—"云"笔刷，将尺寸调到最大，选择一种深颜色，画出背景云雾的效果；再选择淡粉色和淡黄色叠加出云雾的细节。

光从前方打过来，使人物后方产生黑色的阴影；用"艺术效果"—"革木"笔刷，选择黑色，画出黑色的阴影效果，可以用秀场上其他模特的黑色身影来营造神秘的氛围；复制人物，调小尺寸，并点击复制后的图层，打开"阿尔法锁定"；用"中等画笔"，在人物周边添加一些云雾缭绕的朦胧效果。

### 光束虚化背景示范

- **填充背景：** 把画好的人物导出为PNG格式的透明底图片；新建A4画布，然后插入人物图片；复制人物图层，点击“水平翻转”，排好位置，再加入倒影的效果；在人物图层下方新建“背景”图层，用暗紫色填充整个背景。
- **场景效果：** 在“背景”图层，用“中等画笔”笔刷画出黑色的阴影效果；选用“上漆”—“松脂”笔刷，调大尺寸，选择绿色、灰色等颜色，向下拖动，画出拉丝的效果。

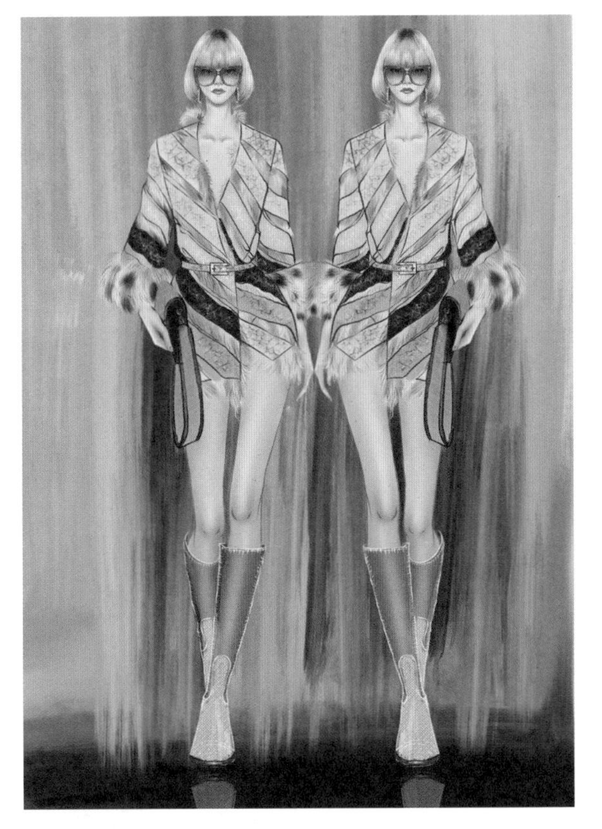

### 浪漫梦幻背景示范

- **填充背景：** 把画好的人物导出为PNG格式的透明底图片；新建A4画布，然后插入人物图片；复制人物图层，点击“水平翻转”，排好位置，加入倒影的效果；在人物图层下方新建“背景”图层，用墨绿色填充整个背景。
- **场景效果：** 在“背景”图层，用“中等画笔”笔刷，选择淡绿色，在背景的上半部分画出渐变的效果，但要保留人物脚下的墨绿色；用“喷漆”—“轻触”笔刷，进入“画笔工作室”，把“描边路径”的“间距”调至30%左右，点击“完成”；将笔刷尺寸适当调大，选择亮绿色，在画面上画出星光的效果，再用翠绿色叠加，营造出浪漫梦幻的氛围；脚下的倒影处也可以适当添加星光的效果。

**TIPS**

- 适合绘制背景的系统自带的笔刷组有“艺术效果”“元素”“喷漆”“材质”“复古”“力度”“工业”“有机”“水”。使用其中的笔刷时，可以进入“画笔工作室”调节出合适的参数，也可以调大笔刷尺寸。使用不同的笔刷会产生不同的效果，建议读者大胆尝试，以发现更多奇妙的艺术效果。
- 笔刷的使用效果会因为运笔的力度和参数的大小而改变，因此读者的成品会与书上的示例有差异，无需一模一样。
- 如果在创造背景时没有灵感，可以参考旅游景点、电影画面或美术作品等。

# 6.3 文字背景

文字背景是平面排版中很常用的背景，设计时装画时也可以运用，但文字内容需要根据设计目的来确定，可以是有一定含义或者表达设计理念的文案。例如，用服装品牌 Logo 中的文字或服装图案上的文字作为背景。

### 文字撞色背景示范

- **填充背景：** 把画好的人物导出为PNG格式的透明底图片；新建 A4 画布，并旋转至横向；然后插入多张人物图片，排好位置，加入倒影效果；在人物图层下方新建“背景”图层，用紫灰色填充整个背景。
- **场景效果：** 在“背景”图层，用“哈茨山”笔刷，选择亮紫色，调大笔刷尺寸，沿对角线方向渲染背景。
- **文字效果：** 点击“操作”—“添加文本”，输入设计好的文字内容；根据需要调整文字的字体、大小和颜色，并将文字放在合适的位置。

### 文字 + 纹理背景示范

- **填充背景：** 把画好的人物导出为 PNG 格式的透明底图片；新建 A4 画布，并旋转至横向；插入多张人物图片，排好位置，加入倒影效果；在人物图层下方新建“背景”图层，用暗紫色填充整个背景。
- **文字效果：** 点击“操作”—“添加文本”，输入设计好的文字内容；根据需要调整文字的字体、大小和颜色，并将文字放在合适的位置。
- **文字倒影：** 复制“文字”图层，点击“垂直翻转”，并把复制的图层移到“文字”图层下方，对齐两组文字；将倒影图层的“不透明度”调低。
- **文字纹理：** 点击“文字”图层，选择“栅格化”，这时“文字”图层会转化成图片格式，这意味着可以在文字上画图，可参考示例制作出具有个人特色的纹理效果。

如果要在文字内画出图案，可以点击“文字”图层选择“阿尔法锁定”，选用“纹理”画笔组里的笔刷画出多种纹理效果。上图是叠加了 3 种纹理后产生的效果。

如果要营造渐变炫彩的色调，可以进入“画笔工作室”—“颜色动态”—“颜色压力”—“色相”，将参数向右调至最大，点击“完成”，然后选择一种亮色。随着运笔力度的变化，颜色也会变化，这样就可以画出绚丽多彩的效果。

### 立体文字 + 纹理 + 场景背景示范

- **填充背景**：把画好的人物导出为 PNG 格式的透明底图片；新建 A4 画布，并旋转至横向；插入多张人物图片，排好位置。常见的人物排序方法是所有人物站在同一水平线上。如果想体现秀场的动态效果，可以用下图所示的排序方法，即中间的人物在最前面，左右两侧的人物向后排开。中间的人物在最前面，因此尺寸最大，而后面的人物越往后尺寸越小。可参照下图进行调整，并加入倒影效果；在人物图层下方新建“背景”图层，用暗紫色填充整个背景。
- **场景效果**：在“背景”图层，用“中等画笔”笔刷，画出黑色的阴影效果；选用“上漆”—“松脂”笔刷，调大尺寸，选择绿色、灰色等颜色，向下拖动，画出拉丝的效果。
- **文字 + 纹理效果**：点击“操作”—“添加文本”，输入设计好的文字内容；根据需要调整文字的字体、大小和颜色，将文字放在合适的位置；可按照上一个示范的步骤，参考下图来制作文字的纹理效果。
- **立体文字效果**：复制“文字”图层，点击变换变形工具把复制的图层移开，并选择“阿尔法锁定”，把文字的颜色改为较暗的蓝色，这样便可产生立体效果。

# 6.4 杂志、海报风格背景

时装画中很常见的一种排版设计就是时尚杂志封面或广告海报式的设计。如果要运用杂志、海报风格来制作时装画背景，读者需要紧跟时尚潮流，及时把握时尚趋势。适当利用杂志、海报风格的标题和文字说明，搭配一些时尚元素或几何图形，便可以丰富整个画面，还可以展示出服装设计意图等内容。

本节将讲解简单的杂志、海报风格背景的制作方法。读者在掌握基本的方法后，可以灵活运用，以制作出更多样的背景效果。

俏皮时尚杂志封面背景示范

- **人物排版**：把画好的人物导出为 PNG 格式的透明底图片；新建 A4 画布，插入人物图片；复制人物图层，将人物放大至画布只能显示膝盖以上部位；把原人物图层缩小并排好位置，形成一大一小的人物对比。
- **填充背景**：在人物图层下方新建“背景”图层，用青色填充整个背景。
- **文字效果**：点击“操作”—“添加文本”，输入设计好的文字内容；根据需要调整文字的字体、大小和颜色，将文字放在合适的位置，杂志风格的排版常常把标题置顶。
- **透明 PVC 质感**：新建一个图层并置顶，用套索工具，选择“矩形”，框选出一个细长的长方形，并填充蓝色；调低这个图层的“不透明度”，直到出现半透明的效果；点击变换变形工具，选择“旋转 45°”；复制图层，并把蓝色改成粉紫色，再旋转 90°，使两个图层形成叉号标签。

# 6.5 设计元素背景

服装设计的元素，如面料、辅料、图案、工艺细节、色彩、主题、款式图、配饰等都可以作为背景素材。这种背景适用于新品企划案、作品集或设计手稿。使用面料花型作为背景便是很常见的一种方法。

本节将讲解使用面料花型、款式图 + 效果图和设计手稿作为背景的方法。

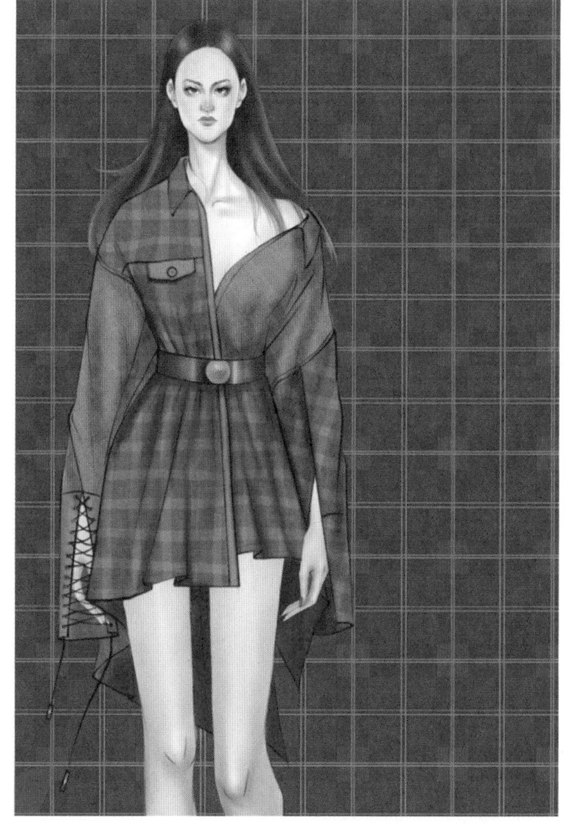

### 面料花型背景示范

- **人物排版：** 把画好的人物导出为 PNG 格式的透明底图片；新建 A4 画布，插入人物图片；如果是双人排版，则可复制人物图层，根据需要调整两个人物的大小和位置。
- **填充背景：** 在人物图层下方新建“背景”图层，用青色填充整个背景。
- **面料元素：** 在“背景”图层上方新建“面料花型”图层；选用自制的面料花型笔刷，再选择对应的颜色，一次性画出花型。

  如果服装的配色较多，可以自行配色，找到合适的效果进行处理。右图的花型背景为放大后的花型线稿，并叠加了一些笔刷效果。读者可以多尝试运用不同的笔刷，制作出不同的效果。

**款式图 + 效果图背景示范**

- **款式图 + 效果图排版：**把画好的人物导出为 PNG 格式的透明底图片；新建 A4 画布，插入人物图片；在画人物时，复制服装的线稿图层并将其拖到新的画布上方；再画出服装背后的款式图线稿，并做好排版。这种背景适合在比赛要求提供款式图时应用。

**设计手稿背景示范**

- **款式图 + 效果图排版：**把画好的人物导出为 PNG 格式的透明底图片；新建 A4 画布，插入人物图片；在画人物时装画时，复制服装的线稿图层并将其拖到新的画布上方。
- **纸纹背景：**在最下方新建“背景”图层，用“自然褶皱纹理”笔刷，调大尺寸，选择蓝灰色，为整个背景画出纸纹效果，制作手稿的背景。
- **手稿说明：**用“素描”—“2B 铅笔”笔刷，选择黑色等颜色，写出款式图设计的工艺说明。
- **配饰搭配：**把画好的配饰图导出为 PNG 格式的透明底图片，导入后调好大小、做好排版。